陆架至深水泥砂搬运：
沉积物输送体系新解

［美］R.M.Slatt　　C.Zavala　主编

周川闽　张志杰　李海东　陈　飞　赵　铭　译

石油工业出版社

内 容 提 要

本书是2008年AAPG Hedberg研讨会"陆架至深水泥砂搬运：沉积物输送体系新解"的论文集，共包含10篇文章，涉及三方面内容：现代泥砂输送过程研究进展；异重流及其他海洋底流沉积岩的沉积学和地层学特征分类，包括一般的特征和标志性特征；异重流和非异重流沉积的区别与实例。

本书可供从事深水沉积研究的科研人员及大专院校相关专业师生参考。

图书在版编目（CIP）数据

陆架至深水泥砂搬运：沉积物输送体系新解/（美）R.M.斯莱特（R.M.Slatt），（美）C.扎维拉（C.Zavala）主编；周川闽等译 .—北京：石油工业出版社，2019.11

ISBN 978-7-5183-3586-2

Ⅰ.①陆… Ⅱ.①R…②C…③周… Ⅲ.①地质运输—研究 Ⅳ.①P512.2

中国版本图书馆CIP数据核字（2019）第233917号

Translation from the English language edition: "Sediment Transfer from Shelf to Deep Water: Revisiting the Delivery System" edited by R. M. Slatt and C. Zavala，ISBN: 978-0-89181-068-1

Copyright © 2011

By the American Association of Petroleum Geologists

All Rights Reserved

本书经American Association of Petroleum Geologists授权石油工业出版社有限公司翻译出版。版权所有，侵权必究。

北京市版权局著作权合同登记号：01-2019-7864

出版发行：石油工业出版社

（北京安定门外安华里2区1号　100011）

网　　址：www.petropub.com

编辑部：（010）64253017　图书营销中心：（010）64523633

经　销：全国新华书店

印　刷：北京中石油彩色印刷有限责任公司

2019年11月第1版　2019年11月第1次印刷

787×1092毫米　开本：1/16　印张：13

字数：330千字

定价：120.00元

（如出现印装质量问题，我社图书营销中心负责调换）

版权所有，翻印必究

作者简介

　　Roger M.Slatt 现任美国俄克拉何马大学地质与能源学院石油地质与地球物理专业 Gungoll 讲席教授，同时也是该学院油藏描述研究所所长。拥有 14 年的石油与天然气工业从业经历，先后任职于 Cities Service 公司和 ARCO 国际公司，主要从事全球油气勘探和油藏描述工作。从事学术研究已有 17 年，1992—2000 年任科罗拉多矿业学院地质与地质工程系主任，2000—2005 年任俄克拉何马大学地质与地球物理系主任，1995—2000 年任落基山地区石油技术转让理事会主席。

　　Slatt 毕业于美国圣何塞州立大学，先后于 1967 年和 1970 年获得阿拉斯加大学地质学硕士和博士学位。已发表论文和摘要 100 多篇，出版油藏描述和深水沉积方面专著多部，并在石油地质、油藏地质、地震和层序地层、河流沉积体系、浅海沉积体系、浊流沉积体系、页岩地质、冰川和更新统—第四系地质、地球化学勘探等方面作过无数报告。现任多个协会的理事，为美国石油地质家协会召集过多次技术会议，给不同的工业组织开设过深水（浊积岩）沉积体系石油地质概况、油藏描述地质准则、层序地层学应用、非常规页岩地质等短训班。此外，他还提供了面向全球的油藏描述地质网络课程。Slatt 已取得的荣誉包括：1996 年 AAPG 杰出服务奖、1999 年 Esso Australia 石油地质杰出讲师、2001—2003 年度 AAPG 和 SPE 杰出讲师、2003 年 AAPG 荣誉会员、2006 年 AAPG Grover Murray 杰出教育家奖、2007 年勘探地球物理学家协会特别贡献奖。

　　Carlos Zavala 现任 GCS Argentina S.H.（国际咨询服务公司）总裁，同时也是委内瑞拉、墨西哥、特立尼达、哥伦比亚、阿根廷等国多家公司的石油地质顾问。Zavala 于 1989 年开始在阿根廷国立南方大学讲授地质学，1993 年获得该校博士学位；1995—1996 年在意大利帕尔马大学从事博士后研究，在导师 Emiliano Mutti 教授指导下从事浊积岩研究；1996—2009 年任阿根廷国家科学与技术研究理事会（CONICET）理事，期间培养了多名沉积学和地层学方向的博士生。Zavala 的研究领域包括沉积学、地层学，以及不同碎屑岩（风成、湖泊、河流、浅海、陆架和深水碎屑岩）的层序地层学，20 年来累计在阿根廷国内和国际发表论文和摘要 130 多篇，并在很多会议、露头研讨会、短训班上作过报告。其中，短训班主题有预测沉积学和异重流体系，举办地点包括阿根廷（2000—2010）、墨西哥（2004）、委内瑞拉（2005—2010）和特立尼达（2006—2009）。从 12 年前开始，其研究领域转变为异重流、异重流沉积及其油气意义，并于 2008 年组织召开 AAPG Hedberg 研讨会。

前 言

  本书是 2008 年 AAPG Hedberg 研讨会"陆架至深水泥砂搬运：沉积物输送体系新解"的论文集。会议地点选在阿根廷有两点原因：一是便于参会人员考察出露良好的露头；二是许多报告的内容涉及南美盆地。因异重流及其沉积物（异重流岩）是深水沉积过程、沉积环境及深水沉积物相关众多热议议题中最新的一个，会议着重强调泥砂被持续性亚稳定异重流及伴生流体搬运至陆架和深海盆地过程中，河流所起的作用。深水沉积存在众多争议的主要原因是无法直接观察并记录海底的沉积过程。以下列举长期以来关于深水沉积的部分争议：

  （1）粒序层的成因（Kuenan 和 Migliorini，1950）；

  （2）加利福尼亚盆地古近系—新近系砂岩油气产层浊积成因初探（Natland 和 Kuenen，1951）；

  （3）远端及近端深水泥岩对比（Walker，1967；Nilson，1980）；

  （4）厘定浊积岩的混乱概念（Walker，1973）；

  （5）砂质碎屑流沉积与浊积岩对比（Shanmugam，1997；1997 年 AAPG 第 81 卷相关文章；Pratson 等，2006）；

  （6）坡度、流速、粒度和层厚向盆地方向不呈单边递减的深水沉积相模式（Kneller，1995；Kneller 和 Buckee，2000）；

  （7）海底蛇曲水道的迁移（Peakall 等，2000；Posamentier 和 Kolla，2003）。

  上述及其他争议激发了人们研究深水沉积的兴趣，推动了认识水平的进步。深水沉积以异重流沉积为主，故本书的主要目的也是要激发人们对异重流及其伴生的流体和沉积物产生兴趣。

  异重流概念最早由 Bates（1953）提出，后来受到 Walker（1978）的关注，但直到 1995 年 Mulder 和 Syvitski 发表了重要文章，异重流及其沉积作用才成为沉积学研究的前沿。新近发表的一些出版物沿用了 Mulder 和 Syvitski（1995）的观点。本书列举了大量现代和古代的异重流沉积实例，包括真正的和疑似的异重流沉积。

  异重流沉积应该接受全面的对话与争议，这也是本书所期望的。本书共包括三方面内容：现代泥砂输送过程研究进展；异重流及其他海洋底流沉积岩的沉积学和地层学特征分类，包括一般的特征和标志性特征；异重流和非异重流沉积的区别与实例。第一篇 Mulder 和 Chapron 阐述了异重流洪水及其沉积物，实例包括现代沉积、露头、岩心和地震反射剖面。本文为后续文章介绍露头和井下的古代沉积作了铺垫。第二篇 Zavala 等提出了异重流成因相域的分类方案，并详细描述了各个成因相组合的特征及搬运机制。第三篇 Zavala 等将异重流成因相分类方案进行了应用，分析了油田工区内成因相在顺流方向和侧向上的展布关系，并预测了储层的分布。第四篇 Ponce 和 Carmona 开展了相似的沉积相组合分类研究，对古近系—新近系目的层的水道—堤岸复合体进行了相组合分类。第五篇 Paim 等描述了连续露头中顺流方向上的沉积相变化，沉积相依次为下切河道、陆架、斜坡水道、深水朵叶体和朵叶体边缘相。此外，他们还分析了各种沉积相的成因（涌浪或异重流）。第六篇 Campos 等详细描述了一套砾质和砂质沉积，并讨论其成因是否为涌浪或异重流。第七篇 Henriksen 等基于三个实例，分析了高沉积物供给体系对层序地层叠置样式的影响，讨论了异重流在其中的作用，强调层序地层解释应注意走向上的相变和沉积物供给的影响。第八、第九篇探讨了沉积物中的古生态因素。Buatois 等在第八篇详细描述了一个三角洲体系的遗迹学特征，该体系属白垩系，沉积作用以异重流为主；Carmona 和 Ponce 在第九篇描述了深海异重流体系近端至中部的遗迹化石变化趋势。这两篇文章认为遗迹化石组合的分布与沉积作用相关，据此建立了在异重流体系中开展遗迹学研究的框架。第十篇 Gamero 等重新解释了一个气田的沉积环境，认为是陆架—斜坡异重流体系，这为进一步的天然气勘探与开发指出了明显区别于传统认识的砂体几何形态及空间展布。

总之，该论文集对搬运至深海的泥砂输送体系提出了新的重要的见解。本书反复强调几个主题：（1）河流输送的泥砂与深水沉积体系存在直接或间接的联系；（2）异重流沉积过程及其沉积物的识别标志；（3）极粗粒深水沉积相的成因；（4）异重流沉积理论在油气勘探与开发中的应用。本书作者及编者希望更多的人对这类将泥砂输送至海洋的河流输砂体系产生兴趣，开展研究。

目 录

1 陆相和海相洪水沉积的特征及意义 ············ Thierry Mulder　Emmanuel Chapron（1）
2 异重流沉积成因相域 ················· Carlos Zavala　Mariano Arcuri　Mariano Di Meglio
　　　　　　　　　　　　　　　　　　Helena Gamero Diaz　Carmen Contreras（35）
3 异重流体系成因指数：以委内瑞拉马图林次盆 Merecure 组（渐新统上段—中新统下段）为例
　·············· Carlos Zavala　Jose Marcano　Jair Carvajal　Manuel Delgado（57）
4 阿根廷火地岛中新统深海异重流水道—堤岸复合体：沉积相组合与构型要素
　································ Juan José Ponce　Noelia B.Carmona（77）
5 内乌肯盆地侏罗系 Los Molles 组河流成因浊积岩的触发机制、搬运和沉积过程
　············ Paulo Sergio Gomes Paim　Ernesto Luiz Correa Lavina　Ubiratan Ferrucio Faccini
　　　　Ariane Santos da Silveira　Héctor Leanza　Roberto Salvador Francisco d'Avila（92）
6 委内瑞拉安第斯山 Rio Guache 组砾质和砂质沉积相：深海重力流搬运证据
　··················· Corina Campos　Oswaldo Guzmán　Andrés Pilloud　Redescal Uzcátegui
　　　　　　　　　　　　　　　　　　　　　　Ana Cabrera　Manuel Toro（113）
7 异重流体系沉积物供给的重要性及层序叠加样式
　··················· Sverre Henriksen　Anna Pontén　Nils Janbu　Britta Paasch（124）
8 阿根廷 Austral 盆地白垩系河控三角洲遗迹化石特征
　··················· Luis Alberto Buatois　Luis Lucas Saccavino　Carlos Zavala（144）
9 火地岛 Austral 前陆盆地中新统异重流体系遗迹学和沉积学特征：遗迹化石分布及古生态意义
　··································· Noelia B. Carmona　Juan José Ponce（160）
10 特立尼达岛东南岸 Oilbird 油田上新统陆缘异重流沉积的辨识特征及对储层展布的影响
　······ Helena Gamero Diaz　Carmen Contreras　Neil Lewis　Robert Welsh　Carlos Zavala（179）

1 陆相和海相洪水沉积的特征及意义

Thierry Mulder　　Emmanuel Chapron

摘要：本文基于典型的现代沉积、露头、岩心和地震剖面实例，重点阐述异重流洪水及其沉积物的形成过程、特征和意义。

对于以底负载或悬移负载为主的异重流沉积，洪水的率定曲线是可以预测的，沉积负载和流量之间存在幂律关系。除混浊的河流（含砂量高）之外，相对干净的河流因在海水中会发生对流再集中，也可形成在海底长距离流动的异重流。异重流洪水通常为气象成因，灾难性的异重流洪水则由溃坝、地震或火山活动引发。无论是海洋还是湖泊环境，频繁、高能的异重流都可形成具蛇曲形态的水道——堤岸体系及沉积于远端的盆底扇。

异重流沉积的典型特征是：下段为反粒序层，形成于洪水流量上升期；上段为正粒序层，形成于洪水消退期。因下段有时缺失，异重流沉积可能很难与经典的浊积岩区分开，但底部常见的陆源有机质碎屑可作为识别标志。

在雪山的冰川峡谷，大型的冰蚀湖或峡湾常见大量由频繁异重流沉积的碎屑物质。据记载，无论是湖泊环境还是海洋环境，大型异重流洪水（有时是灾难性的）通常与重大的环境变迁相关，如大陆冰川的消融或火山—冰川的相互作用。

各种各样的洋流都可触发海底浊流，包括由海底滑移块体转化成层流之后形成的湍流，以及直接冲入海底的地表径流（Normark 和 Piper，1991；Piper 和 Normark，2009）。其中，地表径流非常重要，它主要通过河口将陆源碎屑搬运至湖泊或海洋。

远在沉积过程研究取得实质性进展之前的半个世纪，Forel（1885，1892）通过观察直接注入瑞士 Geneva 湖的 Rhone 河认识到河流的沉积物搬运是巨量的，并发现了浊流（Heezen 和 Ewing，1952；Kuenen，1952）。1929 年加拿大东部 Grand Banks 发生的与地震相关的电缆故障，证实海底存在可改变陆架边缘地貌的高能重力流。粒序层被认为与浊流有关（Kuenen 和 Migliorini，1950；Kuenen，1953），例如，Bouma（1962）将一系列向上变细的沉积相（Ta—Te）定义成浊积岩沉积序列，其由能量逐渐减弱（流速逐渐下降）的流体形成（Kneller，1995；Kneller 和 Branney，1995），底负载搬运和沉降作用同时发生。这种浊流在水动力学上属于水和沉积物的混合物，颗粒主要受湍流产生的上举力作用而保持悬浮状态（Middleton 和 Hampton，1973），通常只发生于体积浓度小于 9% 的低浓度流体（Bagnold，1962）。在该浊流中，低的沉积物质量浓度使得颗粒能够沉降并发生分选，底负载搬运则形成叠置沉积相（鲍马序列）中的各种沉积构造。

流体要转变成浊流（Heezen 和 Ewing，1952；Bourrouilh 和 Offroy，1983；Bourrouilh，1987；Piper 等，1992）必须通过自加速以突破流速和浓度两个临界。从沉积物垮塌开始，流体的演变需要经历多个阶段：首先是碎屑流（黏性的）或超密度流（颗粒的）（Mulder 和 Alexander，2001），形成以底负载为主的沉积，如 Lowe 序列（Lowe，1982）；其次是密度流，通常形成鲍马序列 Ta 段；最后是悬浮沉降，形成鲍马序列 Tb—Te 段。

　　河口区是陆源碎屑的天然沉积中心，前人研究已证实其中有密集的沉积物搬运。例如，Heezen 等（1960）比较了 Corinth 海湾（图 1.1）海底电缆的故障频率与河口位置的关系。虽然，Heezen 等（1960）没有证据表明电缆故障原因不是高沉积速率引发的海底滑塌，而是河流洪水引发的持续性流体，但他们阐明了河流、沉积物搬运和重力作用三者之间的关系。Houbolt 和 Jonker（1968）最早使用地震反射剖面和岩心在 Geneva 湖（河流供源的深水湖盆）的 Rhone 三角洲中清晰地识别出沉积相，包括水道、堤岸和朵叶状扇体。Sturm 和 Matter（1978）利用岩心分析了有水体分层的高山湖泊（瑞士 Thun 湖），进一步阐述了河流输砂对盆地充填的影响，认为携砂的河流可形成异轻流（表层流体）、等密度流（层间密度流）和超密度流（异重流、底流）（图 1.2）。Lambert 和 Giovanoli（1988）将锚（流速仪和链式测温仪）下到 Geneva 湖 Rhone 三角洲的水道中，首次识别出河流成因的密度流（即沿底部流动的异重流）和三角洲沉积物被改造形成的浊流。Bornhold 等（1994）在 Homathko 河和 Klinaklini 河（加拿大西部的不列颠哥伦比亚省）的河口开展了类似的定量研究，并使用流速仪记录了与河流洪水有关的浊流。但是，这两个河口极低的悬移负载测量数据表明，这些浊流与河口坝前积过程中的沉积物垮塌有关，而非河流直接形成的水下沉积物流（Syvitski 和 Hein，1991）。

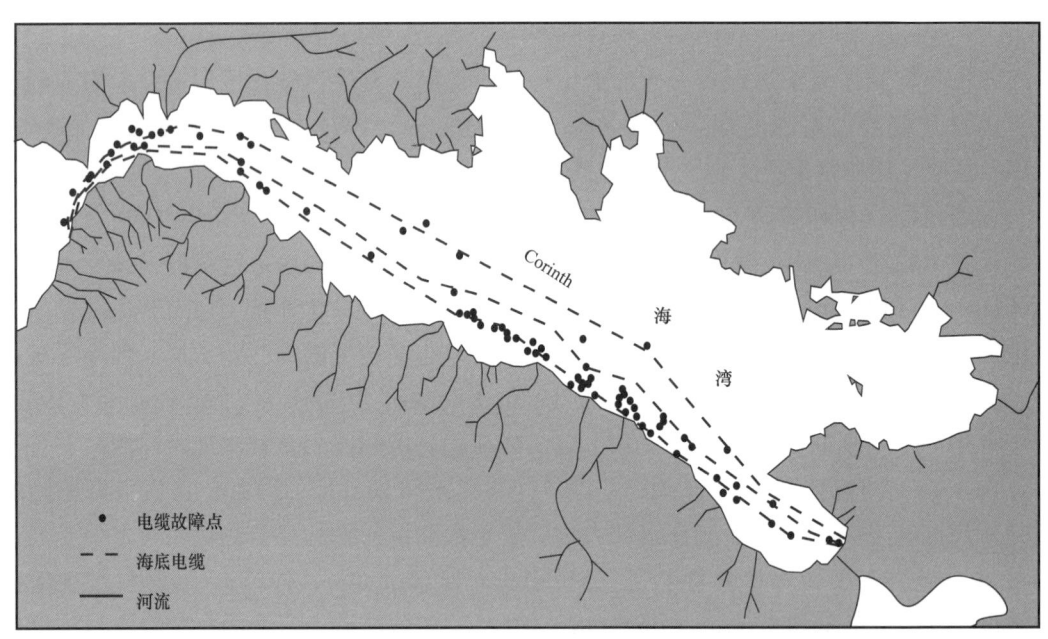

图 1.1　Corinth 海湾海底电缆故障记录点及沿岸分布的小型河流（据 Heezen 等，1960，修改）
黑点记录了 1884—1939 年 Corinth 市和 Patras 港口之间海底电缆的故障位置，多集中分布于河口的向海一侧

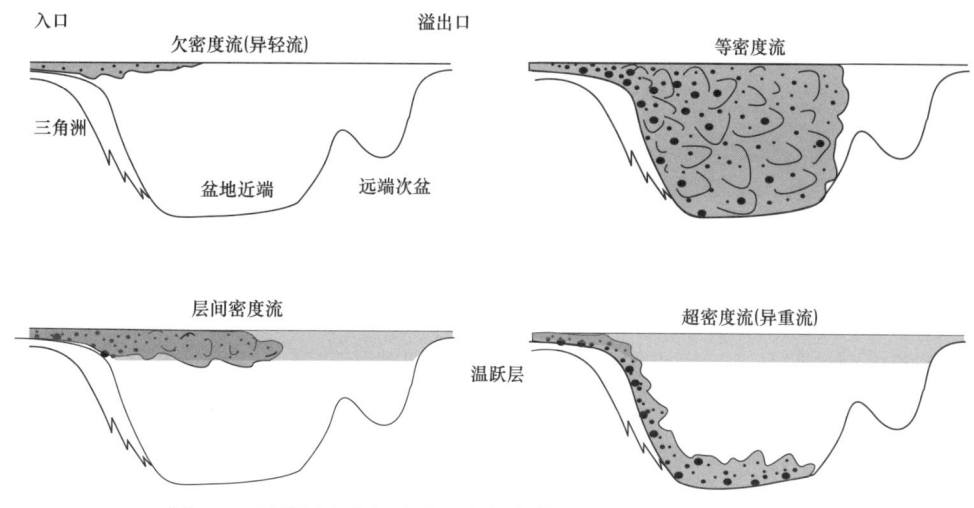

图 1.2 根据河流和汇水盆地之间水体密度差异划分的流体类型

1.1 异重流的定义、影响因素及类型

1.1.1 异重流的定义和影响因素

本文异重流（Bates，1953；Mulder 和 Syvitski，1995；Nakajima，2006）指流入淡水或咸水盆地水底的地表携砂流，它将地表环境和水下环境联系在一起。因密度大于周围水体，异重流可持续沿盆地底部流动。从定义来看，异重流完全不同于沉积物垮塌形成的浊流，主要特征包括三个方面：

（1）在水下环境，异重流的内部水在初期为淡水，但随后会与周围密度大的盐水不断掺混（Garcia 和 Parker，1993）。对于海洋环境，除非存在自加速现象，异重流密度随沉积物的沉积会逐渐降低。因此，掺混是异重流得以维持的必要条件，海水的掺混可使异重流保持密度大于周围水体，从而不发生上浮。对于湖泊环境，掺混不是必要条件，因为只要河水与湖水之间存在温度差异，冷的河水即可冲入湖底。但是，对于有水体分层的湖泊，含有悬移负载是河水下沉冲破密度跃层的必要条件。

（2）溃坝成因之外，异重流通常可持续很长时间（几天至几周），并且持续为浊流（Lüthi，1981；Ravenne 和 Beghin，1983；Laval 等，1988）。溃坝形成的异重流及其他流入汇水盆地的灾难性地表径流，虽然是源自河流的淡水，但也可被视作涌浪型湍流。

（3）异重流底负载的沉积物总量通常很小，但因持续时间长，可被长距离搬运，即使是以悬移负载为主的异重流。

本文将这种洪水成因的流体称为异重流，称其沉积物为异重流洪水沉积。此异重流如果是紊流，对应于 Mulder 和 Syvitski（1995）的异重流浊流；如果是非紊流，则对应于 Bates（1953）的惯性流或 Mutti 等（1996）的异重流。其他完全（异轻的）或部分受浮力支撑的（等密度的）流体，通过简单的颗粒沉降或对流再集中也可形成沉积物，本文将它们分别称作异轻流和等密度流，两者形成的沉积物也属于洪水沉积。

洪水的主要成因是气候事件，如降雨或融雪。降雨引发的洪水通常是季节性的，可由持续时间短的（几个小时至几天）气候事件形成，如雷雨或飓风；也可由持续时间长的（几周至几个月）气候事件形成，如季风、春季融雪或冰川消融。在地质尺度上，全球冰盖的消融（由众多的冰川消融组成）可产生超级洪水。冰川的消融也可由地热活动引发，其特点是消融快速、范围局限。此类洪水巨大的流量来自河流沿线水坝的溃决，包括河堤垮塌形成的堰塞坝和人工修建的水坝。无论是气候事件，还是溃坝事件，河堤和河床的侵蚀都可以增加河流的沉积物负载量。

洪水规模及流量曲线的影响因素：

（1）如果气候事件持续时间短（如风暴、雷雨或飓风），那么河流流量的增加为突发式。属于地中海气候带（秋季多发雷雨）的瓦河，其洪水即属于这种类型。东南亚与热带气旋相关的洪水也属于这种类型（Warrick 和 Milliman，2003；Milliman 和 Kao，2005）。这种情况下，流域盆地的侵蚀作用可能非常强烈，从而使河流的悬移质浓度显著增加。洪水期河堤的侵蚀会增强，河流沿岸随处都可能发生垮塌并迅速形成沉积物流，它们被快速稀释后可使河水混入软沉积物。这种气候事件成因洪水的特征是流量曲线陡峭、洪峰出现于洪水到来后不久、持续时间短。其流量曲线与灾难性事件（溃坝）成因的洪水相似，只是洪峰的规模较小，流量的增速也更缓和一些，多见于气候干旱地区。对于间歇性河流，又称为枯水河，在经历长期的干旱之后可迎来突发的灾难性洪水，如阿尔及利亚的 Djer 河和 Isser 河。此类河流洪水的能量和搬运能力通常很高（搬运能力与流速相关，体现在搬运颗粒的最大粒径），有利于底负载搬运，其沉积负载以底负载为主。

如果气候事件是季节性的（如季风），那么洪水的特征是流量曲线更平缓，可持续几周至几个月。黄河即属于此类，所形成的异重流浊流可持续很长时间（Wright 等，1986；Liu 等，2004）。此类洪水通常导致河流的年平均含砂量极高，使得中国的河流位于全球最混浊的河流之列（Milliman 和 Syvitski，1992；Mulder 和 Syvitski，1995）。

（2）流域盆地的形状对洪水流量曲线的形状也有很大的影响（图1.3a）。对于长条状或大型的流域盆地，流经平坦区域（如前寒武系地盾）的河流通常具有平缓的流量曲线，流量均匀分布于很长的一段时间内，降雨的开始和洪峰之间存在一个涨水的时间（CT，图1.3a）。对于极大型河流，这种现象更加显著，一次降雨或仅影响流域盆地的局部。大型流域盆地可以穿越多个气候区，这限制了气候（即降雨）的影响。相反，对于一个圆形流域盆地，雨滴降落后立即进入流域，并且几乎同时抵达河口。因此，其洪峰到来之前没有涨水的时间，相应流量曲线不呈扁平状，这是山间小型流域盆地的典型特征。

洪水重力流及泥砂类型的影响因素：

（1）流域盆地的地质背景、气候环境和平均海拔等不仅影响河流沉积物的通量，还控制河口泥砂的性质。根据 Reading 和 Richards（1994）的深海扇分类，无冰川山间河流的流域盆地具有小的流域面积和高的海拔落差。此类流域盆地因平均坡度陡且河流太短无法形成细的颗粒，其河流载荷的泥砂粒度偏粗（卵石和砂），易于形成以底负载为主的异重流，进而形成冲积扇。但若该流域盆地的平均坡度偏低且冲积扇集中分布的陡坡区远离河口，河流长度足以形成细颗粒，其沉积物载荷类型趋向于以悬移质为主。冰川流域盆地注入海洋的大部分沉积物来自冰川侵蚀形成的细颗粒（冰川细颗粒），这些泥级和粉砂级颗粒在幕式冰川融水的作用下，可从冰下和冰前环境流出，并以悬移质沿冰川河流

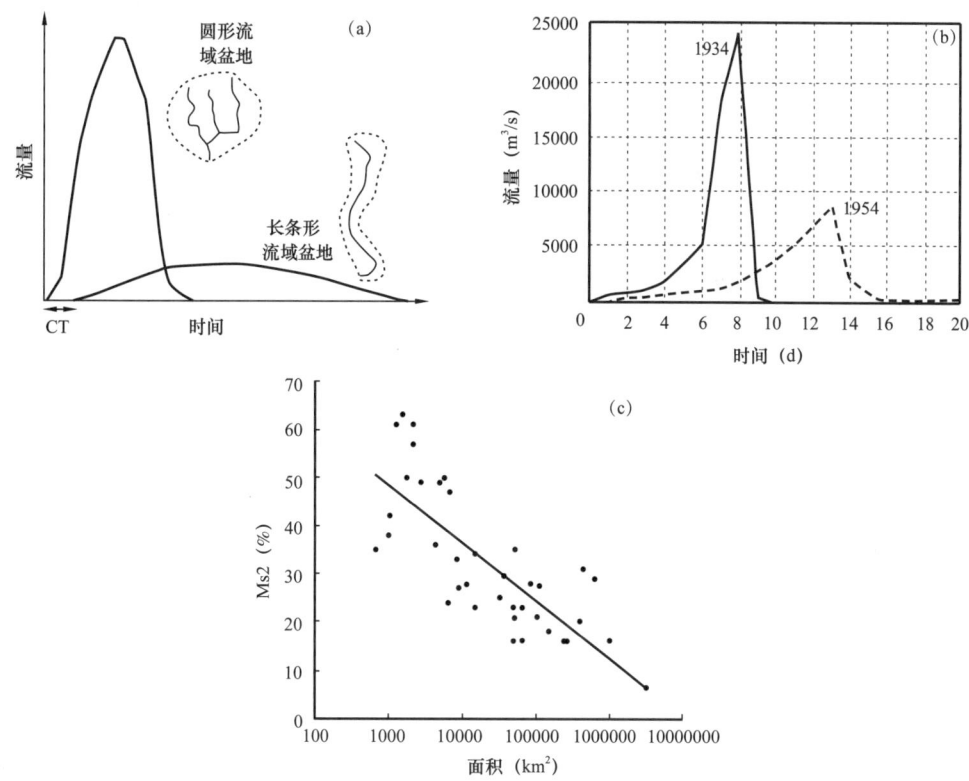

图1.3 流量曲线实例

（a）流域盆地面积和形状对典型气候成因洪水的影响，CT为洪水的涨水时间（据Lefèvre和Schneider，2002）；
（b）1934年和1954年冰川洪水流量曲线，洪水由冰岛Grimsvötn火山爆发引起（据Björnsson，1992，修改）；（c）Ms2值（全年悬移质通量最高的2%时间累计的悬移质通量和全年总量的比值）与流域盆地面积关系（据Dang，2007，修改）

下游搬运（Dhal等，2003），进而在冰水冲积平原、冰前湖泊和冰蚀峡湾形成大的洪水（图1.4）。

（2）湖盆的类型和尺度对洪水重力流及泥砂类型有重要影响。在湖泊中，洪水重力流及其沉积物的类型取决于湖水的分层、洪水的持续时间与强度等，特殊碎屑岩沉积环境（水道—堤岸体系）的形成则取决于湖盆的尺度。

湖泊可以形成四类流体（异轻流、层间密度流、异重流和等密度流，图1.2），具体取决于注入流体和湖水的密度差（主要受水温和悬移质含量控制）。其中，异轻流几乎不携带沉积物，目前还没有关于其发生对流再集中的描述。因此，文献中关于湖泊的洪水沉积主要有层间密度流沉积、异重流沉积和等密度流沉积三种。对于有分层的湖泊，河流成因的层间密度流和异重流可形成完全不同的沉积物（Sturm和Matter，1978；Schröder等，1998；Van Rensbergen等，1998，1999；Chapron等，2002，2005）。层间密度流沉积由悬移质沉降形成，异重流沉积由异重流沿湖底流动形成。对于无分层的湖泊，河流虽然也可形成异重流，但以等密度流最为常见，尤其是冰缘湖泊（Brodzikowski和Van Loon，1991）。等密度流洪水的沉积物羽状流从河口向三维空间扩散（Bates，1953），经强水流长距离携带，可在盆地近端和远端形成截然不同的沉积物（Chapron等，2006，2007）。

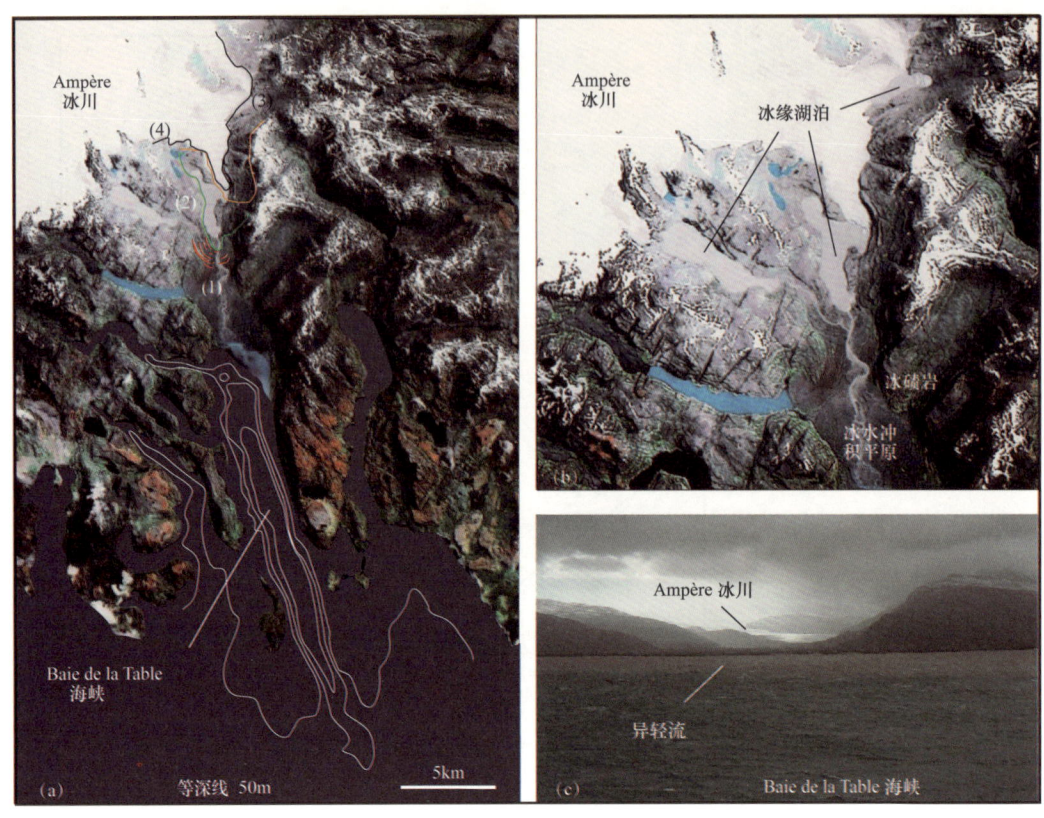

图 1.4 Baie de la Table 峡湾的异轻流（49°32′S/69°13′E；Kerguelen 岛），
成因与 Ampère 冰川（Cook 冰盖）的消融有关

（a）指示了冰川鼻的位置：（1）为小冰期；（2）为 1962 年；（3）为 1995 年；（4）为 2008 年（据 Vallon，1977；Frenot 等，1997）。（b）分布于冰缘湖泊和 Ampère 冰水冲积平原的等密度流。（c）Baie de la Table 峡湾异轻流照片，摄于 2009 年 4 月

  流域内的湖盆在洪水期可起到储存或过滤沉积物的作用，具体取决于湖盆的尺度和分层状况等。例如，魁北克的 Saint-Jean 湖即起到了储存 Saguenay 河泥砂的作用，因此流入 Saguenay 峡湾的 Saguenay 河非常清澈（Syvitski 和 Schafer，1996）。小型湖泊（图 1.2）无论是否有分层，大的等密度流和层间密度流均可抵达湖盆的溢出口，并向下游输送细粒的悬移质。因此，小型湖盆通常只沉积异重流，大型湖泊则可沉积各类洪水成因的沉积物羽状流，如 Geneva 湖（Houbolt 和 Jonker，1968）、Tanganyika 湖（Tiercelin 等，1992）、贝加尔湖（Back 等，1998）。如果盆地足够大，那么异重流在近端还可形成水道和堤岸体系，并向远端深水区的朵状扇体提供沉积物。对于冰川流域，冰川消融期（与气候变化、地热升温或火山活动相关）形成的小型冰川湖，等密度流可将大量沉积物搬运出湖盆（图 1.4）。对于山区环境，洪水期会沿峡谷形成一系列的湖泊，包括与冰川侵蚀、冰碛、滑坡、熔岩流和构造活动相关的湖泊，它们将影响洪水向海洋输送碎屑颗粒的总量。

  （3）窄陆架的坡度对洪水重力流及泥砂类型也有重要影响。狭窄的大陆架对水下异重流的持续性，及其可否抵达斜坡、峡谷，并最终到达深海环境非常重要。以悬移质为主的异重流由沉积物颗粒与淡水混合形成，冲入海底后为低密度流体。该流体如果没有发生快速的流体掺混，将迅速瓦解，所携带的沉积物颗粒将与远洋沉积物混合形成典型的远洋沉

积。流体的掺混强度用 Richardson 数（Ri）定义［Ri 为 Froude 数（Fr）平方的倒数］。当 Ri 很小时（<0.25，即 Fr 很大时），摩阻流速大到可使流体发生紊动掺混；当 Ri 很大时，则不发生（Turner，1973）。在陡峭的斜坡，如峡谷的底部，异重流会快速加速并转变成超临界流（Fr>1），从而发生快速的流体掺混；相反，在平坦的陆架上，异重流因始终维持亚临界状态而不发生水体掺混，最终将停止运动并逐渐跃升消失（Sparks 等，1993；Hesse 和 Khodabakhsh，2006）。以底负载为主的流体通常不发育紊流，以摩阻流为例，流体中的颗粒通过相互碰撞产生的粒间离散力支撑（Middleton 和 Hampton，1973）。因此，以底负载为主的流体需要陡的坡度来维持运动，若在平坦狭窄的陆架上则会发生快速的"冻结"作用［摩阻冻结（frictional freezing）；Mulder 和 Alexander，2001］。

1.1.2 以悬移负载为主的异重流

沉积物颗粒的性质是分析河口输砂类型（底负载或悬移负载）的基础。Syvitski（2003）对全球数据库的分析表明，输入海洋的陆源物质有 89% 通过河流搬运（表 1.1）。其中，72% 通过悬移负载搬运，8% 通过底负载搬运；剩下 20% 以溶质方式搬运，对水下生物的活动和成岩过程起重要作用。这表明河口处可形成两类洪水成因的流体，即以悬移负载为主的异重流湍流，以及以底负载为主的异重流层流（非湍流）。其中，前者占比极高。图 1.5 展示了洪水期悬移负载对于河口区形成异轻流（即分布于水体表层的羽状流）的重要性。其中，图 1.5a 为东南亚喜马拉雅山流域大型河流（恒河—雅鲁藏布江）的河口，图 1.5b 为温带阿尔卑斯山南部小型山间河流（法国东南部瓦河）的河口。

表 1.1 入海沉积物颗粒的搬运机制（修改自 Syvitski 等，2000；Syvitski，2003）

搬运机制	全球估算的搬运量（10^{12}kg/a）及百分比	参考文献
河流，悬移负载	18，64%	Milliman 和 Syvitski，1992
河流，底负载	2，7%	Milliman 和 Syvitski，1992
河流，溶质负载	5，18%	Summerfield 和 Hulton，1994
冰川、冰洋和冰山	2，7%	Hay，1994
风	0.7，2.5%	Garrels 和 Mackenzie，1971
海岸侵蚀	0.4，1.5%	Milliman 和 Syvitski，1992

Mulder 和 Syvitski（1995）最早提出形成异重流的含砂量临界值是 35～40kg/m³，但在不稳定对流的影响下该值可显著降低（Chikita，1991；Hoyal 等，1999；Maxworthy，1999），河口处该值可低至 1kg/m³。不稳定对流已被实验证实，Parsons 等（2001）在实验中观察到毫米级的携砂流对流，即表层异轻流底部可见长度为毫米级的指状携砂流沉入下伏水体。在不稳定对流作用下，大多数异轻流最终都会转变成异重流。Ducassou（2006）和 Ducassou 等（2008）在研究尼罗河深海扇岩心时，将这一概念用于解释无（或轻微）粒序结构的极细粒沉积。这些极细粒沉积形成于尼罗河流域盆地的季风雨季，与腐殖泥同时沉积。在此期间，尼罗河流量的增加导致大型低密度异轻羽状流形成，这加剧了地中海盆地东部水体的分层，使得该区水体分层强于西部。Ducassou（2006）和 Ducassou 等（2008）认为羽状流存在多个连续的对流再集中作用，首先是表层异轻羽状流的底部，其次是沿密

图 1.5 地表异轻羽状流照片

（a）雨季洪水泛滥的恒河—雅鲁藏布江河口；（b）瓦河河口；（c）中国台湾浊水溪洪水，河水因悬移负载高极其混浊度跃层分布的层间密度流羽状流的底部。这一过程可持续至最底部的羽状流，直至沉积物下沉至地中海海底，并形成密度极低的浊流。

1.1.3 以底负载为主的异重流

以底负载为主的异重流通常形成于灾难性（巨大的）事件，多数与溃坝（天然或人造的堤坝）有关，多形成阵发性的洪水或冲入盆地水下的沉积物流。但即使在洪水期，河流底负载的搬运也大多局限于山间流域盆地的小型河流，而且多发生于超级洪水期（Inbar 和 Schick，1979；Mao 和 Lenzi，2007）。

河流底负载的测量和预测非常困难（Inbar 和 Schick，1979）。例如，粗粒冲积扇水道中的底负载会随着洪水变化而改变，具体取决于洪水的频率（Reid 等，1985）。底负载搬运的频率要低于悬移负载，重要性也偏低（Syvitski，2003），但要进行监测的难度很大，尤其是在大的流域范围内。

Bonneville 湖是美国西部一个洪积湖，形成于 3.2 万年前的气候湿润期。该湖位于现今犹他州大盐湖的位置，面积可达 51000km^2，估算最大蓄水量为 1583km^3（Gilbert，1878）。受气候干湿交替影响，该湖可能经历了多个干涸—充盈周期。14500 年前该湖最后一次泄水为灾难性的溃决，所排出的湖水在 Snake 河形成了洪水，估算最大洪峰流量为 $425 \times 10^3 m^3/s$（Malde 和 Powers，1962；Malde，1968）。

冰岛语"Jökulhlaup"一词特指突发性的冰下湖溃决洪水，由冰下火山爆发导致的冰川融水湖发生溃决形成（Björnsson，1992）。冰下湖溃决洪水的频率为每年一次至每十年一次。例如，1996 年 Grimsvön 火山的爆发使得一个容积为 3.2km^3 的冰下湖在 40 小时内排干，所形成洪水的洪峰流量达 50000m^3/s（Björnsson，1998）。冰川之下的破裂作用通常可形成冰蚀通道，因此 Grimsvön 火山所处的冰水冲积平原（Skeidarársandur）可见混杂堆积的深色火山岩碎屑和冰球（冰块）（Grönvold 和 Jóhannesson，1984；Einarsson 等，1997；Gudmunsson 等，1997）。阿拉斯加（Baker，1995）也发生过冰下湖溃决洪水。例如，Hubbard 冰川前端的 Russell 湖在 1986 年发生了一次冰下湖溃决洪水，其排水量达 $10^5 m^3/s$（Krimmel 和 Trabant，1992）。Mulder 等（2003）的研究表明，一些进入大西洋的冰下湖溃决洪水形成的异重流含砂量可达 $200 kg/m^3$。

在地史时期，冰期末期可能存在类似的触发机制，相应冰前湖泊（冰碛堰塞湖）溃决洪水的规模更大。Brunner 等（1999）和 Zuffa 等（2000）描述了与更新世晚期（17—12ka）Missoula 冰湖（犹他州）溃决洪水异重流相关的沉积。该冰碛堰塞湖坝高达 610m，湖面达 $7770 km^2$，最大蓄水量达 $2100 km^3$，在北美冰盖消融过程中，因前端冰碛发生破裂共产生了 40~80 次溃决洪水，估算每次溃决洪水的洪峰流量可达 $10^7 m^3/s$。这些洪水在哥伦比亚河流域盆地共侵蚀了 $210 km^3$ 的火山岩和沉积物，并将其向下游输送（Richmond 等，1965；Mullineaux 等，1978；Baker 和 Bunker，1985；Waitt，1985）。

Barber 等（1999）与 Lajeunesse 和 Saint-Onge（2008）认为 Agassiz-Ojibway 冰下湖溃决洪水发生于 8.47ka 之前，源于 Laurentide 冰盖的消融。该洪水向大西洋注入了巨量的淡水，淡水量高到扰乱了大西洋的温盐环流，从而产生了 8.2ka 前的冷事件（Broecker 等，1989；Clarke 等，2004；Broecker，2006）。该洪水因能搬运冰山产生了大型的侵蚀槽，同时还在 Hudson 海湾沉积了起伏达百米的砂质沉积物波。

在末次冰期，北海的 Dogger Bank 存在冰湖沉积，表明欧州冰盖可能存在一个大型的边缘湖泊，并对西欧流域起堰塞湖的作用（Toucanne，2008）。在冰盖消融之后，全新世海平面上升之前，汇入该湖的西欧流域为 Manche 河流域。这个湖泊可能真实存在，但既未发现快速（溃决）或稳定泄水的证据，也未发现与北美陆缘相似的异重流沉积。

Dromart 等（2007）报道了火星 Valles Marineris 中高陡的前积层，认为其形成可能与 Hesperian 期（3.5Ga）的溃决洪水相关。这一时期火星的大气压大到足以暂时使冰川发生消融。这些沉积可解释为沉积于盆地的扇三角洲，由间歇性溃决洪水形成，与暂时性的冰川消融有关。该沉积环境与陆地上冰水冲积平原相似，如冰岛的 Skeidarársandur 冰水冲积平原。

冰川底部的消融不一定形成溃决洪水。Piper 等（2007）描述了从 Laurentian 扇到 Sohm 深海平原（纽芬兰南部海域）的大量砂砾岩后认为，这些沉积似乎与北大西洋的海因里希事件（Heinrich events）和威斯康星期冰盖的快速消融无关，其沉积物流既有以底负载为主的异重流，也有异轻流和跃层羽状流。Tripsanas 和 Piper（2008）在 Orphan 盆地（纽芬兰东部海域）识别出了形成红层的 8 次主要冰川消融事件，其中只有 3 次引发了异重流，并形成侵蚀水道体系，同时将砂粒搬运至水道体系的远端。

与溃坝或冰下湖溃决洪水相关的流量曲线具有两个特点：一是洪峰的规模大；二是流量上升的时间短暂（图 1.3b）。这两个特点表明此类流体是非稳流，具有极高的含砂量，与经典洪水相比它们更像涌浪。

1.2 率定曲线

洪水沉积物的形成与河水中悬移质的通量直接相关。率定曲线是沉积物质量浓度（或输砂量）与流量的关系曲线。因此，该曲线包含的信息对于预测异重流的频率和规模，以及定量计算其向沉积盆地输送的沉积物总量都具有重要的意义。与溃坝无关的典型气候事件形成的洪水大致呈平衡状态，其沉积负载主要是悬移质，可通过率定曲线预测。溃坝形成的洪水则非常不稳定（涌浪型或爆发式），其沉积负载主要是底负载，其流量和输砂量是不可预测的。

率定曲线对于预测河口处沉积物的搬运方式也不可或缺。对于悬移质，率定曲线中含砂量和流量之间存在幂律关系：低流量时期输砂量通常很低，多数沉积物颗粒（底负载或悬移质）的搬运发生于洪水期。Dang（2007）对红河进行定量计算后得出，其 Ms2 值为 23%~27%（图 1.3c），尽管同期流量仅占全年的 5%。分析表明，红河全年悬移质通量的 97% 都是在半年内通过。对于红河而言，其 Ms2 值变化相对稳定，这与其他以悬移质为主的河流相似，如美国的密西西比河，法国的 Isle 河和 Adour 河（Meybeck 等，2003；Coynel 等，2004；Coynel，2005），尽管这些河流 Ms2 同期的流量约占全年总量的 75%。Meybeck 等（2003）、Coynel 等（2004）和 Coynel（2005）的研究表明，以底负载为主的小型山间河流 Ms2 值较高，但变化极大（50%~70%），如美国的 Mad 河、Siuslaw 河和 Iowa 河，以及法国的 Isère 河、Nivelle 河和 Nive 河。

Mulder 和 Syvitski（1995）分析了简单的率定曲线和全球数据库后认为，流入海洋的河流径流中 71% 可产生异重流，频率是每年一次（混浊的河流）至每百年一次（清澈度中等的河流）。Parsons 等（2001）认为，若考虑到表层羽状流（异轻流）会发生对流再集中作用等，这一数值可达 84%。

少量河流具有天然的高悬移质浓度，Mulder 和 Syvitski（1995）称之为混浊的河流。河流中非灾难性的侵蚀作用，以及细粒沉积物暂时堆积形成的天然堤坝，都可使清澈的河流具有高的悬移质浓度。这种河流常见于地震活跃程度中等—高的地区，因为地震引发地表垮塌形成的堰塞坝会被融雪成因的洪水或台风成因的洪水侵蚀，前者如魁北克西部的 Saguenay 峡湾（Saint-Onge 等，2003），后者如中国台湾的浊水溪（Milliman 和 Kao，2005）（图 1.5c）和智利的 Golgol 河（Chapron 等，2006）。Saguenay 峡湾异重流存在的证据是可见地震成因的叠置鲍马序列，以及春季融雪洪水冲刷天然堤坝形成的异重流沉积。此外，这种河流还与未完全固结的细粒沉积物有关，如 Saguenay 峡湾的黏土、中国台湾浊水溪的风成黄土，以及智利 Golgol 河的火山灰土。Mulder 和 Syvitski（1995）分析了全球 200 多条河流后认为，只有 10 条可被称为混水河，其他 71%［Parsons 等（2001）认为是 84%］仅在洪水期间产生异重流。

异重流、洪水发生条件和率定曲线三者之间密切的关系表明，陆源沉积物从陆地向沉积盆地（尤其是海洋）的输送，在时间（洪水期）和空间（河口区）上都是非常受限的。率定曲线规律明显，基于每天或高频数据建立的输砂量和流量关系曲线，可预测输砂量（Mulder 和 Syvitski，1995）。

尽管经典的率定曲线呈幂律分布，但大多河流可能具有更复杂的曲线形状（Syvitski 和 Alcott，1993，1995），如曲线呈逐级下降。这种特殊的曲线形状通常表明，流域盆地的侵蚀速率在一年之内存在变化。Mulderet 等（1997）得出的率定曲线表明，因强雷雨对干燥的土壤和沉积物的侵蚀，瓦河秋季的洪水含砂量最高（图 1.6a）。Susperregui（2008）对墨西哥 Cointzio 湖的研究也得出相似的结论（图 1.6b）：率定曲线显示该淡水湖雨季初期洪水的含砂量最高，这是因为强降雨加剧了高强度农耕旱地的侵蚀作用；相反，因降水的稀释作用和可供侵蚀物质的减少，雨季末期洪水的含砂量逐渐下降。

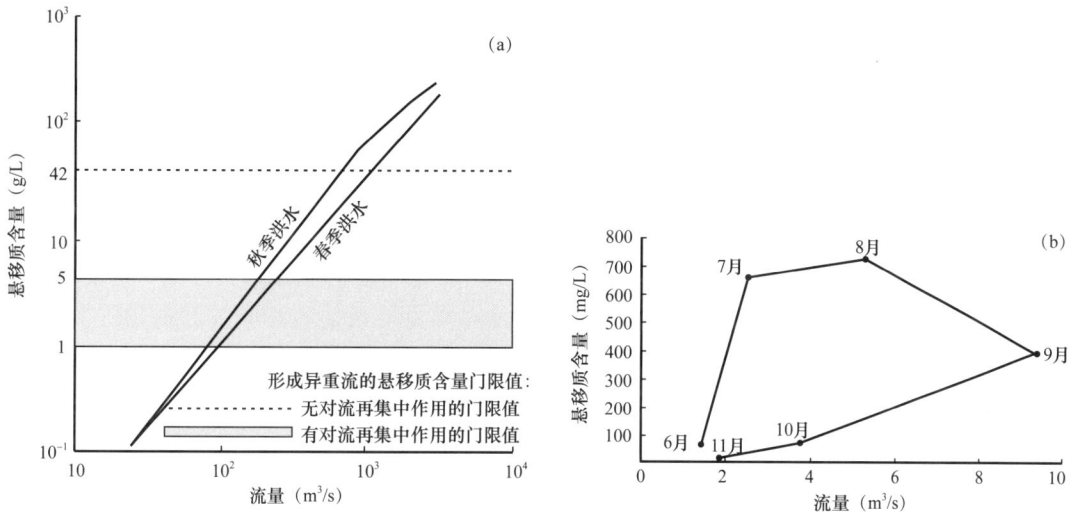

图 1.6　悬移质含量与流量的关系曲线实例
（a）瓦河（据 Mulder 等，1997，修改）；（b）墨西哥 Cointzio 水库，曲线呈逐级下降（据 Susperregui，2008，修改）。
六月至八月中旬雨季到来，河流水位上涨，因旱季之后的强降水可轻易侵蚀土壤，河水含砂量高；
八月中旬至十一月河流流量增至最大，随后雨季结束，因易侵蚀的颗粒已在前期被搬运，
沉积物负载主要为侵蚀自河床的黏性颗粒，河水含砂量下降

率定曲线分析表明，在河口处进行含砂量监测是提高源—汇输砂量定量计算精度的关键。但这种监测通常非常困难，原因有三：（1）监测需要持续很长的时间，以监测大多数主要的洪水；（2）应重点监测大的洪水，但这并不容易，因为大洪水通常伴随着恶劣的天气；（3）近几十年来人工大坝的密集修建使得河流含砂量显著下降（Milliman 和 Meade，1983；Milliman 和 Syvitski，1992；Farnsworth 和 Milliman，2003；Guyard 等，2007），这意味着即使在河口处开展大量的监测工作，也无法获得大坝修建之前天然的输砂量数据。因此，使用具有预测功能的率定曲线，是一种理想的替代方案。

Morehead 等（2003）提出了基于地貌和气候参数来估算沉积物负载（$\overline{Q}_s$）的通用公式：

$$\overline{Q}_s = \alpha H^{3/2} A^{1/2} e^{k\overline{T}}$$

式中，H 为流域盆地的地形落差，m；A 为流域盆地面积，km^2；$\overline{T}$ 为流域盆地地表平均温度，℃；α 为常数，通常取值为 2×10^{-5}；k 为常数，通常取值为 0.1331。

该公式表明，流域盆地的海拔非常重要，因此小型山间河流（Milliman 和 Syvitski，1992）和小型流域盆地（Mulder 和 Syvitski，1995，1996）的河流含砂量相对高。同样，温度也很重要，因为平均温度低、植被覆盖少的流域盆地更易遭受强烈的侵蚀，尤其是低纬度地区受海拔影响显著的低温盆地。

此外，区域参数也会影响率定曲线，如区域地质条件。对于瓦河流域盆地，主体延伸至阿尔卑斯山西部的 Terres Noires 组黑色页岩为流域提供了大量易侵蚀的物质，导致在强降雨时易发生泥石流。对于流入东非大裂谷（坦桑尼亚）Tanganyika 湖的河流，其悬移质来自易侵蚀的火山物质，如火山灰和浮岩（Tiercelin 等，1987，1992）。在中国，黄土层会被季风降雨强烈侵蚀，台风过后河流的含砂量往往极高，尤其是因地震发生过山体滑坡的地区（Dadson 等，2004；Milliman 和 Kao，2005），如浊水溪（图 1.5c）。对于尼罗河，易侵蚀的物质为蚀变（黏土化）的玄武岩，来自支流 Blue Nile 的 Ethiopian 高原。对于 Ogooué（加蓬）和 Zaire 盆地，易侵蚀的物质为细粒物质，由前寒武系地盾在热带发生强烈蚀变形成（Giresse 和 Kouyoumontzakis，1973；Séranne 等，2008）。

1.3 异重流沉积物

在触发机制（本文指洪水或冰川消融）与沉积物之间建立联系并不容易，正如 Piper 和 Normark（2009）所述："这两者与沉积过程及对异重流可能有影响的海底地形有着复杂的关系"。笔者对这些沉积物的解释进行了详细的论述。

1.3.1 以悬移负载为主的异重流沉积

河口处以悬移负载为主的异重流属于湍流（浊流），其流速变化可从流量曲线体现。该异重流的沉积物为异重流沉积（岩），由牵引流沉积叠加悬浮沉降形成，间接记录了流速的变化（Mulder 等，2002）。典型的异重流沉积序列包括洪水流量上升期形成的反粒序层，以及洪水流量下降期形成的正粒序层（图 1.7）。

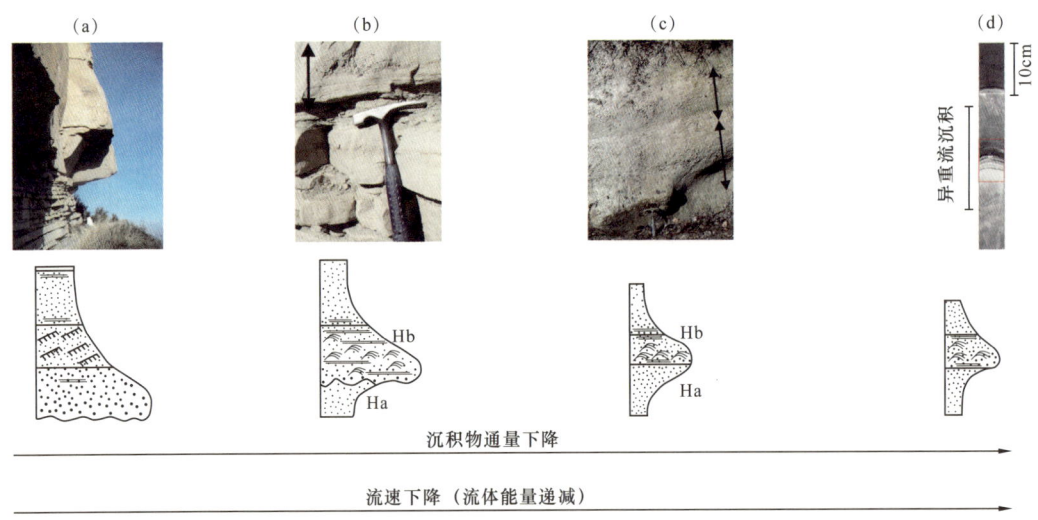

图 1.7 异重流沉积长轴方向远端环境偏近端一侧的沉积相演化（据 Mulder 等，2003）
（a）底部为削截面的异重流沉积，与鲍马序列相似，位于法国东南部 Annot 砂岩的 Saint-Antonin 剖面。（b）下部沉积单元被部分削截的异重流沉积；照片所示为 Annot 砂岩多期叠置的异重流沉积序列，位于法国东南部 Annot 砂岩的 Les Scaffarels 剖面。（c）完整的粗粒异重流沉积；照片所示为单期异重流沉积序列，位于法国东南部 Annot 砂岩的 Les Scaffarels 剖面。（d）细粒异重流沉积，岩心取自阿曼海（Bourget 等，2010a，b）。
Ha—下部反粒序沉积单元，Hb—上部正粒序沉积单元沉积于开阔环境的异重流沉积序列可以是毫米—厘米级的极细粒沉积，如瓦河深海扇（Mulder 等，2001a，b）和 Toyama 深海扇（Nakajima，2006）。侧翼受限异重流可形成厚达数米的沉积序列，如 Saguenary 峡湾（Mulder 等，1997；Saint-Onge 等，2003）。

以悬移负载为主的异重流沉积可保存于深海环境，其粒度记录了洪水流量的变化。此类异重流沉积的水深为临滨至浪基面之下，如 Annot 砂岩（Joseph 等，2005）。在现代沉积环境中，水深达 2000m 的瓦河海底峡谷和 3200m 的阿拉伯海都已发现异重流沉积（Joseph 等，2005）。Nakajima（2006）在距离河口 700km 之外的 Toyama 深海扇识别出异重流沉积。Ducassou（2006）和 Ducassou 等（2008）在水深从 1000m 至 3000m 之下采集到尼罗河洪水对流再集中形成的块状层。在距离河口达 300km 处的此类块状层，还可观察到有机质碎屑。取自哈得逊湾中部和哈得逊海峡西部的岩心，也可见厚度为分米级、发育反—正复合粒序的粉砂岩层，它们为 Agassiz-Ojibwa 湖最后溃决形成的异重流沉积（Lajeunesse 和 Saint-Onge，2008）。

超级洪水沉积的底部单元在洪峰时期可能被侵蚀，从而形成底部缺失的异重流沉积，其特征与经典的鲍马序列相似（Bouma，1962；Mulder 等，2001b；Mulder 等，2002），如图 1.7a 所示的 Saint-Antonin 剖面。Saint-Antonin 剖面被认为是沉积于浊流沉积体系的近端。该浊流体系沉积物由始新世和渐新世小型河流侵蚀自 Corsica-Sardinia 地块，为出露于 Annot 火车站露头的 Annot 砂岩提供了沉积物来源（du Fornel，2003；Joseph 和 Lomas，2004）。位于 Saint-Antonin 剖面所处相带远端的 Les Scaffarel 剖面也有 Annot 砂岩出露，可见完整的异重流沉积序列（图 1.7c），包括下部单元被部分削截的异重流沉积（图 1.7b）。其中，前截作用很可能与 Saint-Antonin 剖面中沉积于浅水环境的砾岩（以底负载为主的异重流沉积）有关。

现代海洋异重流沉积的沉积构造稀少，即便是细粒沉积。Saguenay 峡湾异重流沉积形成于洪水的流量上升期，仅底部可见少量水平纹层。古代异重流沉积露头可见典型的沉积构造（如平直纹层、交错层理），如 Annot 砂岩露头（du Fornel，2003；Joseph 和 Lomas，2004；Joseph 等，2005）或亚平宁山脉中的露头（Mutti 等，1996；Mavilla，2000）。Soyinka 和 Slatt（2009）描述了沉积于北美西部白垩纪内海具有模糊纹层和反—正复合粒序的岩层，将其解释为富泥前三角洲沉积中的异重流沉积。总之，与滑塌成因的经典浊积岩相比，异重流沉积爬升沙纹更为常见（Mutti 等，1996）。此外，异重流沉积还含有陆源生物组分，如轮藻的卵原细胞（Bourcart，1964）。Ducassou（2006）和 Ducassou 等（2008）在尼罗河洪水对流再集中沉积的块状碎屑岩层中观察到保存极好的有机质，一些木头碎片化石仍保留着木质结构，表明植物死亡至被最终掩埋的时间非常短暂。

在现代沉积陆源碎屑的湖泊中，以悬移质为主的异重流沉积厚度可能为毫米—厘米级，底部为突变面，垂向粒度变化可反映洪水流量的上升—下降过程（Guyard 等，2007）。Crookshanks 和 Gilbert（2008）在 Kluane 湖（位于加拿大 Yukon 大区）开展的原位测量表明，上升、下降的流速分别对应于异重流沉积的反粒序层、正粒序层。超级洪水通常不会保存常见的形成于流量上升期的反粒序层（Guyard 等，2007），常在盆地近端形成粉砂岩粒序层（图 1.8，图 1.9），在远端形成底部为突变面的极细粒（泥质粉砂）沉积（图 1.9）（Chapron 等，2002）。现代异重流沉积的共同特点是底部可见有机质碎屑（Chapron 等，2005）。

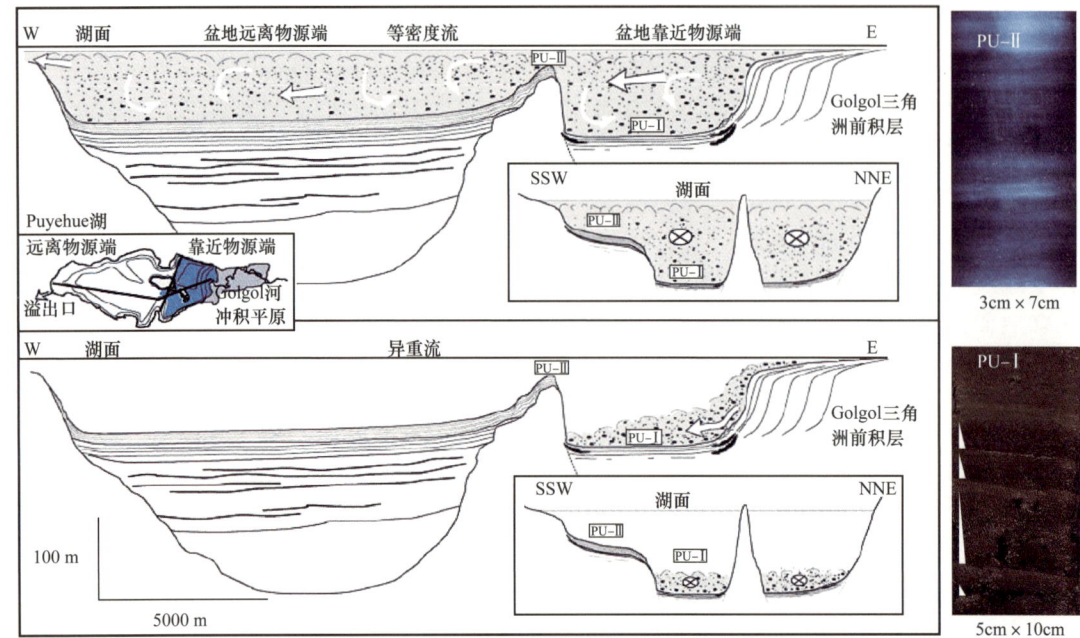

图 1.8 智利 Puyehue 湖中的等密度流和异重流，以及相应沉积物的 X 光片（PU-Ⅱ）和照片（PU-Ⅰ）
该盆地充填沉积由三角洲供给的碎屑和自生生物物质沉积形成，因此地震剖面上段反射单元可见典型的湖相地层结构[地震剖面解释据 Moernaut 等（2006）、Chapron 等（2007）和 Charlet 等（2008）]。等密度流可波及整个湖盆，并在取心区域 PU-Ⅱ 形成纹层状细粒沉积；零星发生的异重流，仅在盆地近端靠近 Golgol 三角洲一侧的取心区域 PU-Ⅰ 形成底部为突变面的粒序层。这些砂—粉砂粒序层的沉积物主要来自堤岸的侵蚀，形成时间要晚于 1960 年地震滑坡堰塞湖溃决引发的异重流洪水事件[Chapron 等（2006，2007）]

1.3.2 灾难性洪水及以底负载为主的异重流沉积

以底负载为主的异重流显著区别于以悬移负载为主的异重流。前者为灾难性洪水，因能量高可对地表造成强烈的侵蚀。Missoula 冰川湖的溃决洪水搬运了粒径达数米的玄武岩漂石（Malde 和 Powers，1962）；Bonneville 湖溃决洪水搬运了粒径为米级至房子般大小的球形岩石（melon gravels）。1996 年 Grimstvötn 冰下湖溃决产生的洪水也搬运了大小相当的火山岩岩块，并将它们沉积于 Skeidarársandur 冰川冲积平原。Bathurst 和 Ashiq（1998）认为一次大的溃坝洪水可使河流底负载的比例增加并维持数年。

Brunner 等（1999）和 Zuffa 等（2000）描述了 Astoria 深海扇中的异重流沉积，其成因与 Missoula 冰川湖的溃决有关（图 1.10）。综合大洋钻探计划（IODP）取心（Shipboard Scientific Party，1998a，b，c；Brunner 等，1999；Zierenberg 等，2000）显示，该沉积含两种砂岩，即厚度达数米的块状砂岩和顶部可见模糊粒序结构的块状砂岩（图 1.10a）。因为块状砂岩的顶部存在明显的波阻抗差界面（异重流沉积的顶界或上覆块状层与下伏模糊粒序层之间的岩性界面），相应地震反射界面清晰，这些异重流沉积极易在主频率为 3.5kHz 的地震剖面中识别（图 1.10a）。这些砂岩可能是超密度流或密度流沉积（Mulder 和 Alexander，2001），相当于鲍马序列的 Ta 段（Bouma，1962）。

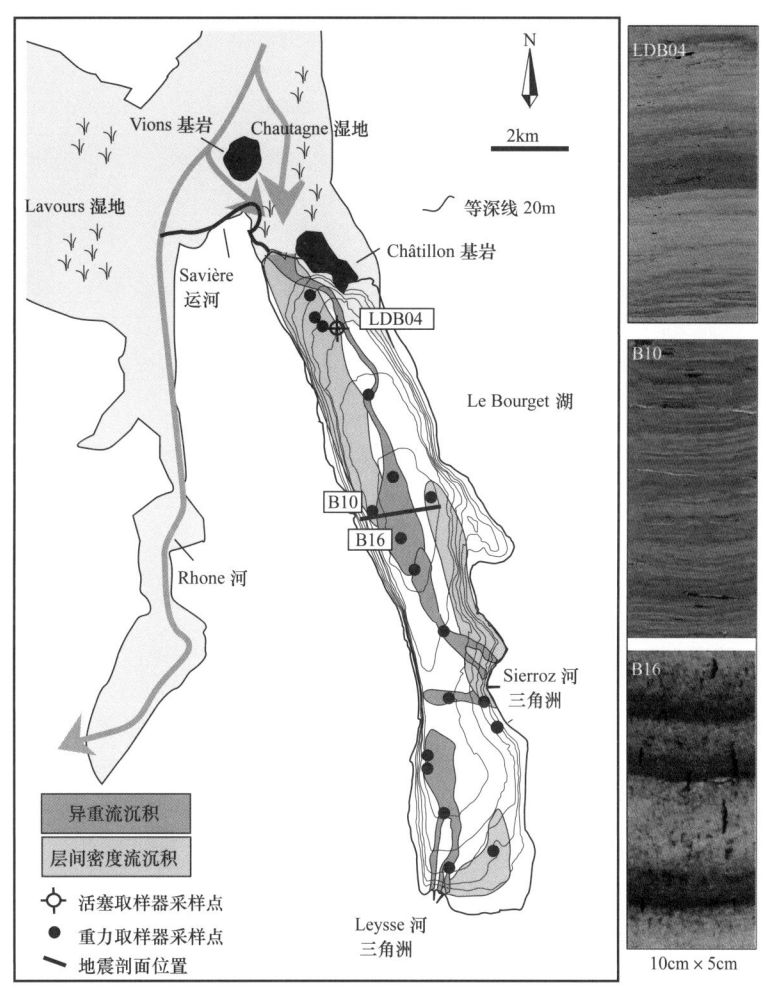

图1.9　法国阿尔卑斯山西北部 Le Bourget 湖中的层间密度流和异重流沉积

通过在湖区开展短岩心和长岩心的钻取、浅地层剖面的测量和侧扫声纳的采集（据 Chapron 等，1996，2002，2005），得以编制特殊的湖盆沉积相图，刻画出与不同支流相连的层间密度流和异重流洪水沉积。自全新世早期开始，Rhone 河只有大的洪水才能进入湖区，形成层间密度流或异重流洪水沉积。在 Rhone 河的河口近端（LDB04），层间密度流和异重流洪水沉积较粗，后者典型特征是底部为突变面且富含有机质碎屑；在河口远端，层间密度流洪水沉积（B10）为纹层状的细粒碎屑岩，异重流洪水沉积（B16）则为富含有机质碎屑、底部为突变面的厚层状黏土—粉砂层。其中，B16 的三层洪水沉积形成于小冰期（据 Chapron 等，2002）。地震剖面如图 1.14 所示

法国东南部 Reyran 河（或称 Argens 河）上的 Malpasset 水坝溃决，在 Fréjus 海湾形成了涌浪型异重流沉积，对其取心为研究此类异重流沉积提供了良好的实例（图 1.10b）（Mulder 等，2009）。此类异重流沉积也是富含有机质、向上变细的砂质粉砂岩，厚约数分米，顶部无粒序变化或仅见模糊的粒序，组分包括侵蚀自 Reyran（或 Argens）河流域盆地的岩屑和矿物，以及来自海滩和临滨带的软体动物、有孔虫生物碎屑。该异重流沉积整体呈楔形，从海岸延伸至水深达 30m 海底。因沉积物具有典型的惯性流特征，该异重流被认为是短暂且不稳定的涌流，以底负载为主。

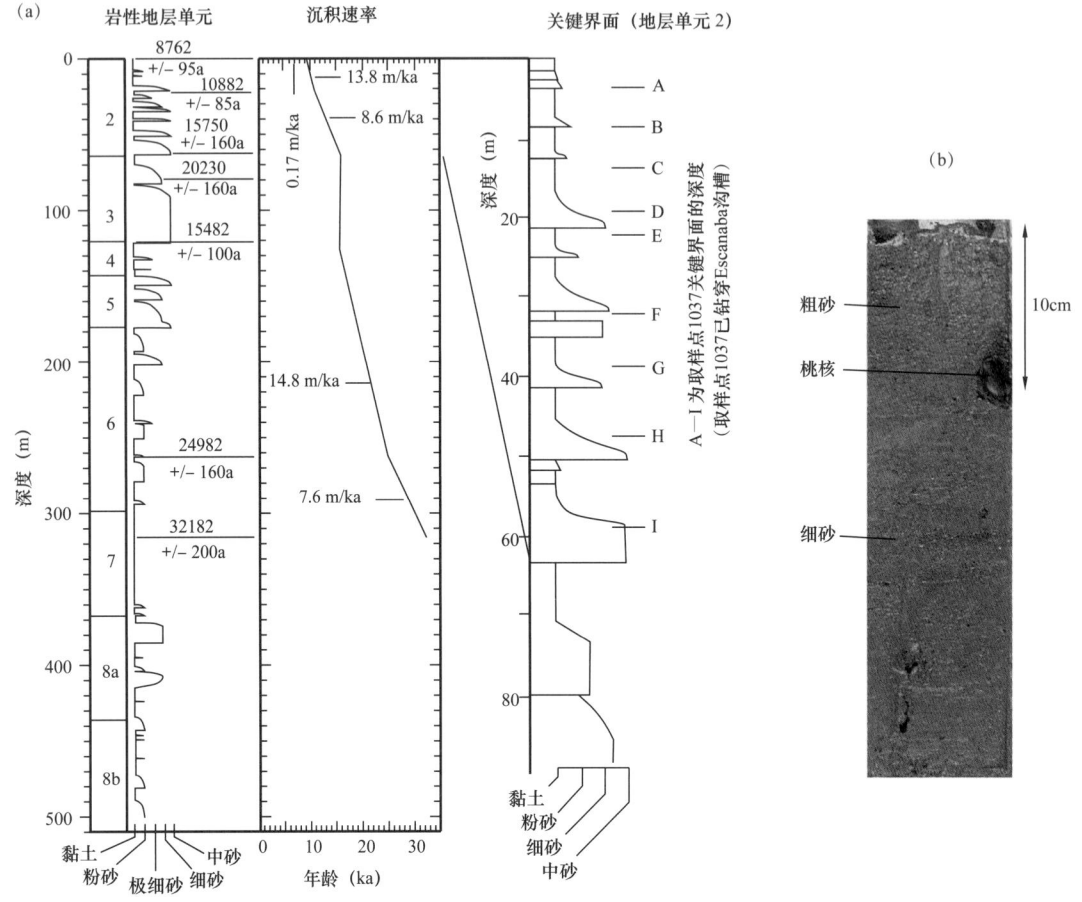

图1.10 以底负载为主的异重流沉积

（a）大洋钻探计划1037B钻孔岩性剖面，可见连续的超密度流和密度流沉积（Ta），成因与Missoula湖连续的洪水有关（据Brunner等，1999，修改）。（b）超密度流沉积实例（块状富有机质砂岩），岩心取自Fréjus海湾（法国地中海），成因与Malpasset大坝的溃决有关（据Mulder等，2009，修改）

在山谷中，与现代或全新世溃坝相关的灾难性洪水事件，可能对地表造成强烈的侵蚀，并在湖泊中沉积极厚层异重流沉积。这些灾难性沉积物的典型特征是底部为侵蚀面，下部沉积单元呈纹层状且向上变粗，上部沉积单元呈块状或具粒序结构（Schneider等，2004；Chapron等，2007）。Flims滑塌体（12km³）堰塞形成的Llanz湖泊（长约40km，深约400m）在9400年前发生了溃决，并在莱茵河（瑞士）下游100多千米之外的博登湖（Lake Constance）湖底扇沉积了两期相互叠置的砂质粉砂岩（Pollet和Schneider，2004；Schneider等，2004）。两处取心显示，这些灾难性沉积物在博登湖水深为160m和180m处与背景沉积（黑色斑状湖相灰泥）呈突变接触（图1.11）。1960年智利9.5级Valdivia地震主震之后几周，Golgol河谷的地震堰塞坝发生溃决并对Puyehue湖产生影响（Chapron等，2006，2007）。该溃决位于Puyehue湖Golgol三角洲上游5km处，所形成的超级洪水导致河流在Golgol冲积平原发生改道，并在Puyehue湖的近端（Golgol三角洲前方）形成厚达30m的异重流沉积（面积约3106m³），同时使得沉积于该湖近端的陆源、火山和湖成生物物质受到不同程度的改造。

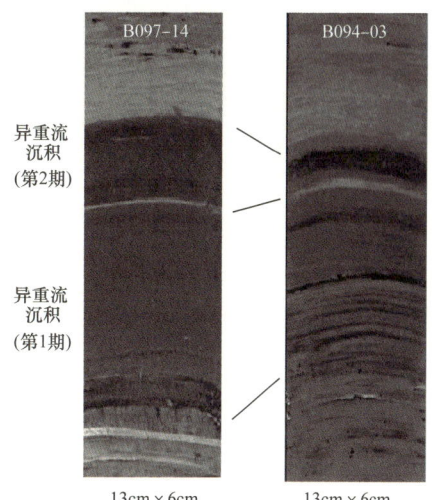

图1.11 由莱茵河河谷（瑞士）Flims滑塌堰塞坝形成的Llanz古湖泊及其位置
大约在9400年前，该湖发生溃决并在博登湖的莱茵河扇三角洲形成两期连续的灾难性
异重流沉积（据Schneider等，2004）

1.3.3 小型洪水和对流再集中异重流沉积

Ducassou（2006）和Ducassou等（2008）描述了与连续对流再集中作用（图1.12）相关的细粒沉积。这些细粒沉积由略显粒序结构的块状碎屑泥（粒径<50μm）构成，成分以陆源颗粒和改造过的微体化石为主，可见褐煤碎屑、无定型有机质斑块和自生石膏，几乎不含生物和生物扰动构造。保存完好的木头碎屑化石及缺失远洋生物、生物扰动构造等特征表明，此类沉积物由快速沉积形成。其中腐泥质层S1（大概沉积于2000多年前）含40期洪水沉积也说明如此。

缺少沉积构造并不能说明此类细粒沉积的形成过程无牵引流作用，或因沉积物颗粒太过细小。与远洋沉积夹层呈渐变接触，说明其沿海底搬运的距离较小；存在粒序结构表明成因是洪水，沉降作用是最重要的沉积机制。

1.3.4 波浪改造的异重流沉积

Wright等（1986）、Myrow等（2002）和Lamb等（2008）在研究分布于科罗拉多州北部至中部的宾夕法尼亚系时，将发育有粒序结构（正、

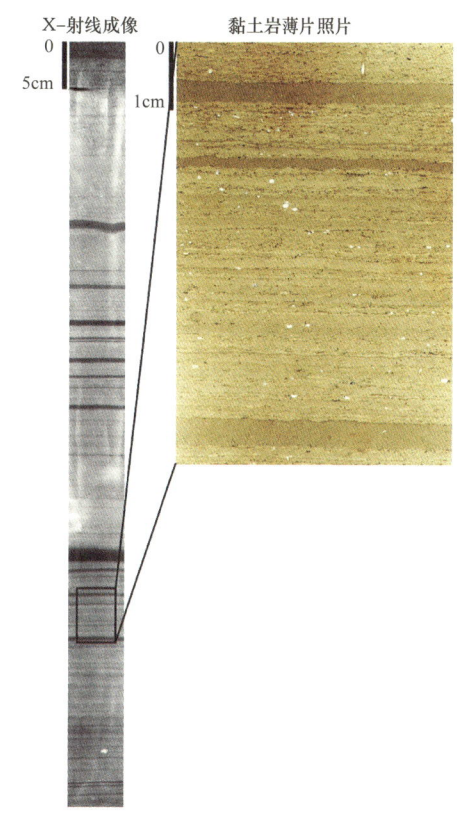

图1.12 略显粒序结构的块状泥级碎屑岩
（修改自Ducassou，2006；Ducassou等，2008）
由流至尼罗河深海扇的洪水对流再集中沉积形成

反）和振荡流沉积构造（大型丘状交错层理、近平行纹层、混合流沙纹）的沉积解释为受风暴影响的异重流沉积。其中，风暴浪和洪水或由风暴引发，丰富的底面印模（槽痕和沟槽）和沙纹交错层理表明流体以单向流为主，木头碎块形成的工具模可指示流向。古环境恢复表明该沉积体系沉积物来自扇三角洲，形成的异重流沉积含大量来自流域盆地高原的植物碎屑。

1.4 异重流的演化及沉积物时空分布

1.4.1 粗粒洪水沉积

Mutti 等（1996）建立了粗粒洪水沉积（以底负载为主的异重流沉积）空间演化的"S"形沙坝模型。该沙坝形成于主洪水期的河口，由密度流向含砂量更低的浊流转变形成，底部为侵蚀面。该模型含 6 个沉积相（图 1.13），从河口近端至远端依次为沉积相 1 至沉积相 6。沉积相 1 是无层理的卵石（或含砂质基质），由异重流的粗粒底层发生摩阻冻结（整体沉积）形成（Mulder 和 Alexander，2001）。沉积相 2 是粗砂岩（近端含卵石），其交错层理的倾角向进积方向逐渐增大，层理面因卵石和砾石定向排列突显且向远端变成上凸状。该沉积相由超密度流底负载沉积形成，该流体经稀释已开始出现单颗粒的搬运。沉积相 3 是无层理的粗砂—中砂岩，可见模糊的正粒序结构，很可能由密度流形成。沉积相 4 是中砂岩，发育水平层理或轻微起伏的平直层理。沉积相 5 是细—极细砂岩，发育水平的平直层理和沙纹交错层理。沉积相 4 和沉积相 5 均由牵引流叠加沉降作用形成。沉积相 6 为黏土层（沉降沉积）。

Saint-Antonin 剖面（du Fornel，2003；Joseph 等，2005）的洪水沉积在长轴方向的沉积相演化与此模型相似。有些可见反粒序向上过渡为正粒序，但无侵蚀构造的砾质（或卵级砾）层，也可解释成粗粒洪水异重流沉积（Mulder 等，2002）。Lamb 等（2008）的研究表明，风暴浪改造的粗粒洪水异重流沉积，其近端主要受振荡流影响，远端主要受单向流影响，这与沿陆架底部流动的异重流在远端受波浪影响逐渐减弱一致。

1.4.2 底负载和悬移负载异重流沉积

图 1.13 是异重流沉积在长轴方向上的沉积相演化模型，体现了以底负载为主和以悬移负载为主的异重流沉积的差异。异重流最终的沉积物取决于悬移负载与底负载的比例。该比例与洪水流量变化曲线相关。对于短暂且强烈的气候事件，河口处洪水的流速上升快速，异重流通常具有高的流量且以底负载为主；反之，则流速低，以悬移负载为主，流量变化曲线形态平坦。

以底负载为主和以悬移负载为主的异重流沉积差异如下（沿图 1.13 垂直向上方向）：

（1）粗粒的河口坝逐渐减少，细粒异重流沉积则增多；
（2）陆架和斜坡上部过路不沉积区增大；
（3）流体的搬运能力下降；
（4）沉积物的分选程度上升。

瞬间的灾难性洪水或溃决洪水（溃坝和冰下湖溃决）的特点是流速高、以底负载为主，但仍可归入该沉积模型。Malpasset 水坝溃决实例（Mulder 等，2009）说明，突发灾难性洪水的水动力特征更像沉积物流或涌浪型浊流，而不像典型的洪水。此类异重流洪水首先在近端沉积摩阻沉积物流（块状的砾岩或砂岩），其次是上层异重流转化为密度流并沉积为可见模糊粒序结构的鲍马序列 Ta 段，最后随着洪水不断聚集或形成真正的浊流，并在斜坡上部形成典型的过路沉积，同时在斜坡的更深处和陆隆沉积典型的浊积岩（Piper 和 Normark，2009）。该类异重流洪水最终的沉积物取决于起始沉积物的粒度。如果突发事件为中等规模，那么异重流洪水沉积完鲍马序列 Ta 段后即停止运动，所形成的沉积物分布范围局限于陆架，如 Malpasset 水坝的溃决事件；如果突发事件是超级事件，洪水则可抵达斜坡并继续向深海流动，如 Missoula 冰川湖的溃决。

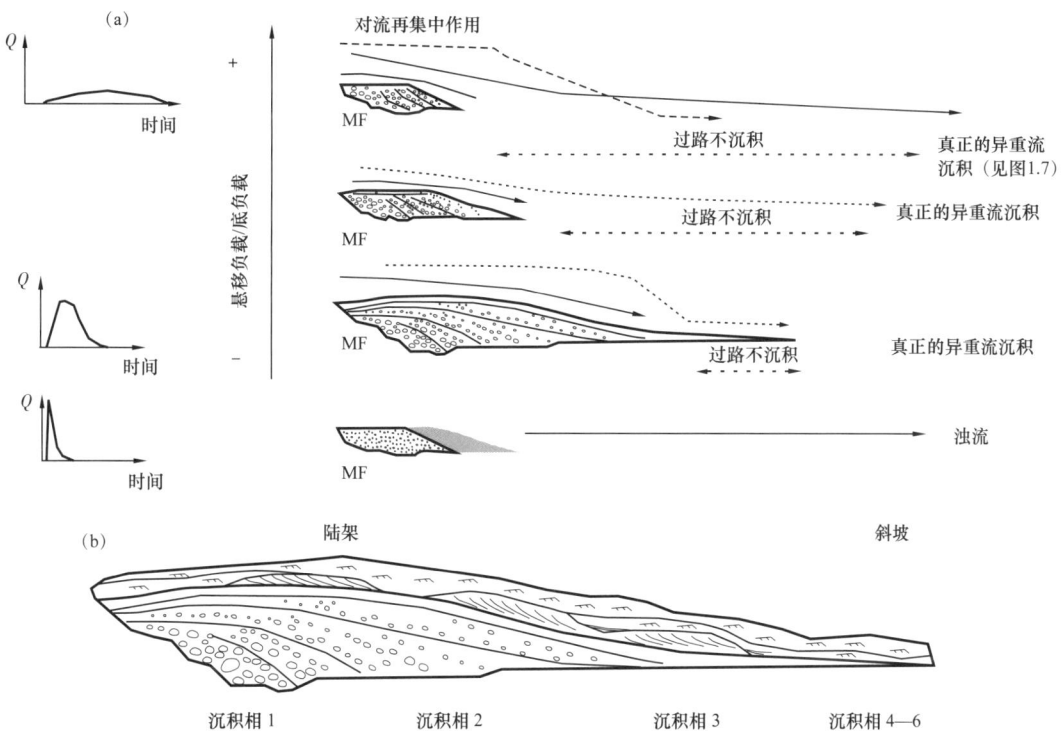

图1.13 （a）洪水成因 "S" 形沙坝形态（修改自 Mutti 等，1996；du Fornel，2003）。（b）异重流长轴方向上的沉积相演化模型，有别于以底负载或悬移负载为主的沉积物搬运（垂向上），形成的沉积物取决于悬移负载的比例。悬移负载的比例与洪水的流量变化相关。该相模式水平方向展示了流体沿远离河口方向上的演化过程：流体的流量和搬运能力随着距离增加逐渐下降；悬移负载与底负载的比值逐渐增加；颗粒的分选程度逐渐上升；牵引流沉积逐渐取代块状沉积；颗粒沉降最后发生，颗粒的排列方式随之改变。Q— 流量，MF— 沉积物流形成的沉积体

1.4.3 气候成因的洪水沉积

雷雨或飓风等瞬时气候事件成因的短暂性洪水，通常形成以底负载为主的异重流，沉积作用主要发生于河口处，以河口坝方式快速进积（Mutti 等，1996）。

随着距离的增加，异重流离开河口后将经历如下演化过程（沿图 1.13 的水平方向）：

（1）流体的搬运能力和流量将下降；
（2）悬移负载与底负载的比值将上升；
（3）颗粒的分选程度将上升；
（4）块状沉积逐渐被牵引流沉积替代，随后颗粒发生沉降；

（5）颗粒排列方式首先是块状，其次是可见模糊的定向排列，最后又转变成块状。

以底负载为主的异重流首先以沉积物流方式迁移，形成的块状砾岩（卵级砾—细砾）既无颗粒定向排列，也无沉积构造，相当于Mutti（1996）定义的沉积相1或Mulder和Alexander（2001）描述的摩阻流。随着搬运距离增加，碎屑将开始以单颗粒形式搬运，形成可见模糊—清晰叠瓦状构造的沉积物，相当于Mutti等（1996）定义的沉积相2。随着搬运距离继续增加，悬移负载的含量将超过底负载，碎屑颗粒的叠瓦状构造逐渐消失，典型的异重流沉积开始形成，可见典型的下段向上变粗的沉积单元和上段向上变细的沉积单元，相当于Mulder等（2003）根据现代海相沉积定义的异重流沉积，但粒度更粗。其中，粒度最粗者为洪峰沉积，可能为砾岩层或粗砂层，相当于Mutti（1996）定义的沉积相2。当悬移负载占主导时［相当于Mutti（1996）定义的沉积相3—6］，异重流形成与经典鲍马层序相似的向上变细沉积，它们是典型的以悬移负载为主的异重流在流量下降期形成的沉积物。

以悬移负载为主的异重流形成典型的异重流沉积，近端通常为无沉积的过路不沉积区域，细粒沉积物在斜坡沉积为细粒异重流沉积（Mulder等，2003）。但若含有粗粒沉积物，近端也可形成小型的砾质坝，并发育与以底负载为主的异重流相似的沉积相。对于中度混浊的河流，对流再集中是主要的沉积过程，主要形成细粒浊积岩，即Ducassou等（2008）描述的块状碎屑岩层。

此外，洪水期河口坝的快速前积可引发沉积物垮塌，尤其是以底负载为主时。Holnbeck（2005）对Yellowstone河底负载的研究表明，洪水会对河流造成强烈的侵蚀并引发滑坡，大量粗颗粒（砂和卵石）将被带入河流并形成洪水沙坝。如果这些沙坝位于河口附近，那么进积作用将引发垮塌，进而形成底流和典型的浊流，并最终形成典型的浊积岩（鲍马序列），正如Bornhold等（1994）在加拿大西部峡湾观察到的一样。这表明，异重流和浊流可在一个沉积序列之中交替沉积，如Saguenay峡湾（Mulder等，2001b；Saint-Onge等，2003）和Var河（Mas，2009）。

1.5 异重流沉积在地质记录中的意义

1.5.1 湖相异重流沉积与重大环境变化关系

在末次冰川消融期，起源于阿尔卑斯山的大型河流（如Rhone河、莱茵河和多瑙河）在湖盆沉积了高频高能的异重流。它们不仅使三角洲在冰前湖泊快速进积，而且形成了沿前三角洲分布的游荡性（有时可能为蛇曲状）水道堤岸体系，进而为分布于深盆区的朵叶状扇体输送了沉积物（Houbolt和Jonker，1968；Chapron等，1996，2009；Schröder等，1998；Van Rensbergen等，1998，1999；Popescu等，2001）。异重流沉积大多沉积于阿尔卑斯山大型的峡谷，而等密度流和层间密度流携带的细粒物质只在湖盆缩小时期才能溢出至下游。现今，这些大型河谷湖盆仍有一些接受着大型河流的异重流沉积，一些分布于峡谷边缘的已没有大型河流直接注入，还有一些已被完全充填成为平坦的冲积平原。Le Bourget湖（法国西北部阿尔卑斯山，图1.9）即属于河谷边缘湖泊，自全新世早期开始只有零星的Rhone河大洪水异重流可越过冲积平原和沼泽并注入湖中（Chapron等，2005）。现今零星的洪水无法在湖区形成水道堤岸体系，但在过去一些大的环境变迁时期（如小冰期），它们可在深盆区沉积厚度为厘米级的细粒异重流沉积。例如，在气候湿冷时期，Mont Blanc 冰川的前进使得冰川河流范围扩大，勒布尔歇湖的湖平面同时上升（Arnaud 等，2005；Chapron 等，2005；Debret 等，2010）。这些时期相对大的洪水沉积在地震反射剖面上特征明显（振幅特别强），可见其从分流河口向深盆区延伸很远（图 1.14）。

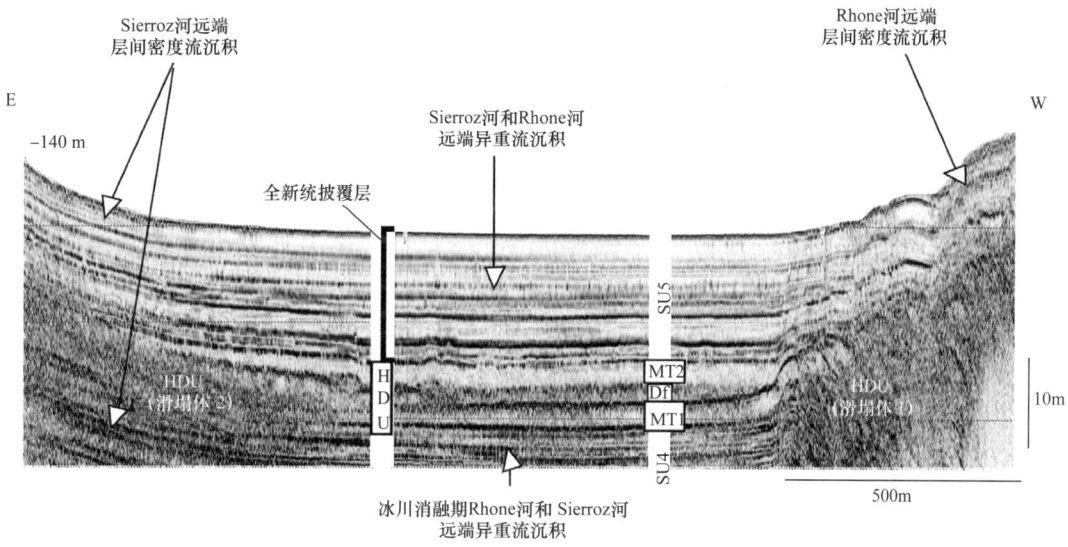

图 1.14　横跨 Le Bourget 湖深盆区的地震剖面

位置见图 1.9，地震相显示全新统披覆层（地震地层单元 SU5）和末次冰期沉积（地震地层单元 SU4）之间可见分布于分流河道之间的层间密度流和异重流洪水沉积。冰川消融期高的碎屑物供给加地震的影响，形成了滑塌体 HDU（Chapron 等，1996，2005；van Rensbergen 等，1999）。剖面可见两个形成时间几乎相同的滑塌体 HDU，它们引发的层间密度流在深盆区形成了一期碎屑流沉积（Df）和两期巨型的浊积岩（MT1 和 MT2）

全球变暖引发的山区冰川消融在大型流域的源头形成冰前湖泊，同时，永久冻土的减少使得河谷频繁发生山体滑坡。这些明显的环境变化，加之地震活动，或有利于在大型河谷发生灾难性洪水（由暂时性堰塞坝溃决形成）。列举的实例表明，这些灾难性洪水可能在很长距离内都具有侵蚀能力，包括在地表和湖盆的水下。

1.5.2　海相异重流沉积与海底峡谷和扇三角洲关系

海底峡谷和扇三角洲是影响碎屑岩陆架边缘形态最为重要的两类地质建造，异重流与它们也有密切联系。

边壁陡峭的海底峡谷在斜坡下切明显，有些对陆架也有明显的下切（Shepard 和 Dill，1966），其头部甚至延伸至河口，如 Zairet 和 Capbreton 海底峡谷。其中，Capbreton 海底峡谷一直与 Adour 河相连，直至公元 1310 年被人为改造（Klingebiel 和 Legigan，1978）。海底峡谷的成因有四种假说（Mulder 等，2004）：（1）由地表（或浅水）峡谷形成，如地中海 Messinian 扇三角洲与瓦河深海浊流体系相关的海底峡谷（Clauzon，1978；Clauzon 等，1995）；（2）由溯源侵蚀形成，证据是峡谷头部和侧翼存在垮塌痕（Gaudin，2006；Gaudin 等，2006），且沿峡谷或远离峡谷头部的深水水道方向常见整齐排列的麻坑（Le Moigne，1999）；（3）由向前推进的陆架边缘发生过路不沉积形成（Pratson 和 Haxby，

1996);(4)由沿斜坡下倾方向运动的沉积物流侵蚀形成（Pratson等，1994）。最后一种假说表明异重流很可能是海底峡谷得以形成并保存的重要机制，尽管陆架边缘不断向前推进。假说 3 向前推进的陆架边缘很可能也与异重流有关。在与深海扇相连的海底峡谷监测到持续的携砂流，以及在深海扇发现异重流沉积表明，异重流的确是海底峡谷得以形成并保存的重要机制，如瓦河海底峡谷（Gennesseaux等，1971）和 Zaire 海底峡谷（Droz等，1996；Hiscott等，1997；Savoye等，2000；Kripounoff等，2003）。大的异重流通常形成宽度变化不大的大型顺直峡谷（Piper和 Normark，2009），小型异重流则起到维持海底峡谷和斜坡沟谷的作用。其中，斜坡沟谷通常位于海平面上升期的三角洲或冰盖陆缘的向海方向。

水道—堤岸体系的水道通常呈蛇曲状，说明异重流有助于海底峡谷的维持。Gorycki（1973）认为水道发生蛇曲是流体对水道底部起伏海床的阻挡做出的自然响应。Leopold 和 Maddock（1953）、Schumm（1981）和 Rigaut（1997）则认为，中—低坡度的斜坡只有在持续、高能、低密度流体（即异重流）的作用下才能发生水道蛇曲。但是，最近 Corney 等（2006）和 Keevil 等（2006）研究了特定浊流（特定的流速和密度梯度）（Clark 和 Pickering，1996）在水道弯道凸岸的沉积作用，结果表明浊流底部流速最大且存在与河流弯道相反的离心力。这说明，深水水道拐弯处的沙坝不是点坝，持续性流体也不是水道发生蛇曲的必要条件，频繁的浊流也可使水道发生蛇曲，如亚马逊深水沉积体系（Pirmez 和 Inram，2003）。

海底峡谷或河道的形态与沉积物的搬运方式（悬移负载或底负载）可能也有密切联系。Abbado 等（2005）的研究表明，哥伦比亚河网状河型与以底负载为主的浅水河道低矮天然堤的频繁垮塌有关。冰缘环境的大型冰川冲积平原（如冰岛的 Skeidarársandurin）及冰河体系通常呈网状，其沉积物搬运方式也以底负载为主（Blum 和 Törnqvist，2000；Gomez 等，2000），如阿拉斯加的 Yukon 河和 Copper 河，以及新西兰的 Waimakariri 河。瓦河海底峡谷的上段也可见网状的小型水道，河床上通常覆盖粗砂和砾石（Parize 等，1989；Savoye 和 Piper，1991）。

扇三角洲指进积至水下（海洋或湖泊）的粗粒沉积体，其与冲积扇的区别是可见海相的生物扰动或生物，但极粗粒的岩相鲜有遗迹化石。所有扇三角洲都与河流体系直接相联，且都由高能山洪（以底负载为主的异重流）持续沉积形成。其中，吉尔伯特型三角洲特指湖相粗粒（卵石）扇三角洲，由迅速消亡的异重流（以底负载为主）、以惯性作用为主的等密度流（Bates，1953）或喷射流（Wright，1977）形成，其前积层倾角陡峭，可达 30°~35°。只有形成于陆架或斜坡的扇三角洲可与深海扇相连（Westcott 和 Ethridge，1990）。深海扇由垮塌成因的经典浊积岩（鲍马序列）和异重流沉积相互叠置形成，如瓦河深水体系（Migeon，2000；Migeon 等，2001）、Zaire 深水体系（Migeon，2000）和阿拉伯海深水体系（Bourget 等，2010a，b）均可见互层状的鲍马序列和异重流沉积，这表明两种重力流触发机制（垮塌转变和河流注入）在深海环境可以共存。

1.6 结论

异重流洪水常见于现代和第四纪晚期的湖泊和海洋，包括三角洲环境。异重流在浅水水域具有侵蚀能力，有助于水道—堤岸体系形成，在深水水域则加积于朵叶状深水扇。异重流洪水沉积可来自于以悬移负载或底负载为主的异重流，与经典浊积岩的区别在于：底部可见陆源有机质碎屑，还可见形成于洪水流量上升期向上变粗的底部沉积序列。

异重流的触发机制是气候事件，如暴雨或融雪，以及灾难性事件（如流域内的溃坝或冰下湖泊的溃决）。流至三角洲斜坡的小型洪水因发生对流再集中作用，也可在深海海域形成以悬移负载为主的异重流。因此，世界上大多数河流（>80%）可在深海环境形成异重流。异重流或可以底负载搬运为主，其水道河床上可见滞留的净砂岩。

有记录表明湖泊和海洋环境都可见与重大环境变化（如陆上冰川的消长）相关的大型异重流。在全球变暖的山区，加之地震和火山活动，或有利于暂时性堰塞湖形成（冰川融化可形成冰前冰碛堰塞湖，永久冻土减少可引发滑坡并形成堰塞湖），这使得河谷、湖泊、海岸地区在不久的将来更易受到灾难性异重流洪水的影响。

参 考 文 献

Abbado D., R.Slingerland, and N.D.Smith, 2005, The origin of anastomosis on the Columbia River, British Columbia, Canada, in M.D.Blum, S.B.Marriott, and S.Leclair, eds., Proceedings of the 7th International Conference on Fluvial Sedimentology, IAS Special Publication 35, p.3–15.

Arnaud F., M.Revel, E.Chapron, M.Desmet, and N.Tribovillard, 2005, 7200 years of Rhone River flooding activity in Lake Le Bourget: A high-resolution sediment record of NW Alps hydrology: The Holocene, v.15, p.420–428.

Back S., M.de Batist, P.Kirillov, M.Strecker, and P.Vanhauwaert, 1998, The Frolikha fan: A large Pleistocene glaciolacustrine outwash fan in northern Lake Baikal, Siberia: Journal of Sedimentary Research, v.68, p.841–849.

Bagnold R.A., 1962, Auto-suspension of transported sediment; turbidity currents: Proceedings of the Royal Society (London) A, v.265, p.315–319.

Baker V., 1995, Surprise endings to catastrophism and controversy on the Columbia: GSA Today, v.15, no.9, p.169, 171–173.

Baker V.R., and R.C.Bunker, 1985, Cataclysmic late Pleistocene flooding from glacial Lake Missoula: A review: Quaternary Science Reviews, v.4, p.1–41.

Barber D., et al., 1999, Forcing of the cold event of 8, 200 years ago by catastrophic drainage of Laurentide lakes: Nature, v.400, p.344–348.

Bates C.C., 1953, Rational theory of delta formation: AAPG Bulletin, v.37, no.9, p.2119–2162.

Bathurst J.C., and M.Ashiq, 1998, Dambreak flood impact on mountain stream bed-load transport after 13 years: Earth Surface Processes and Landforms, v.23, p.643–649.

Björnsson H., 1992, Jökulhlaups in Iceland: Predictions, characteristics and simulation: Annals of Glaciology, v.16, p.95–106.

Björnsson H., 1998, Hydrological characteristics of the drainage system beneath a surging glacier : Nature, v.395, p.771–774.

Blum M.D., and T.E.Törnqvist, 2000, Fluvial responses to climate and sea-level change : A review and look forward : Sedimentology, v.47, Suppl.1, p.2–48.

Bornhold B.D., P.Ren, and D.B.Prior, 1994, Highfrequency turbidity currents in British Columbia fjords : Geo-Marine Letters, v.14, p.238–243.

Bouma A.H., 1962, Sedimentology of some flysch deposits : A graphic approach to facies interpretation : Amsterdam, Netherlands, Elsevier, 168 p.

Bourcart J., 1964, Les sables profonds de la Méditerranée occidentale, in A.H.Bouma and A.Brouwer, eds., Turbidites : Developments in sedimentology 3: Amsterdam, Netherlands, Elsevier, p.148–155.

Bourget J., N.Mouchot, S.Zaragosi, N.Ellouz-Zimmermann, T.Garlan, V.Lanfumey, A.VanToer, J.-L. Schneider, 2010a, Turbidite system architecture and sedimentary processes along topographically complex slopes : The Makran convergent margin : Sedimentology, doi : 10.1111/j.1365-3091.2010.01168.x.

Bourget J., S.Zaragosi, T.Mulder, T.Garlan, J.-L.Schneider, N.Ellouz-Zimmermann, A.Van Toer, andV. Mas, 2010b, Hyperpycnal-fed turbidite lobe architecture and recent sedimentary processes : A case study from the Al Batha turbidite system, Oman margin : Sedimentary Geology, v.229, p.144–159, doi : 10.1016/j.sedgeo.2009.03.009.

Bourrouilh R., 1987, Evolutionary mass flow-megaturbidites in an interplate basin : Example of the north Pyrenean basin : Geo-Marine Letters, v.7, p.69–81.

Bourrouilh R., and B.Offroy, 1983, Séquence de massflow évolutif-mégaturbidite du flysch Sénonien nordpyrénéen.Traitement statistique et anatomie du bassin sénonien.Colloque sur le Sénonien : Géologie Méditerranéenne, v.20, p.345–359.

Brodzikowski K., and A.Van Loon, 1991, Review of glacigenic sediments : Development in Sedimentology, v.49, 6888 p.

Broecker W.S., 2006, Was the Younger Dryas triggered by a flood ? : Science, v.312, p.1146–1148.

Broecker W.S., J.P.Kennett, B.P.Flower, J.T.Teller, S.Trumbore, G.Bonami, and W.Wolfli, 1989, Routing of meltwater from the Laurentide ice sheet during the younger Dryas cold episode : Nature, v.341, p.318–321.

Brunner C.A., W.R.Normark, G.G.Zuffa, and F.Serra, 1999, Deep-sea sedimentary record of the late Wisconsin cataclysmic floods from the Columbia River : Geology, v.27, no.5, p.463–466.

Chapron E., P.Van Rensbergen, C.Beck, M.De Batist, and A.Paillet, 1996, Lacustrine sedimentary records of brutal events in Lake Le Bourget (NW Alps-Southern Jura): Quaternaire, v.7, p.155–168.

Chapron E., M.Desmet, T.De Putter, M.F.Loutre, C.Beck, and J.F.Deconinck, 2002, Climate variability in the NW Alps, France, as evidenced by 600 years of terrigenous sedimentation in Lake Le Bourget : The Holocene, v.12, p.59–68.

Chapron E., F.Arnaud, H.Noel, M.Revel, M.Desmet, and L.Perdereau, 2005, Rhone River flood deposits in Lake Le Bourget : A proxy for Holocene environmental changes in the NW Alps, France : Boreas, v.34, p.404–416.

Chapron E., D.Ariztegui, S.Mulsow, G.Villarosa, M.Pino, V.Outes, E.Juviginié, and E.Crivelli, 2006,

Impact of 1960 major subduction earthquake in Northern Patagonia (Chile, Argentina): Quaternary International, v.158, p.58–71.

Chapron E., E.Juvigné, S.Mulsow, D.Ariztegui, O.Magand, S.Bertrand, M.Pino, andO.Chapron, 2007, Recent clastic sedimentation processes in Lake Puyehue (Chilean Lake District, 40.58S): Sedimentary Geology, v.201, p.365–385, doi: 10.1016/j.sedgeo.2007.07.006.

Chapron E., M.Dietrich, C.Beck, P.Van Rensbergen, H.P.Finck, G.Menard, G.Nicoud, F.Lemeille, F.Anselmetti, and M.De Batist, 2009, High-amplitude reflections in proglacial lacustrine basin fills of the NW Alps: Origin and implications, in P.Y.Bard, E.Chaljub, C.

Cornou F.Cotton, and P.Gueguen, eds., Proceedings of the Third International Symposium on the Effects of Surface Geology on Seismic Motion: Grenoble, France, Collection Actes des journées scientifiques du LCPC, v.2, 678 p.

Charlet F., M.deBatist, E.Chapron, S.Bertrand, M.Pino, and R.Urrutia, 2008, Seismic stratigraphy of Lago Puyehue (Chilean Lake District): New views on its deglacial and Holocene evolution: Journal of Paleolimnology, v.39, p.163–177.

Chikita K., 1991, Dynamic processes of sedimentation by river induced turbidity currents: II.Application of a two-dimensional, advective diffusion model: Transactions, Japanese Geomorphological Union, v.13, no.1, p.1–18.

Clark J., and K.Pickering, 1996, Quantitative analysis of the geometry of submarine channels: Implications for the classification of submarine fans: Geology, v.20, p.633–636.

Clarke G.K.C., D.W.Leverington, J.T.Teller, and A.S.Dyke, 2004, Paleohydraulics of the last outburst flood from glacial Lake Agassiz and the 8200 BP cold event: Quaternary Science Reviews, v.23, p.389–407.

Clauzon G., 1978, The Messinian Var Canyon (Provence, southern France).Paleogeographic implications: Marine Geology, v.27, no.3/4, p.231–246.

Clauzon G., J.-L.Rubino, and B.Savoye, 1995, Marine Pliocene Gilbert-type fan deltas along the French Mediterranean coast.A typical infill feature of preexisting subaerial Messinian canyons: IAS Regional Meeting of Sedimentology Field Trip Guide Book: Publication ASF, v.23, p.145–222.

Corney R.K.T., J.Peakall, D.R.Parsons, L.Elliot, K.J.Amos, J.L.Best, G.M.Keevil, and D.B.Ingham, 2006, The orientation of helical flow in curved channels: Sedimentology, v.53, p.249–257.

Coynel A., 2005, Erosion mécanique des sols et transferts géochimiques dans le bassin Adour-Garonne: Ph.D.thesis, Université Bordeaux 1, Bordeaux, France, 572 p.

Coynel A., J.Schäfer, J.E.Hurtrez, J.Dumas, H.Etcheber, and G.Blanc, 2004, Sampling frequency and accuracy of SPM flux estimates in two contrasted drainage basins: Science of the Total Environment, v.330, p.233–247.

Crookshanks S., and R.Gilbert, 2008, Continuous, diurnally fluctuating turbidity currents in Kluane Lake Yukon Territory: Canadian Journal of Earth Science, v.45, p.1123–1138.

Dadson S.J., et al., 2004, Earthquake-triggered increase in sediment delivery from an active mountain belt: Geology, v.32, p.733–736.

Dang T.-H., 2007, Dynamique des transports de matières dans les eaux du Fleuve Rouge au Vietnam: Master's thesis, Université Bordeaux 1, Bordeaux, France, 30 p.

Debret M., E.Chapron, F.Arnaud, M.Desmet, M.Rolland-Revel, O.Magand, A.Trentesaux, V.Bout-Roumazeille, and J.Nomade, 2010, Northwestern Alps Holocene paleohydrology recorded by flooding activity in Lake Le Bourget, France, and possible relations with Mont-Blanc glaciers fluctuations : Quaternary Science Reviews, doi : 10.1016/j.quascirev.2010.05.016 (published online).

Dhal S., J.Bakke, O.Lie, and A.Nesje, 2003, Reconstruction of former glacier equilibrium-line altitudes based on proglacial sites : An evaluation of approaches and selection of sites : Quarternary Science Reviews, v.22, p.275–287.

Dromart G., C.Quantin, and O.Broucke, 2007, Stratigraphic architectures spotted in southern Melas Chasma, Valles Marineris : Marine Geology, v.35, no.4, p.363–366.

Droz L., F.Rigaut, P.Cochonat, and R.Tofani, 1996, Morphology and recent evolution of the Zaire turbidite system (Gulf of Guinea) : Geological Society of America Bulletin, v.108, p.253–269.

Ducassou E., 2006, Evolution du système turbiditique profound du Nil au cours du Quaternaire récent : Ph.D.thesis, Université Bordeaux1, Bordeaux, France, no.3263, 336p.

Ducassou E., T.Mulder, S.Migeon, E.Gonthier, A.Murat, L.Capotondi, S.Bernasconi, and J.Mascle 2008, Nile floods recorded in deep Mediterranean sediments : Quaternary Research, v.70, p.382–391.

Du Fornel E., 2003, Reconstitution sédimentologique tridimensionnelle et simulation stratigraphique du systè me turbiditique éocène-oligocène des Grès d'Annot (Alpes méririonales) : Ph.D.thesis, Université deRennes1, Rennes, France, 243 p.

Einarsson P., B.Brandsdó ttir, M.Tumi Gudmunsson, H.Björnsson, K.Grönvold, and F.Sigmundsson, 1997, Center of the Iceland hotspot experiences volcanic unrest : Eos Transactions, American Geophysical Union, v.78, no.35, p.369–375.

Farnsworth K.L., and J.D.Milliman, 2003, Long-term fluvial sediment delivery to the ocean : Effect of climatic and anthropogenic change : Global Planet Change, v.39, no.1–2, p.53–64.

Forel F.A., 1885, Les ravins sous-lacustres des fleuves glaciaires : Comptes Rendus de l'Académie des Sciences, Sciences de la Terre, v.101, no.16, p.725–728.

Forel F.A., 1892, Le Léman : Monographie Limnologique 1, F.Rouge, Lausanne, 543 p.

Frenot Y., J.C.Gloaguen, B.Van der Vijver, and L.Beyens, 1997, Datation de quelques sédiments tourbeux holocè nes et oscillations glaciaires aux iles Kerguelen : Comptes Rendus de l'Académie des Sciences – Series III – Sciences de la Vie, v.320, p.567–573.

Garcia M.H., and G.Parker, 1993, Experiments on the entrainment of sediment into suspension by a dense bottom current : Journal of Geophysical Research, v.98, no.3, p.4793–4807.

Garrels R.M., and F.T.Mackenzie, 1971, Evolution of sedimentary rocks : New York, W.W.Norton and Co., 397 p.

Gaudin M., 2006, Processus et enregistrements sédimentaires dans les canyons sous-marins Bourcart et de Capbreton durant le dernier cycle climatique : Ph.D.thesis, Université Bordeaux 1, Bordeaux, France, no.3322, 296 p.

Gaudin M., T.Mulder, P.Cirac, S.Berné, and P.Imbert, 2006, Past and present sedimentary activity in the Capbreton Canyon, southern Bay of Biscay, in T.Mulder, ed., Special Issue on Deep-Sea Turbidite Systems on French Margins : Geo-Marine Letters, v.26, no.6, p.331–346.

Gennesseaux M., M.Guibout, and H.Lacombe, 1971, Enregistrement de courants de turbidité dans la vallée sous-marine du Var(Alpes-Maritimes): Comptes Rendus de l'Académie des Sciences, Paris, Série D, v.273, p.2456–2459.

Gilbert G.K., 1878, The ancient outlet of Great Salt Lake : American Journal of Science, 3rd Series, v.15, p.256–259.

Giresse P., and G.Kouyoumontzakis, 1973, Cartographie sédimentologique des plateaux continentaux du sud du Gabon, du Congo, du Cabinda et du Zaïre : Cahiers de l' ORSTOM, Série Géologie, v.5, no.2, p.235–257.

Gomez B., L.C.Smith, F.J.Magilligan, L.A.K.Mertes, and N.D.Smith, 2000, Glacier outburst floods and outwash plain development : Skeidarársandur, Iceland : Terra Nova, v.12, no.3, p.126–131, doi : 10.1046/j.1365-3121.2000.00277.x.

Gorycki M.A., 1973, Hydraulic drag : A meander initiating mechanism : Geological Society of America Bulletin, v.84, p.175–186, doi : 10.1130/0016-7606（1973）84<175: HDAMM>2.0.CO ; 2.

Grönvold K., and H.Jóhannesson, 1984, Eruption in Grímsvötn 1983, course of events and chemical studies of the tephra : Jökull, v.34, p.1–11.

Gudmunsson M.T., F.Sigmundsson, and H.Björnsson, 1997, Ice-volcano interaction of the 1996 Gjálp subglacial eruption, Vatnajökull, Iceland : Nature, v.389, p.954–957, doi : 10.1038/40122.

Guyard H., G.St Onge, E.Chapron, F.Anselmetti, and P.Francus, 2007, The AD 1881 earthquake-triggered slump and late Holocene flood-induced turbidites from Proglacial lake Bramant western French Alps, in V.D.Lykousis, D.Sakellariou, and J.Locat, eds., Submarine mass movements and their consequences : Dordrecht, Netherlands, Springer, p.279–286.

Hay W.H., 1994, Pleistocene-Holocene fluxes are not the earth's norm, in W.W.Hay, ed., Global sedimentary geofluxes : Washington, DC, National Academy of Sciences Press, p.15–27.

Heezen B.C., and M.Ewing, 1952, Turbidity currents and submarine slumps and the 1929 Grand Banks earthquake : American Journal of Science, v.250, no.12, p.849–873.

Heezen B.C., M.Ewing, and G.L.Johnson, 1960, Cable failures in the Gulf of Corinth : A case history, report of the Lamont Geological Observatory : Palisades, New York, Columbia University, 100 p.

Hesse R., and S.Khodabakhsh, 2006, Significance of finegrained sediment lofting from melt-water generated turbidity currents for the timing of glaciomarine sediment transport into the deep sea : Sedimentary Geology, v.186, p.1–11, doi : 10.1016/j.sedgeo.2005.10.006.

Hiscott R.N., C.Pirmez, and R.D.Flood, 1997, Amazon submarine fan drilling.A big step forward for deep-sea fan models : Geoscience Canada, v.24, p.13–24.

Holnbeck S.R., 2005, Sediment-transport investigations of the upper Yellowstone River, Montana, 1999 through 2001: Data collection, analysis, and simulation of sediment transport : U.S.Geological Survey Scientific Investigations Report 2005-5234, 69 p.

Houbolt J., and J.Jonker, 1968, Recent sediments in the Eastern part of the Lake of Geneva (Lac Léman) : Geologie en Mijnbouw, v.47, p.131–148.

Hoyal D.C.J.D., M.I.Bursik, and J.F.Atkinson, 1999, The influence of diffusive convection on sedimentation from buoyant plumes : Marine Geology, v.159, p.205–220, doi : 10.1016/S0025-3227（99）00005-5.

Inbar M., and A.P.Schick, 1979, Bedload transport associated with high stream power, Jordan River, Israel :

Proceedings of the National Academy of Sciences of the United States of America, v.76, no.6, p.2515–2517, doi:10.1073/pnas.76.6.2515.

Joseph P., and S.A.Lomas, eds., 2004, Deep-water sedimentation in the Alpine basin of SE France.New perspectives on the Grès d'Annot and related systems: Geological Society (London) Special Publication 221, 456 p.

Joseph P., Y.Callec, F.Guillocheau, and C.Robin, 2005, Sédimentologie, stratigraphie séquentielle et architecture réservoir des séries É ocène–Oligocène du Sud-Est de la France (Grès d'Annot et systèmes associés).10ème Congrès Franc͵ais de Sédimentologie, Excursion Guidebook and ASF Publication, Paris, no.54, 152 p.

Keevil G.M., J.Peakall, J.L.Best, and K.J.Amos, 2006, Flow structure in sinuous submarine channels: Velocity and turbulence of an experimental submarine channel: Marine Geology, v.229, p.241–257, doi: 10.1016/j.margeo.2006.03.010.

Klingebiel A., and P.Legigan, 1978, Histoire géologique des divagations de l'Adour.Actes du Congrès de Bayonne des 28 et 29 Octobre 1978 Organisé pour le IVème Centenaire du Détournement de l'Adour,p.23–34.

Kneller B., 1995, Beyond the turbidite paradigm: Physical models for deposition of turbidites and their implications for reservoir prediction, in A.J.Hartley and D.J.Prosser, eds., Characterization of deep marine clastic systems: Geological Society (London) Special Publication 94, p.31–49.

Kneller B.C., and M.J.Branney, 1995, Sustained highdensity turbidity currents and the deposition of thick massive beds: Sedimentology, v.42, p.607–616, doi: 10.1111/j.1365-3091.1995.tb00395.x.

Krimmel R.M., and D.C.Trabant, 1992, The terminus of Hubbard Glacier, Alaska: Annals of Glaciology, v.16, p.151–157.

Kripounoff A., A.Vangrieshem, N.Babonneau, P.Crassous, B.Dennielou, and B.Savoye, 2003, Direct observation of intense turbidity current activity in the Zaire submarine valley at 4000 m water depth: Marine Geology, v.194, p.151–158, doi: 10.1016/S0025-3227(02)00677-1.

Kuenen P.H., 1952, Estimated size of the Grand Banks turbidity current: American Journal of Science, v.250, p.874–884.

Kuenen P.H., 1953, Significant features of graded bedding: AAPG Bulletin, v.37, p.1044–1066.

Kuenen P.H., and C.I.Migliorini, 1950, Turbidity currents as a cause of graded bedding: Journal of Geology, v.58, p.91–127, doi: 10.1086/625710.

Laban C., 1995, The Pleistocene glaciations in the Dutch of the North Sea.A synthesis of sedimentary and seismic data: Ph.D.thesis, University of Amsterdam, Amsterdam, Netherlands, 194 p.

Lajeunesse P., and G.Saint-Onge, 2008, The subglacial origin of the Lake Agassiz–Ojibway final outburst flood: Lajeunesse and St-Onge, Nature Geoscience, v.3, p.184–188, doi: 10.1038/ngeo130.

Lamb M.P., P.M.Myrow, C.Lukens, K.Houck, and J.Strauss, 2008, Deposits from wave-influenced turbidity currents: Pennsylvanian Minturn Formation, Colorado: Journal of Sedimentary Research, v.78, p.480–498, doi: 10.2110/jsr.2008.052.

Lambert A., and F.Giovanoli, 1988, Records of riverborne turbidity currents and indications of slope failures in the Rhone delta of LakeGeneva: Limnology andOceanography, v.33, p.458–468, doi: 10.4319/lo.1988.33.3.0458.

Laval A., M.Cremer, P.Beghin, and C.Ravenne, 1988, Density surges: Two-dimensional experiments: Sedimentology, v.35, p.73–84, doi: 10.1111/j.1365-3091.1988.tb00905.x.

Lefèvre C., and J.-L.Schneider, 2002, Les risques naturels majeurs: Paris, Editions scientifiques GB, 324 p.

Le Moigne M., 1999, Compréhension des mécanismes de formation des pockmarks sur la pente du Golfe de Guinée: Master's thesis, Université des Sciences et Techniques de Lille, Lille, France, 62 p.

Leopold L.B., and T.Maddock, Jr., 1953, The hydraulic geometry of stream channels and some physiographic implications: U.S.Geological Survey Professional Paper 252, 53 p.

Liu J.P., J.D.Milliman, S.Gao, and P.Cheng, 2004, Holocene development of the Yellow River's subaqueous delta, North Yellow Sea: Marine Geology, v.209, p.45–67, doi: 10.1016/j.margeo.2004.06.009.

Lowe D.R., 1982, Sediment gravity flows: II.Depositional models with special reference to the deposits of highdensity turbidity currents: Journal of Sedimentary Petrology, v.52, p.279–297.

Lüthi S., 1981, Experiments on nonchannelized turbidity currents and their deposits: Marine Geology, v.40, p.M59–M68, doi: 10.1016/0025-3227(81)90139-0.

Malde H.E., 1968, The catastrophic late Pleistocene Bonneville flood in the Snake River plain, Idaho: U.S.Geological Survey Professional Paper 596, 69 p.

Malde H.E., and H.A.Powers, 1962, Upper Cenozoic stratigraphy of the western Snake River plain, Idaho. Geological Society of America Bulletin, v.73, no.10, p.1197–1219, doi: 10.1130/0016-7606(1962)73[1197: UCSOWS]2.0.CO;2.

Mao L., and M.A.Lenzi, 2007, Sediment mobility and bedload transport conditions in an alpine stream: Hydrological Processes, v.21, p.1882–1891, doi: 10.1002/hyp.6372.

Mas V., 2009, Caractérisation de l'activité hydrosédimentaire dans le Système Turbiditique du Var (SWMéditerranée)et de son enregistrement dans l'archive sédimentaire: Ph.D.thesis, Université Bordeaux 1, Bordeaux, France, 187 p.

Mavilla N., 2000, Stratigraphie et analyse de faciès de la succession d'âge oligo-miocène du bassin tertiaire piémontais(Italie nord occidentale): Ph.D.thesis, Université Bordeaux 1, Bordeaux, France, 225 p.

Maxworthy T., 1999, The dynamics of sedimenting surface gravity currents: Journal of FluidMechanics, v.392, p.27–44, doi: 10.1017/S002211209900556X.

Meybeck M., L.Laroche, H.H.Durr, and J.P.M.Syvitski, 2003, Global variability of daily total suspended solids and their fluxes in rivers: Global and Planetary Change, v.39, no.1–2, p.65–93, doi: 10.1016/S0921-8181(03)00018-3.

Middleton G.V., and M.A.Hampton, 1973, Sediment gravity flows: Mechanics of flow and deposition, in G.V.Middleton and A.H.Bouma, eds., Turbidites and deep-water sedimentation: SEPM Pacific Section Short Course Lecture Notes, Anaheim, California, p.1–38.

Migeon S., 2000, Levées sédimentaires en domaine profond: processus de mise en place et enregistrement par les faciès et la géométrie des dépôts: Ph.D.thesis, Université Bordeaux 1, Bordeaux, France, 288 p.

Migeon S., B.Savoye, E.Zanella, T.Mulder, J.-C.Faugères, and O.Weber, 2001, Detailed seismic and sedimentary study of turbidite sediment waves on the Var sedimentary ridge(SE France): Significance for sediment transport and deposition and for themechanismof sediment wave construction: Marine and Petroleum Geology, v.18, p.179–208, doi: 10.1016/S0264-8172(00)00060-X.

Milliman J.D., and J.S.Kao, 2005, Hyperpycnal discharge of fluvial sediment to the ocean : Impact of Super-Typhoon Herb, 1996) on Taiwanese rivers : Journal of Geology, v.113, p.503–516, doi : 10.1086/431906.

Milliman J.D., and R.H.Meade, 1983, World-wide delivery of river sediment to the oceans : Journal of Geology, v.91, p.1–21, doi : 10.1086/628741.

Milliman J.D., and J.P.M.Syvitski, 1992, Geomorphic/tectonic control of sediment discharge to the ocean : The importance of small mountainous rivers : Journal of Geology, v.100, p.525–544, doi : 10.1086/629606.

Moernaut J., M.De Batist, F.Charlet, K.Heirman, E.Chapron, M.Pino, and R.Urrutia, 2006, Giant earthquakes in south-central Chile revealed by Holocene mass-wasting events in Lake Puyehue : Sedimentary Geology, doi : 10.1016/j.sedgeo.2006.08.005.

Morehead M.D., J.P.M.Syvitski, E.W.H.Hutton, and S.D.Peckham, 2003, Modeling the inter-annual and intra-annual variability in the flux of sediment in ungauged river basins : Global and Planetary Change, v.39, p.95–110.

Mulder T., and J.Alexander, 2001, The physical character of subaqueous sedimentary density currents and their deposits : Sedimentology, v.48, p.269–299, doi : 10.1046/j.1365-3091.2001.00360.x.

Mulder T., and J.P.M.Syvitski, 1995, Turbidity currents generated at river mouths during exceptional discharges to the world oceans : Journal of Geology, v.103, p.285–299, doi : 10.1086/629747.

Mulder T., and J.P.M.Syvitski, 1996, Climatic and morphologic relationships of rivers : Implications of sealevel fluctuations on river loads : Journal of Geology, v.104, p.509–523, doi : 10.1086/629849.

Mulder T., B.Savoye, J.P.M.Syvitski, and O.Parize, 1997, Des courants de turbidité hyperpycnaux dans la tête du canyon du Var ? Données hydrologiques et observations de terrain : Oceanologica Acta, v.20, p.607–626.

Mulder T., S.Migeon, B.Savoye, and J.-C.Faugères, 2001a, Inversely graded turbidite sequences in the deep Mediterranean.A record of deposits from flood-generated turbidity currents ? : Geo-Marine Letters, v.21, p.86–93.

Mulder T., S.Migeon, B.Savoye, and J.-M.Jouanneau, 2001b, Twentieth century floods recorded in the deep Mediterranean sediments : Geology, v.29, no.1, p.1011–1014, doi : 10.1130/0091-7613（2001）029＜1011: TCFRIT＞2.0.CO ; 2.

Mulder T., S.Migeon, B.Savoye, and J.-C.Faugères, 2002, Inversely graded turbidite sequences in the deep Mediterranean, a record of deposits from flood-generated turbidity currents ? A reply : Geo-Marine Letters, v.22, no.2, p.112–120.

Mulder T., J.P.M.Syvitski, S.Migeon, J.-C.Faugères, and B.Savoye, 2003, Hyperpycnal turbidity currents : Initiation,behavior and related deposits : A review,in E.Mutti,G.S.Steffens,C.Pirmez,M.Orlando, and D.Roberts, eds., Turbidites : Models and problems : Marine and Petroleum Geology, Special Issue 20, no.6–8, p.861–882.

Mulder T., et al., 2004, Understanding continent-ocean sediment transfer : Eos Transactions, AmericanGeophysical Union, v.85, no.27, p.257 and 261–262.

Mulder T., S.Zaragosi, J.-M.Jouanneau, G.Bellaiche, S.Guérinaud, and J.Querneau, 2009, Deposits related to the failure of Malpasset Dam in 1959, an analogue for hyperpycnal deposits from jökulhlaups : Marine Geology, v.260, p.81–89, doi : 10.1016/j.margeo.2009.02.002.

Mullineaux D.R., R.E.Wilcox, W.F.Ebauch, R.Fryxell, and M.Rubin, 1978, Age of the last major Scalbland flood of the Columbia Plateau in eastern Washington : Quaternary Research, v.10, p.171–180.

Mutti E., G.Davoli, R.Tinterri, and C.Zavala, 1996, The importance of ancient fluvio-deltaic systems dominated by catastrophic flooding in tectonically active basins : Memorie di Scienze Geologiche, v.48, p.233–291.

Myrow P.M., W.Fisher, and J.W.Goodge, 2002, Wavemodified turbidites : Combined-flow shoreline and shelf deposits, Cambrian, Antarctica : Journal of Sedimentary Research, v.72, p.641–656.

Nakajima T., 2006, Hyperpycnites deposited 700 km away from river mouths in the central Japan Sea : Journal of Sedimentary Research, v.76, no.1, p.60–73.

Normark W.R., and D.J.W.Piper, 1991, Initiation processes and flow evolution of turbidity currents : Implications for the depositional record, in R.H.Osborne, ed., From shoreline to abyss : Contribution in marine geology in honor of Francis Parker Shepard : SEPM Special Publication 46, p.207–230.

Parize O., B.Savoye, M.Sahabi, and P.Cochonat, 1989, Observation d'un réseau d'origine sous-marine de chenaux en tresses sur le fond de la tête du canyon du Var (Nice, France).Origine et implications : 2ème Congrès Français de Sédimentologie, Livre des résumés, Publications ASF 10, Paris, France, p.227–228.

Parker G.,1982,Conditions for the ignition of catastrophically erosive turbidity currents : Marine Geology,v.46, p.307–327.

Parsons J.D., J.W.M.Bush, and J.P.M.Syvitski, 2001, Hyperpycnal plume formation from riverine outflows with small sediment concentrations : Sedimentology, v.48, p.465–478.

Piper D.J.W., and W.R.Normark, 2009, Processes that initiate turbidity currents and their influence on turbidites : A marine geology perspective : Journal of Sedimentary Research, v.79, no.5, p.347–362.

Piper D.J.W.,P.Cochonat,G.Ollier,E.Le Dreezen,M.Morrison,and A.Baltzer,1992,Evolution progressive d'un glissement rotationnel en un courant de turbidité : Cas du séisme de 1929 des Grands Bancs (Terre Neuve) : Comptes Rendus de l'Académie des Sciences, Paris, v.314, Series II, p.1057–1064.

Piper D.J.W., J.Shaw, and K.I.Skene, 2007, Stratigraphic and sedimentological evidence for late Wisconsinan sub-glacial outburst floods to Laurentian Fan : Palaeogeography, Palaeoclimatology, Palaeoecology, v.246, p.101–119.

Pirmez C., and J.Inram, 2003, Reconstruction of turbidity currents in Amazon Channel : Marine and Petroleum Geology, v.20, p.823–849.

Pollet N., and J.L.Schneider, 2004, Dynamic disintegration processes accompanying transport of the Holocene Flims sturzstrom (Swiss Alps) : Earth and Planetary Science Letters, v.221, p.433–448.

Popescu I., G.Lericolais, N.Panin, H.K.Wong, and L.Droz, 2001, Late Quaternary channel avulsions on the Danide deep-sea fan, Black Sea : Marine Geology, v.179, p.25–37.

Pratson L.F., and W.F.Haxby, 1996, What is the slope of the U.S.continental slope ? : Geology, v.24, p.3–6.

Pratson L.F., W.B.F.Ryan, G.S.Mountain, and D.C.Twitchell, 1994, Submarine canyon initiation by downslope-eroding sediment flows : Evidence in late Cenozoic strata on the New Jersey continental slope : Geological Society of America Bulletin, v.106, p.395–412.

Ravenne C., and P.Beghin, 1983, Apport des experiences en canal à l'interprétation sédimentologique des dépôts de cônes détritiques sous-marins: Revue de' Institut Franc͵ais du Pétrole v.38, no.3, p.279–297.

Reading H.G., and M.T.Richards, 1994, The classification of deep-water siliciclastic depositional systems by grain size and feeder systems: AAPG Bulletin, v.78, p.792–822.

Reid I., L.E.Frostick, and J.T.Layman, 1985, The incidence and nature of bedload transport during flood flows in coarse-grained alluvial channels: Earth Surface Processes and Landforms, v.10, p.33–44.

Richmond G.M., R.Fryxell, G.E.Neff, and D.E.Trimble, 1965, The Cordilleran ice sheet of the northern Rocky Mountains, and related history of the Columbia Plateau, in H.B.Wright and D.G.Frey eds., The Quaternary of the United States: Princeton, New Jersey, Princeton University Press, p.231–242.

Rigaut F., 1997, Analyse et évolution récente d'un système turbiditique méandriforme: L'éventail profond du Zaïre: Ph.D.thesis, Université de Bretagne Occidentale, Brittany, France, 209 p.

Saint-Onge G., T.Mulder, D.J.W.Piper, C.Hillaire-Marcel, and J.Stoner, 2003, Earthquake and flood-induced turbidites in the Saguenay Fjord (Québec): A Holocene paleoseismicity record: Quaternary Science Reviews, v.23, p.283–294.

Savoye B., and D.J.W.Piper, 1991, The Messinian event on the margin of the Mediterranean Sea in the Nice area, southern France: Marine Geology, v.97, p.279–304.

Savoye B., et al., 2000, Structure et évolution récente de l'éventail turbiditique du Zaïre: Premiers résultats scientifiques des missions d'exploration ZAÏANGO: Comptes Rendus de l'Académie des Sciences, Paris, v.331, p.211–220.

Schneider J.L., N.Pollet, E.Chapron, M.Wessels, and P.Wassmer, 2004, Signature of Rhine Valley sturzstrom damfailures in Holocene sediments of Lake Constance, Germany: Sedimentary Geology, v.169, p.75–91.

Schröder H.G., M.Wessels, and F.Niessen, 1998, Acoustic facies and depositional structures of Lake Constance: Archiv Für Hydrobiologie, Special Issues on Advances in Limnology, v.53, p.351–368.

Schumm S.A., 1981, Evolution and response of the fluvial system, sedimentologic implications, in F.G Ethridge and R.M.Flores, eds., Recent and ancient nonmarine depositional environments: SEPM Special Publication 31, p.19–29.

Séranne M., et al., 2008, U-Pb single zircon grain dating of present fluvial and Cenozoic eolian sediments from Gabon: Consequences on sediment provenance, reworking, and erosion processes on the equatorial West African margin: Bulletin de la Société Géologique de France, v.179, no.1, p.29–40.

Shepard F.P., and R.F.Dill, 1966, Submarine canyons and other sea-valleys: Chicago, Illinois, Rand McNally and Co., 381 p.

Shipboard Scientific Party, 1998a, Introduction, in Y.Fouquet et al., eds., Proceedings of the Ocean Drilling Program, Initial Reports, 169: College Station, Texas, Ocean Drilling Program, p.7–16.

Shipboard Scientific Party, 1998b, Escanaba Trough: reference site (Site 1037), in Y.Fouquet et al., eds., Proceedings of the Ocean Drilling Program, Initial Reports, 169: College Station, Texas, Ocean Drilling Program, p.205–251.

Shipboard Scientific Party, 1998c, Escanaba Trough: Central Hill (Site 1038), in Y.Fouquet et al., eds., Proceedings of the Ocean Drilling Program, Initial Reports, 169: College Station, Texas, Ocean Drilling

Program, p.253–298.

Soyinka O.A., and R.M.Slatt, 2009, Identification and micro-stratigraphy of hyperpycnites and turbidites in Cretaceous Lewis Shale, Wyoming : Sedimentology, v.55, no.5, p.1117–1133.

Sparks R.S.J., R.T.Bonnecaze, H.E.Huppert, J.R.Lister, M.A.Hallworth, H.Mader, and J.Phillips, 1993, Sediment-laden gravity currents with reversing buoyancy : Earth and Planetary Science Letters, v.114, p.243–257.

Sturm M., and A.Matter, 1978, Turbidites and varves in Lake Brienz (Switzerland): Deposition of clastic detritus by density currents : International Association of Sedimentologists Special Publication 2, p.174–168.

Summerfield M.A., and N.J.Hulton, 1994, Controls of fluvial denudation rates in major world drainage basins : Journal of Geophysical Research, v.99, no.B7, p.13, 871–13, 883.

Susperregui A.-S., 2008, Caractérisation hydro-sédimentaire des retenues de Cointzio et d'Umécuaro (Michoacan, Mexique) comme indicateur du fonctionnement érosif du bassin versant : Ph.D.thesis, Université de Grenoble, Grenoble, France, 289 p.

Syvitski J.P.M., 2003, Sediment fluxes and rates of sedimentation, in G.V.Middleton, ed., Encyclopedia of sediments and sedimentary rocks : Dordrecht, Netherlands, Kluwer Academic Publishers, p.600–606.

Syvitski J.P.M., and J.M.Alcott, 1993, Grain2: Prediction of particle size seaward of river mouths : Computers and Geosciences, v.19, p.399–446.

Syvitski J.P.M., and J.M.Alcott, 1995, River3: Simulation of river discharge and sediment transport : Computers and Geosciences, v.21, no.1, p.89–151.

Syvitski J.P.M., and F.J.Hein, 1991, Sedimentology of an arctic basin : Itirbilung Fjord, Baffin Island, Northwest Territories : Geological Survey of Canada Paper 9111, 66 p.

Syvitski J.P.M., and C.T.Schafer, 1996, Evidence for an earthquake-triggered basin collapse in Saguenay Fjord, Canada : Sedimentary Geology, v.104, p.127–153.

Syvitski J.P.M., M.D.Morehead, D.B.Bahr, and T.Mulder, 2000, Estimating fluvial sediment transport : The rating parameters : Water Resources Research, v.36, no.9, p.2747–2760.

Tiercelin J.-J., et al., 1987, Le demi-graben de Baringo-Bogoria, Rift Gregory, Kenya 30000 ans d'histoire hydrologique et sédimentaire : Bulletin des Centres de Recherche Exploration-Production Elf-Aquitane, v.11, no.2, p.249–540.

Tiercelin J.-J., A.S.Cohen, M.Soreghan, K.E.Lezzar, and J.-L.Bouroullec, 1992, Sedimentation in large rift lakes : Example from the Middle Pleistocene-Modern deposits of the Tanganyika Trough, East African rift system : Bulletin des Centres de Recherche Exploration- Production Elf-Aquitane, v.16, p.83–111.

Toucanne S., 2008, Reconstructions des transferts sédimentaires en provenance du Paléofleuve Manche et du système glaciaire de Mer d'Irlande au cours des derniers cycles climatiques : Ph.D.thesis, Université Bordeaux 1, Bordeaux, France, 362 p.

Tripsanas E.K., and D.J.W.Piper, 2008, Glaciogenic debris-flow deposits of Orphan Basin, offshore Eastern Canada : Sedimentological and rheological properties, origin and relationship to meltwater discharge : Journal of Sedimentary Research, v.78, p.724–744.

Turner J.S., 1973, Buoyancy effects in fluids : Cambridge, United Kingdom, Cambridge University Press, 367 p.

Vallon M., 1977, Bilan de masse et fluctuations récentes du Glacier Ampère (Iles Kerguelen, TAAF) :

Zeitschrift für Gletscherkunde und Glazialgeologie, v.13, p.55–85.

Van Rensbergen P., M.de Batist, C.Beck, and F.Manalt, 1998, High-resolution seismic stratigraphy of late Quaternary fill of Lake Annecy (Northwestern Alps): Evolution from glacial to interglacial sedimentary processes: Sedimentary Geology, v.117, p.71–96.

Van Rensbergen P., M.de Batist, C.Beck, and E.Chapron, 1999, High-resolution seismic stratigraphy of glacial to interglacial fill of a deep glacigenic lake: Lake Le Bourget, northwestern Alps, France: Sedimentary Geology, v.128, p.99–129.

Waitt R.B., 1985, Case for periodic, colossal jökulhlaups from Pleistocene glacial Lake Missoula: Geological Society of America Bulletin, v.96, p.1271–1286.

Warrick J.A., and J.D.Milliman, 2003, Hyperpycnal sediment discharge from semi-arid southern California rivers: Implications for coastal sediment budgets: Geology, v.31, p.781–784.

Westcott W.A., and F.G.Ethridge, 1990, Fan deltas-Alluvial fans in coastal settings, in A.H.Rachocki and M.Church, eds., Alluvial fans: A field approach: Chichester, United Kingdom, Wiley, p.195–211.

Wright L.D., 1977, Sediment transport and deposition at river mouths: A synthesis: Geological Society of America Bulletin, v.88, p.857–868.

Wright L.D., Z.-S.Yang, B.D.Bornhold, G.H.Keller, D.B.Prior, and W.J.Wisenam Jr., 1986, Hyperpycnal flows and flow fronts over the Huanghe (Yellow River) delta front: Geo-Marine Letters, v.6, p.97–105.

Zierenberg R.A., Y.Fouquet, D.J.Miller, and W.R.Normark, eds., 2000, Proceedings of the Ocean Drilling Program, Initial Reports, 169: College Station, Texas, Ocean Drilling Program.

Zuffa G.G., W.R.Normark, F.Serra, and C.A.Brunner, 2000, Turbidite megabeds in an oceanic rift valley recording jökulhlaups of late Pleistocene glacial lakes of the western United States: Journal of Geology, v.108, p.253–274.

2 异重流沉积成因相域

Carlos Zavala　　Mariano Arcuri　　Mariano Di Meglio
Helena Gamero Diaz　　Carmen Contreras

摘要：基于多个湖相和海相盆地 10 多年的沉积相研究，总结了可广泛用于识别和预测持续性湍流（非惯性流）异重流沉积的成因相域（Facies Tract）。该沉积相域由底负载（B）、悬移负载（S）和跃层（L）三个主要的成因相组合构成。

成因相组合 B 粒度最粗，与持续性湍流（异重流）产生的剪切力和拖曳力相关，可进一步分成 B1（块状或层理模糊的砾岩）、B2（低角度收敛交错层理砾质砂岩）和 B3（含模糊平直纹层和颗粒定向排列的砾质砂岩）三个亚类。成因相组合 S 较细，由异重流悬移质在重力作用下坍塌形成，可进一步分成 S1（块状砂岩）、S2（平行纹层砂岩）、S3（爬升沙纹细砂岩）和 S4（块状粉砂岩和泥岩）四个亚类。成因相组合 L（跃层）由异重流内部低密度流体（本文指淡水）上浮后再沉积形成，通常分布于海洋和其他咸化的汇水盆地。异重流最细的物质（极细砂、粉砂、植物碎屑和云母）被从底部举升并悬浮于水体中，最后沉积为大面积分布的粉砂岩—砂岩双纹层。与常见于湖盆环境的 S3 和 S4 不同，该沉积相组合仅见于海洋或咸化湖。

受持续、高能、波动流体控制，异重流沉积具有极其复杂的组构特征，可见大量侵蚀面及重复出现的渐变相序。这些特征表明，这种复杂水动力条件形成的复合层有别于传统的涌浪型浊积岩相模式。成因相组合 B 沉积于水陆过渡带，其出现预示着向盆地方向有砂体沉积（S）；成因相组合 L 大多沉积于异重流体系的边缘。在海洋环境中，异重流因边缘存在上浮作用（跃层），所形成的砂体侧向延伸范围要小于再沉积（如垮塌）的砂体，但储层品质更优。

近年来，对一种新的碎屑岩沉积体系——异重流体系的认识，为海相和湖相碎屑岩沉积相的研究打开了新的视野。异重流体系（Zavala 等，2006a）是河流体系在水下的延伸（Schumm，1977，1981），由密度相对大、源自河流的淡水和泥沙混合物［即异重流（Bates，1953）］持续冲入汇水盆地形成。为了克服与海水的密度差，冲入海底的洪水含砂量需要达到 35～45kg/m^3（Mulder 和 Syvitski，1995），具体取决于纬度。只有密度大于海水时，洪水才能冲入水底并形成沿盆地水底流动的陆源底流（图 2.1）。越来越多的证据表明，异重流体系可向盆内延伸达数百千米（Collins，1986；Johnson 等，2001；Nakajima，2006；Zavala 等，2006a；Gamero 等，2007；ChengShing 和 Ho-Shing，2008；Bourget 等，2010），这合理地解释了沉积于陆架和深海环境的极厚层碎屑岩，即便是高位体系域（Mutti 等，1996，2003）。

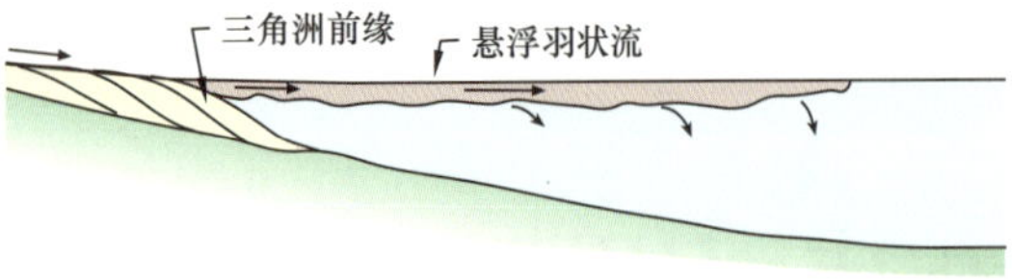

(a) 异轻流（欠密度流）注入水体密度<盆内水体密度

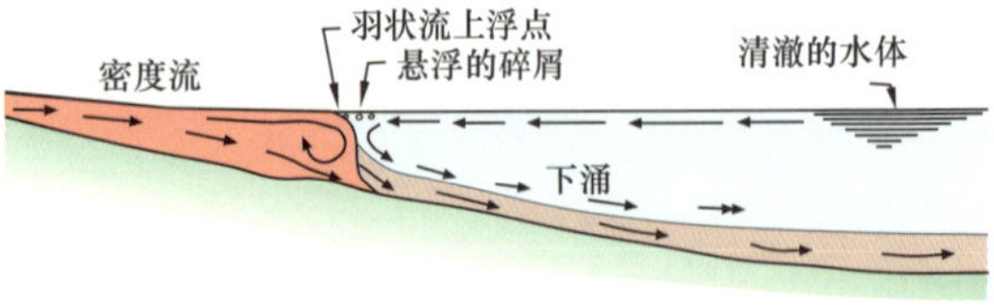

(b) 异重流（超密度流）注入水体密度>盆内水体密度

图 2.1 异轻流和异重流对比（概念据 Bates，1953；据 Zavala 等，2008a，修改）
（a）异轻流，注入流体密度小于海水；（b）异重流，注入流体密度大于海水，河流洪水冲入水底后形成亚稳定流，并沿海底继续流动（据 Knapp，1943）

对 230 条现代河流的观察（Mulder 和 Syvitski，1995）表明，超过 66% 的河流可见周期发生的异重流，它们向盆地输送了巨量的沉积物。以 1995 年 10 月形成于瓦河（Var River）的一次异重流（持续了 18h）为例，其输砂量相当于该河无洪水期 20 年的总量（Mulder 等，2003）。尽管异重流在现代的河流非常常见，但关于古代异重流沉积的文献很少（Plink–Björklund 和 Steel，2004；Pattison，2005，2008；Zavala 等，2006a；Myrow 等，2008；Soyinka 和 Slatt，2008），这种现状或因异重流体系在过去被错误地解释成传统的沉积体系（Mutti 等，1996，2003）。尽管现代的异重流所搬运的沉积物绝大多数为极细粒物质，但越来越多的古代地层证据（Mutti 等，2003；Plink–Björklund 和 Steel，2004；Saitoh，2004；Gamero 等，2005，2007，2008；Pattison，2005，2008；Hesse 和 Khodabakhsh，2006；Olariu 和 Bhattacharya，2006；Petter 和 Steel，2006；Zavala 等，2006a，b，c；Zavala 等，2007a，b；Zavala 等，2008b；Lamb 等，2008；Myrow 等，2008；Ponce 等，2008a，b；Syinka 和 Slatt，2008；Zavala，2008）表明，粗粒异重流沉积的分布超过预想。

基于多个沉积盆地 10 多年的野外和岩心工作（表 2.1）表明，异重流沉积特征独特，可轻易地区别于似涌浪成因的（经典）浊积岩、风暴岩及其他传统沉积相。尽管异重流沉积（Mulder 等，2003）特征独特，但目前对其沉积特征的认知程度还很低（Mulder 和 Alexander，2001）。因与直接的河流卸载有密切的成因联系，异重流沉积的岩相和特征与典型的河流沉积非常相似（如底负载搬运、蛇曲作用等），但同时又有明显的海相或湖相特征。以传统的观点很难理解单次持续性洪水所搬运、沉积的巨量陆源碎屑，以及所形成的沉积相。异重流沉积很可能缺少生物地层标志或可见不同水深的生物标志。极厚层状异重流沉积因缺少或仅见极少量特殊的遗迹化石，极易与河口沉积混淆。粗粒异重流沉积的分布位置和厚度受同沉积期底形影响明显，这与其他沉积物重力流相似，但所形成的厚层纹层状或块状砂体很难用其他沉积模式（非异重流沉积模式）进行解释。

表 2.1 已开展研究工作的沉积盆地及地层

地层单元		盆地	国家	参考文献
La Lola 组	奥陶系	Ventania	阿根廷	Zavala 等，2000
Los Molles 组	下侏罗统	Neuquén	阿根廷	Zavala 和 Gonzalez，2001
Lajas 组	中侏罗统	Neuquén	阿根廷	Zavala 和 Gonzalez，2001
Lotena 组	中侏罗统卡洛夫阶	Neuquén	阿根廷	Zavala，2005
Mulichinco 组	下白垩统瓦兰今阶	Neuquén	阿根廷	Zavala，2000a
Rayoso 组	下白垩统巴雷姆阶—阿普特阶	Neuquén	阿根廷	Zavala 等，2006a

续表

地层单元		盆地	国家	参考文献
Magallanes 组	上白垩统	Austral	阿根廷	Saccavino 等，2008
Misoa 组	始新统	Maracaibo	委内瑞拉	Gamero 等，2005
Pampatar 组	始新统	Ensenada	委内瑞拉	Guzmán 和 Campos，2008
Merecure 组	渐新统	Maturin	委内瑞拉	Zavala 等，2007b
Carapita 组	中新统	Maturin	委内瑞拉	Gamero 等，2007
Herrera 砂岩	中新统	Columbus	特立尼达	Gamero 等，2007
Mayaro 组	上新统	Columbus	特立尼达	Zavala 等，2008b
Pleistocene 砂岩	上新统	Columbus	特立尼达	Gamero 等，2008
Catarozzo 群	上新统上段	Sant'Arcangelo	意大利	Zavala，2000b
Aliano 群	上新统上段—更新统下段	Sant'Arcangelo	意大利	Zavala，2000b
Tursi 群	上新统上段—更新统下段	Sant'Arcangelo	意大利	Zavala，2000b

本文的目的是介绍并探讨一种新的成因相模式，以分析和理解持续、完全为湍流的异重流及其粗粒沉积物，并以南美多个盆地为例进行说明。

2.1 异重流沉积成因相模式

描述相模式的核心是依据宏观特征，如沉积构造、粒度、颜色、几何形状、岩层边界类型及其他特征（Walker，1984），仔细地描述不同类型的沉积岩，建立描述相，并根据一些共同特征（如粗粒、交错层理、块状等）对这些描述相进行分类。描述相的分析是一个客观的过程，因其以观察到的宏观物理特征为基础，故不同的观察者可得出相似的结论。描述相分析的主要目的是确定古环境。

沉积相分析需要根据概念模式进行分类，因此成因相模式和相域（Facies Tract）是进行沉积相分析的基础。成因相根据主要的搬运和沉积过程识别沉积相，主要目的是确定相域，并预测研究剖面之外地区的沉积相。地层记录中的沉积过程只能靠推测，故成因相分析法主要取决于观察者的经验和使用方法。在开展成因相分析之前，通常需要根据描述相了解沉积环境。截至目前，只建立了涌浪型浊积岩的成因相相域。涌浪主要由斜坡垮塌引发，通过自加速形成。鲍马（1962）在这方面做出了里程碑式的贡献，开创性地使用成因相分析法分析了涌浪型浊积岩。据其建立的渐新统 Peira Cava 复理石经典浊积岩相序，人们得以根据成因特征分析目标砂体在沉积剖面中的位置，并预测其向陆或向盆地一侧的岩相及沉积过程变化。

随后 Mutti 和 Ricci Lucchi（1972）将极粗粒沉积纳入浊积岩成因相模式，从而极大地拓展了浊积岩的成因相域。Lowe（1979，1982）根据流变学及推测的颗粒支撑机制，详细地描述、讨论了古代细粒和粗粒浊积岩的成因。Lowe（1982）还强调了底负载在粗粒浊积岩中的重要性。

一系列更新的研究（Mutti，1992；Mutti 等，1999，2003）讨论了水跃和流体类型变化对浊流最终沉积相的重要影响，这提升了成因相域的预测能力。Mutti 等（1999）运用流体分层概念（Sanders，1965）深化了浊流的成因解释，认为浊流由流速慢的湍流紧随流速快的惯性流（颗粒流）组成，不同沉积相（F2—F9）由能量逐渐减弱、不断被稀释的浊流，在流向盆内的过程中发生一系列水跃形成（Mutti等，1999）。浊流因驱动力来自快速流动颗粒的惯性力，通常需要通过陡坡加速，所以对坡折十分敏感。斜坡失稳引发的浊流（自加速浊流）因内部流体的密度与周围水体相似，通常不发育跃层（图2.2）。

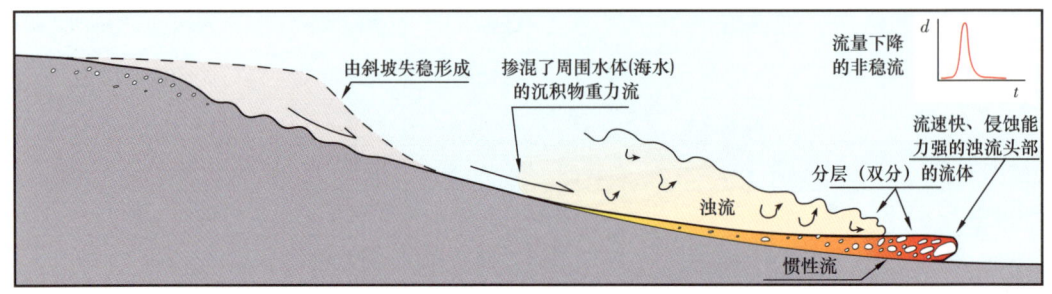

图2.2　斜坡失稳形成的涌浪型浊积岩及主要特征
浊流具双层结构，包括下层流速快的惯性流和上层流速慢的浊流（据Mutti等，1999）。d—流量，t—时间

近几年的研究还表明，浊积岩的成因与密度相对大的河流洪水或异重流也有联系（Normark和Piper，1991；Mutti等，1996；Bruhn和Walker，1997；Mutti等，1999，2009；Klaucke等，2000；Stow和Mayall，2000；Mulder等，2001a，b；Deptuck等，2003；Mutti等，2003；Posamentier和Kolla，2003；Joseph和Lomas，2004；Migeon等，2004；Plink-Björklund和Steel，2004；Pattison，2005；Antobreh和Krastel，2006；Gervais等，2006；Mansurbeg等，2006；Migeon等，2006；Ponce等，2008a，b）。Mutti等（1996，2003，2009）认为流程短、梯度大的中小型山间河流的灾难性洪水，可在浅水至深海区形成极厚层碎屑岩。Mutti等（2003）识别出洪水成因的三角洲前缘朵叶状砂岩，认其为异重流沉积的主要沉积元素。这些认识勾绘出了扇三角洲和河流三角洲两端元之间逐渐过渡的粗粒河流三角洲体系。扇三角洲体系是大致为扁平状的朵叶体，近端为冲积角砾岩，向陆架边缘逐渐过渡为粉砂岩和泥岩（Mutti等，2003）。在该体系中，以惯性作用为主、受限程度底的灾难性洪水密度流直接冲入海底，较粗的沉积物倾向于聚集在流体前端，从而沿层面形成逐渐变粗的粒度分布。河流三角洲体系的流体类型属于过渡的携砂流，既有持续时间长的湍流，也有惯性流，后者沿层面形成逐渐变粗的粒级分布。河流三角洲体系的沉积作用主要发生于河口坝（以S形层理为特征），常与洪水形成的三角洲前缘朵叶状砂体伴生。Mutti等（2003）指出："如果河流卸载效率高，那么河口处垮塌的粗粒沉积物可被持续的湍流（即异重流）以底负载搬运，并形成牵引流底形，具体取决于水深、流速和异重流的稳定性"。

持续性湍流异重流（非惯性流）沉积相的解释对于沉积学家是极大的挑战，因为持续的河流卸载及形成的沉积相完全不同于以惯性作用为主的涌浪型浊流（Mulder和Alexander，2001；Zavala等，2006a；Zavala，2008）。例如，持续几周或几个月的异重流流动距离可达数百千米（Nakajima，2006），这最可能发生于坡度小的大中型河流。

本文重点分析持续性异重流（完全为湍流、含底负载）的沉积相。源于河流直接卸载的持续性异重流属于特殊的沉积物重力流，特点是源自陆上、完全为湍流、移动速度相对慢（Mulder等，2003）、可将携带的淡水输入盆内（Hesse和Khodabakhsh，1998；Johnson

等，2001；Hesse 等，2004；Mansurbeg 等，2006；Warrick 等，2008；Zavala，2008），所形成的水下流体具有典型的冲积沉积特征，相应沉积物有别于传统的浊积岩。异重流的悬浮碎屑通常为粉砂—极细砂（0.004～0.25mm；Myrow 等，2006），且与植物碎屑和云母一起搬运（Zavala 等，2006c，2008b；Zavala，2008）。持续性异重流因流速更慢、前端稀释程度更高，对水下地形的反应比似涌浪浊流更敏感（Kassem 和 Imran，2001）（图 2.3）。持续性异重流内部沉积作用发生的部位也不同于似涌浪浊流，前者主要发生于流体的主体部位，后者主要发生于头部（De Rooij 和 Dalziel，2001；Peakall 等，2001）。异重流由高密度河流的持续卸载维持（Prior 等，1987），通常不需要陡峭的斜坡（Zavala 等，2006a），在海底（微斜或近乎平坦的）的移动距离主要取决于洪水的持续时间（Zavala 等，2006a）。这些特征使得异重流沉积可见反映流体波动特征的沉积层，即复合层（Zavala 等，2007a）。

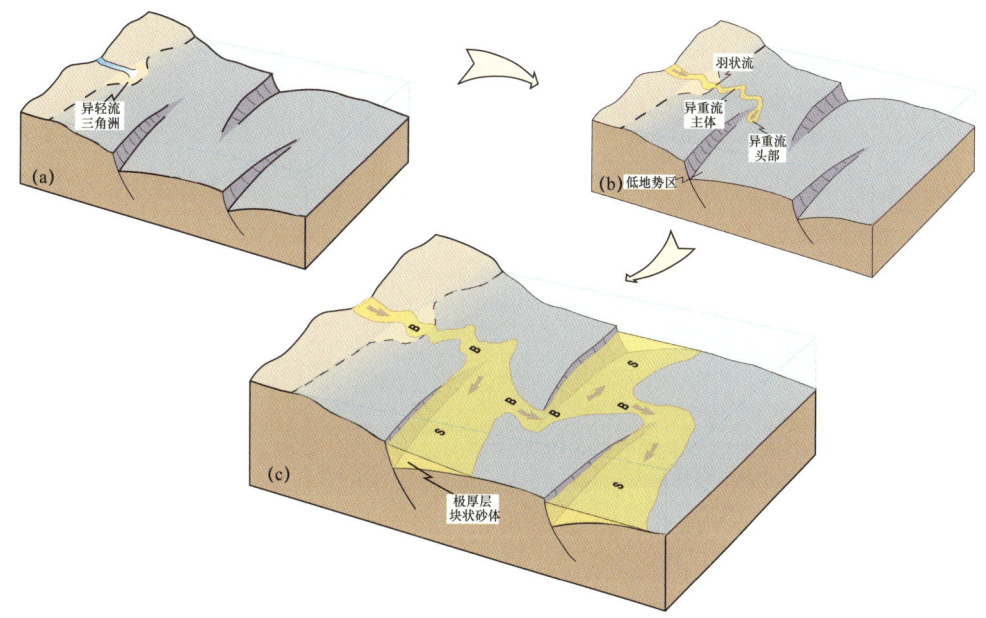

图 2.3 持续性异重流的触发机制及主要演化阶段
（a）可见异轻流分布的正常三角洲。（b）河流卸载聚集后密度上升，这使得羽状流冲入水下并形成持续的异重流；异重流可见明显的头部和主体，头部可不断前移，直至流到地势最低处。
（c）低地势海底或沉积极厚层块状砂岩。水平方向宽约数十千米

持续性异重流的粗颗粒搬运不同于经典的似涌浪浊流，前者在持续性湍流产生的剪切力作用下以底负载搬运（图 2.4），后者由流体头部搬运（Plink–Björklund 和 Steel，2004；Zavala 等，2006b，2008b）。持续性异重流底负载的搬运或开始于注入盆地的地表径流。异重流沉积底负载沉积相的识别对于沉积相预测至关重要，因其可提供基本的信息，如观察点在异重流体系相域中的位置、洪水规模和持续时间、观察点近端和远端可能分布的沉积相类型。

持续性异重流的底负载也不同于淡水河流，其湍流中的悬移质会被捕获并充填于粗粒的底负载间隙。因此，持续性异重流的底负载沉积基本不发育疏松的颗粒排列（open packing）结构。虽然洪水期冲积河道可暂时形成类似的沉积相，但随后淡水的冲刷（再作用）将使砾石的分选变好并形成疏松的颗粒排列结构。因此，砾岩疏松的颗粒排列结构（通常充填胶结物）可用来区别河流和异重流的底负载沉积。

海相持续性异重流还可见淡水上浮后再沉积形成的跃层,只要含砂量下降至门限值,"跃层"就会形成(Sparks 等,1993;Hesse 等,2004)。

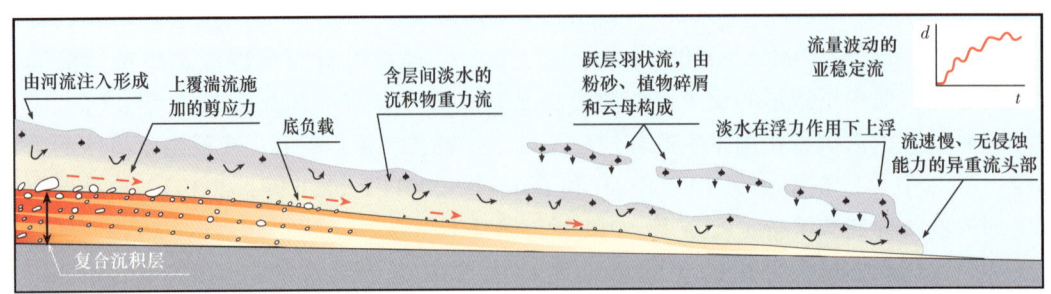

图 2.4 持续性异重流及其沉积物的主要特征。该复杂的流体通常形成复合层(据 Zavala 等,2007a)
d—流量,t—时间

前述特征表明海相持续性异重流可划分出三类主要的成因相,对应于三种主要的沉积过程,即底负载迁移、湍流支撑和上浮。笔者将这些成因相类型分别称为 B(底负载成因相)、S(悬移负载成因相)和 L(跃层成因相)(图 2.5)。

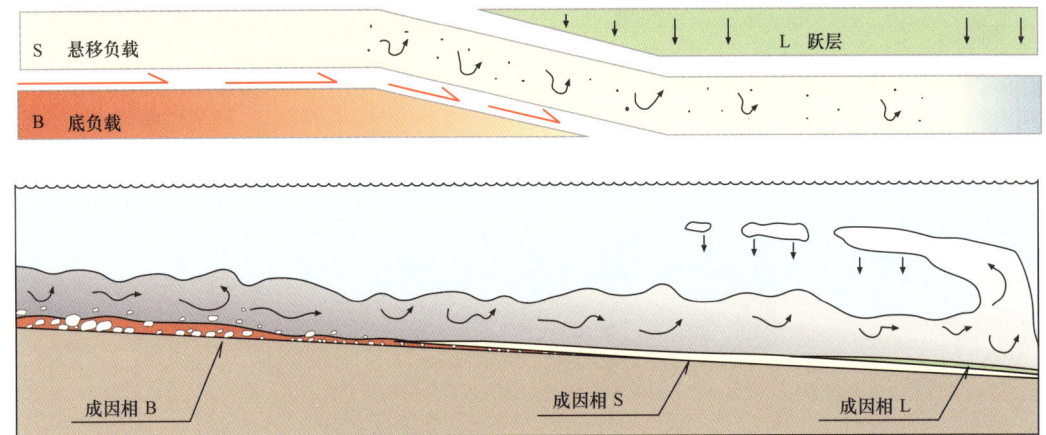

图 2.5 海相持续性异重流成因相概念图(修改自 Zavala 等,2006b;Zavala,2008;Zavala 等,2011)
成因相 B 由持续性湍流的底负载形成;成因相 S 由湍流支撑的砂级悬移质在重力作用下坍塌形成;
成因相 L 由上浮淡水(因砂级颗粒卸载导致密度下降而上浮)中的细颗粒沉降形成

2.1.1 底负载成因相(B)

成因相 B 是流体底部粗颗粒受持续性湍流(异重流)产生的剪切力和拖曳力作用形成的粗粒沉积,可进一步细分成 B1、B2 和 B3 三个亚类(图 2.6)。

B1 由块状和层理模糊的砾岩组成,总体为基质支撑,可见粗砂—细砂基质,局部也可见碎屑支撑(B1c)(图 2.7a)。B1 粗碎屑的移动不同于层流密度流(超密度流),其在湍流底部以滑动和滚动方式自由移动,最终呈层状分布于基质中(图 2.7a,c,d),或沿近平行的模糊层面排列成叠瓦状构造。B1 基质中偏细的颗粒最有可能以悬浮方式通过湍流搬运,但多沿流速低、含砂量高的湍流下部移动(Manville 和 White,2003)。野外观察表明,垂向上 B1c 至 B1 的转化或由湍流施加的拖曳力下降所致。在缺少粗碎屑的体系中,B1 可以全部是基质或具碎屑支撑结构的黏土碎片(B1s)(图 2.6,图 2.8a)。

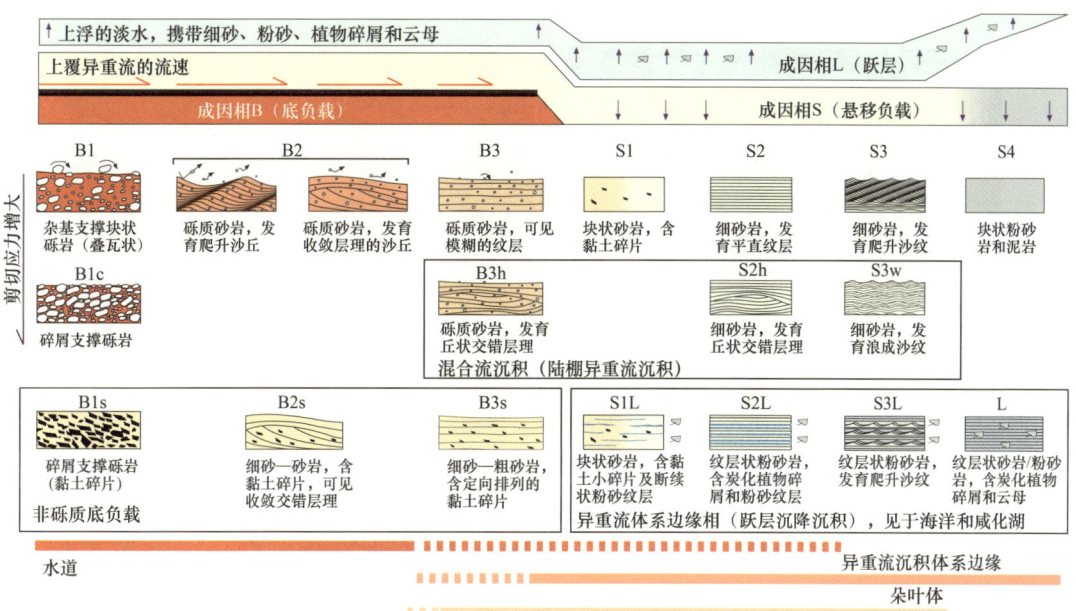

图 2.6 异重流体系成因相分类概念图（修改自 Zavala 等，2006b；Zavala，2008；Zavala 等，2011）
成因相 B 由持续性湍流的底负载形成；成因相 S 由湍流支撑的砂级悬移质在重力作用下坍塌形成；成因相 L 由上浮的羽状流沉降形成，为极细砂和粉砂纹层互层，含大量炭化植物碎屑和云母，是海相和盐湖特有的岩相

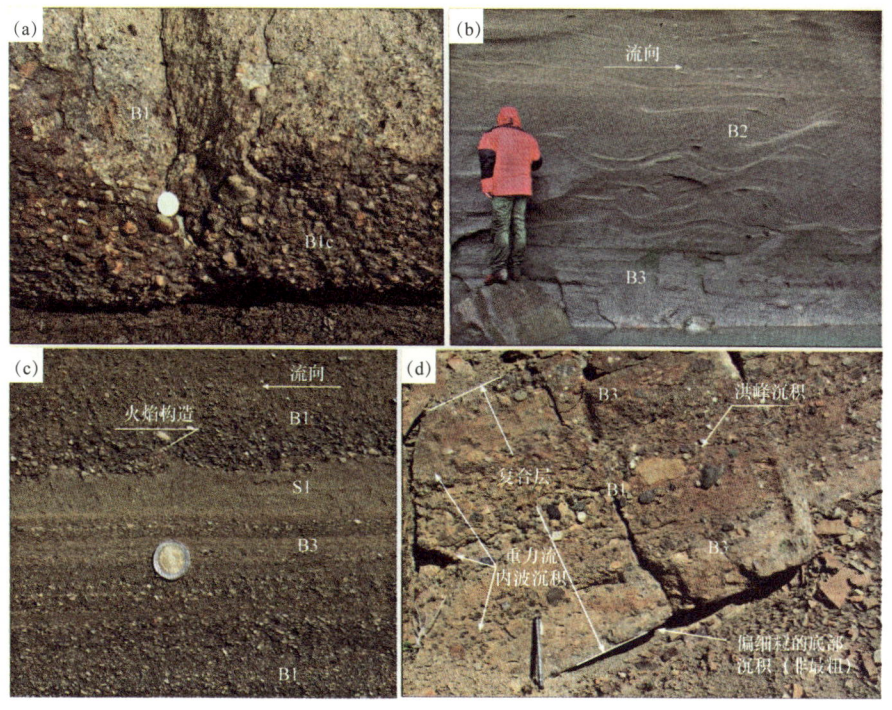

图 2.7 持续性异重流底部粗粒底负载沉积及主要特征

（a）阿根廷 Neuquén 盆地下侏罗统外陆架沉积，下段为碎屑支撑的砾岩（B1c），上段为基质支撑的砾岩（B1），这种垂向变化表明剪切应力逐渐下降。（b）阿根廷 Austral Basin（后称南部盆地）中新统深海沉积，可见大型交错层理及爬升沙丘（B2）。（c）阿根廷南部盆地中新统深海沉积，渐变接触的 B1、B3 和 S1 表明持续性异重流流动状态不断变化，其中 S1 顶部的火焰构造表明 S1 至 B1 为连续沉积。（d）阿根廷 Neuquén 盆地中侏罗统陆架沉积，粗粒异重流沉积复合层内部复杂，渐变的岩石组构和沉积构造表明形成该复合层的流体为波动的持续性异重流

图 2.8 富砂异重流体系的底负载沉积

（a）阿根廷 Neuquén 盆地下侏罗统外陆架沉积，可见黏土碎屑构成的块状砾岩（B1s）。（b）阿根廷 Neuquén 盆地下侏罗统外陆架沉积，粗砂岩可见黏土碎屑定向排列（B3s）。（c）阿根廷 Neuquén 盆地下侏罗统浅湖沉积，可见持续性异重流底部沙丘迁移形成的低角度交错层理（B2s）。该交错层理因角度低缓且呈收敛状，极易与潮汐束混淆，但其中小黏土碎屑组成的深色层有别于潮汐双黏土层。（d）图（c）近照，可见黏土碎屑层细节

B2 由细砾岩和低角度收敛交错层理砾质砂岩组成（图 2.6，图 2.7b），可见大的碎屑呈漂浮状分布于中—粗砂组成的基质中。B2 的层系组厚度通常为 0.3~1m，与上覆和下伏岩层均呈收敛接触（图 2.8c），其中交错层理层理面倾角不超过 20°。层系界面受沉积速率控制，或为侵蚀突变面，如丘状交错层理；或为渐变面（图 2.6），如爬升沙丘（Mutti 等，1996）。野外观察表明，B2 与河道充填沉积密切相关。在无砾石的体系中，B2 几乎完全由中—粗砂组成（图 2.8c，d），前积层底部常见大量的黏土碎片，将这种沉积相称为 B2s。含大量小黏土碎片的 B2 极易与潮汐束混淆（图 2.8c），准确识别的关键在于区分小的黏土碎片与真正的潮汐双黏土层。B2s 与 B2 相似，也形成于悬移质含量高的持续性湍流底部，由脊线直（或弯曲）的底形迁移形成。

B3 为板状和透镜状沉积体，通常为侵蚀凹地的充填沉积，由底负载和湍流中重力分异的砂粒组成，特点是粗砂岩和含砾砂岩可见模糊的水平层理、近平行层理和顺层排列的细砾（图 2.6；图 2.7c，d）。其中，砾石粒径通常小于 10mm，呈分散状分布于粗砂组成的基质中。Mutti 等（1994）认为源自地表的重力流沿斜坡下倾方向运动时会对安静的水体造成冲击，从而在汇水盆地的浅水区形成振荡波。这或合理地解释了为什么分布于浅水环境的 B3 可见砾质的似丘状交错层理，即低角度的发散纹层和削截纹层（图 2.6 中 B3h）。B3s 亚类的特征是可见顺层排列的黏土碎片和植物碎屑（图 2.8b）。

2.1.2 悬移负载坍塌成因相（S）

成因相 S 多数为细粒沉积，由悬移负载搬运的沉积物构成，通常为内部可见复杂亚段的厚层。这些亚段可呈块状，或可见牵引流叠加沉降形成的沉积构造。

S1 是异重流体系相域中最常见的沉积相之一，由扁平状中—细粒块状砂体组成（图 2.6）。这些砂岩通常构成结构单调的厚层地层，内部仅见细微的粒序变化（图 2.9a），但常见漂浮状细粒黏土碎片散布于砂岩中或集中分布于 S1 向 S2（由更稀的浊流形成）过渡层的顶部。块状砂岩含有丰富的炭屑和木质碎屑，可见异常完整的树叶化石，其中炭质树叶甚至丰富到被认为构成了印度尼西亚 Kutei 盆地的烃源岩（Saller 等，2006）。S1 大多缺乏生物扰动构造，但一些极厚的块状层可见孤立分布的 *Ophiomorpha*（蛇行迹）和 *Thalassinoides*（海生迹）。其造迹生物为甲壳类，是注定很快会死亡的拓殖先驱，由湍流搬运自浅水区（Grimm 和 Föllmi，1994）。

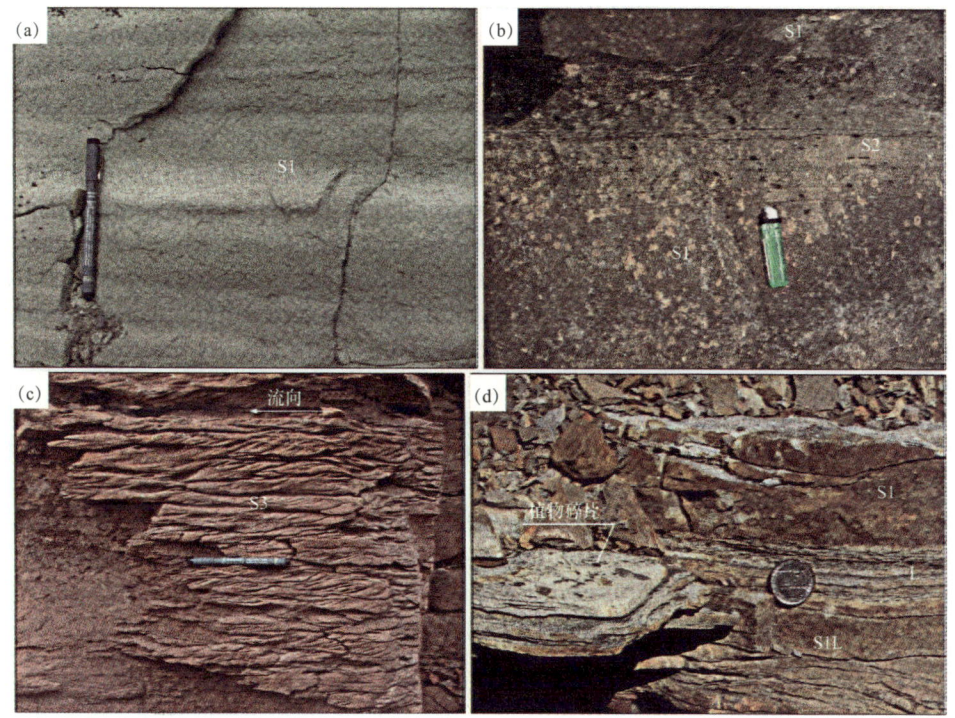

图 2.9 持续性湍流中悬浮沉降的沉积相

（a）阿根廷 Neuquén 盆地中侏罗统块状砂岩（S1），模糊的条带显示沉积界面不断上移。（b）墨西哥 Burgos 盆地上白垩统陆架沉积，可见纹层状砂岩（S2），渐变的块状和纹层状砂岩或由沉降速率变化形成。（c）阿根廷 Neuquén 盆地下白垩统浅湖沉积，可见爬升斜纹（S3）。（d）东委内瑞拉盆地渐新统上段陆架沉积，可见跃层韵律层（L）夹块状砂岩

S1 的形成或与悬移质含量高的持续性湍流底部逐渐的加积作用有关（Sanders，1965；Kneller 和 Branney，1995；Camacho 等，2002），这种加积作用被认为抑制了沉积构造的形成。块状层的形成或因流动的流体和沉积层之间无突变面，但存在一个含砂量高、排水流畅的加积过渡带。实验（Arnott 和 Hand，1989；Sumner 等，2008）表明，沉积速率大于 0.44mm/s 的湍流可形成 S1，而相似的流速条件下偏小的沉积速率则形成与 S2 相似的纹层状砂（图 2.9b）。在构造控制的沉积中心，块状砂体的单层厚度可能非常惊人（Amy 等，

2007），甚至超过45m（Arcuri和Zavala，2007，2008）。

S2由扁平状砂体（细砂岩）构成，发育近水平平行纹层（S2），或可见低角度发散（似丘状）纹层（S2h）上覆于突变或渐变界面。毫米级纹层之间可见含云母和炭屑的隔层。S2还常见剥离线理及其他流水线理，如与重矿物伴生的线理，其形成与稀释的高流态单向流有关（Simons等，1965）。但是，Sanders（1965）观察到平行纹层通常在侧向上过渡为爬升沙纹，这说明S2由牵引流叠加沉降作用形成，这与Arnott和Hand（1989）、Sumner等（2008）的实验结果相吻合。S2常与块状亚段（S1）伴生，并构成极厚的韵律层也说明如此（图2.9b）。S2h更常见于浅水异重流体系，其形成与丘状交错层理相似，也与混合流有关（Harms等，1975，1982；Southard，1991；Mutti等，1994）。

S3由扁平状—不规则状砂体（细砂岩）构成，可见爬升沙纹（图2.6，图2.9c），其形成与悬移质含量高、能量下降湍流中的牵引流和沉降作用有关（Jopling和Walker，1968；Mulder和Alexander，2001；Sumner等，2008）。S3在水平方向和垂向上常过渡为S2（Sanders，1965；Zavala等，2006a），这表明S2和S3具有共同的成因，都由湍流的流速波动形成。流速波动形成的沉积（体现在S2和S3的相互转变）和沉积速率波动形成的沉积（体现在S1和S2的相互转变）是持续性湍流能量波动的识别标志。这些标志出现于水下环境说明存在异重流体系（Zavala等，2006a）。在有混合流影响的浅水环境可见加积的波状构造（S3w）（图2.6），这表明沉降作用发生于单向流—振荡流环境。

S4由异重流最细粒的悬移质在流体完全静止后正常沉降形成，包括块状—纹层状粉砂岩和泥岩岩相。因此，S4可作为不同异重流沉积的边界层。要区分S4和前三角洲、陆架泥岩或很困难，但由于S4通常含陆源和浅水生物，有时可通过开展微体古生物研究来区分。如果缺少微体古生物化石，那么可将S4作为陆相沉积的标志，因为细颗粒在海洋环境受轻的淡水举升会上浮，最终沉积成L而不是S4。

2.1.3 跃层成因相（L）

成因相L的特征是侧向分布极广，可见粉砂岩—砂岩双纹层，常见大量的炭化植物碎屑（图2.6，图2.9d）和云母。双纹层可见大量的小型重荷构造，常见收缩缝和菱铁矿结核，遗迹化石稀少，仅见*Palaeophycus*（古藻迹）。纹层可构成厚达2m的孤立状厚层，或间隔分布于B、S的顶部，但常与块状砂岩（S1）伴生（图2.9d）。纹层厚度通常变化，从几微米到1cm不等，常被含大量炭化植物碎屑的薄层隔开（图2.9d）。炭化植物碎屑的存在表明，河流体系与海相盆地存在直接的联系（Petter和Steel，2005；Lamb等，2008）。牵引构造的缺失表明，这些砂岩由上浮至表层的羽状流正常沉降形成。Sparks等（1993）、Mutti等（2003）和Hesse等（2004）也认为这种砂岩的沉积物来自异重流最细的悬移质，沉降自跃层羽状流（Zavala等，2008b）。成因相L是海相异重流沉积的标志性元素，其存在表明有源自河流的低密度层间流（淡水）（Zavala等，2006c）。由于成因相L和S（S1、S2、S3）在垂向和横向上呈渐变接触，故可见一系列过渡的沉积相（图2.6），包括S1L（块状砂岩含断续的粉砂条带）（图2.9d）、S2L（纹层状砂岩含大量的炭化植物碎屑和云母）和S3L（粉砂岩与砂岩互层，后者发育小型爬升沙纹）。

2.2 跃层分离点

跃层分离点（LP）是指异重流在沉积过程中，因逐渐失去悬移负载而发生上浮并形成跃层的位置。由于异重流由不同比例的上浮组分和负载组分组成，LP 的临界流速是变化的（图 2.10）。

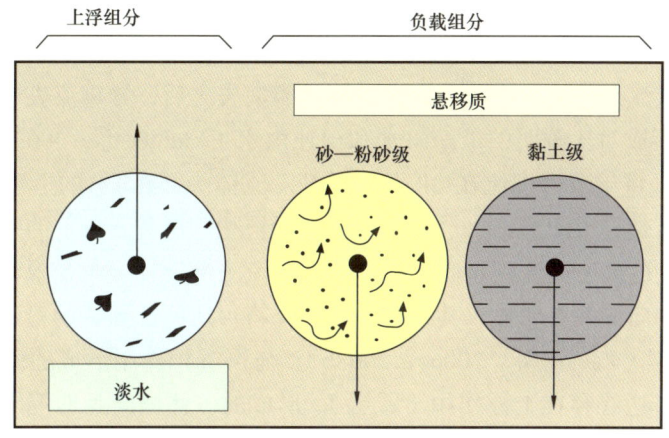

图 2.10　湍流异重流的主要成分

上浮组分由淡水和周围海水密度差异形成。如果负载组分大于上浮组分，那么异重流将沿海床流动。
随着湍流能量衰减，负载组分将因砂级颗粒沉降而减少，异重流将趋向于转变为上浮的羽状流

上浮组分的形成是因为淡水和其他轻的物质（如植物碎屑）与周围密度大的水体（海水）存在密度差。负载组分是异重流悬移质中最重的物质，如细砂、粉砂和泥。如果负载组分多于上浮组分，那么流体将沿盆地底部流动。因沙粒在流体消亡过程中会逐渐沉积，流体头部的负载组分会逐渐减少。LP 的临界流速主要取决于悬移质中黏土的含量，因其在流体静止之前基本维持不变。黏土含量低的流体发生上浮的时间更早，其 LP 临界流速更大，这有时会抑制块状层顶部平行层理和爬升沙纹的发育（Mutti 等，2003）。跃升对流速变化非常敏感，而异重流的流速在顺流和侧向上都会发生变化（Zavala 等，2006a），这使得异重流的边缘成为跃层（或跃层韵律层）沉积的有利区（Zavala 等，2006c）（图 2.11）。

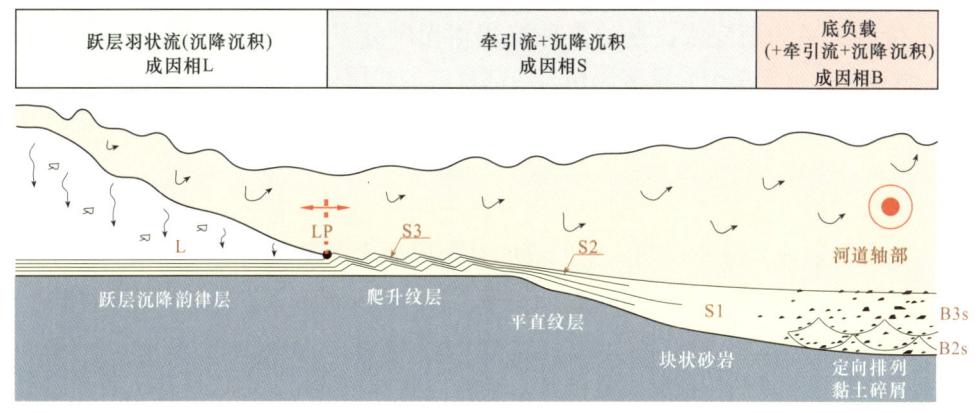

图 2.11　水道和堤岸沉积相侧向变化示意图

因流速变化剧烈，水道轴部至堤岸相变快速，短距离内可见完整的沉积相组合。异重流顺流方向也可
见该沉积相组合，但分布距离可达数百千米。跃层韵律层多数分布于异重流体系的边缘（LP 为上浮点）

LP 的位置并不固定，随着异重流的规模和含砂量变化，将向盆地或陆地方向移动。几乎所有的持续性异重流都由分布于三角洲的异轻流演变而来（图 2.12 中阶段 1）。随着河流卸载增加，注入流体的含砂量会呈指数增加（Mulder 等，2003），密度随之上升。当密度等于海水时，注入流体将形成过渡的等密度流（图 2.12 中阶段 2）；当密度超过海水时，注入流体会冲入海底并形成持续的异重流（图 2.12 中阶段 3 和阶段 4）。持续性河水异重流的下沉会产生两个重要的结果：首先流体的下涌会抑制表层悬浮羽状流（与分布于三角洲的异轻流同期形成）的发展，结果是细的轻物质及先存悬浮羽状流中的植物碎屑被卷入持续性的异重流，并被带往盆内。表层羽状流消失之后，异重流表层的这种卷吸作用仍将继续，从而形成对比鲜明的干净海水和混浊洪水（Mulder 等，2003）。其次异重流中密度低的内部淡水将导致密度流在 LP 发生跃升。流体头部在 LP 的上浮通常伴随着流速的骤降，结果是携带异重流最细、最轻物质（包括植物碎屑和云母）的跃层羽状流呈漂浮状前移，继续前进的高密度流则趋向于在跃层羽状流下部流动。与受限程度高的异重流相比，跃层羽状流侧向扩散更明显，其细颗粒的沉降将形成特征独特的粉砂岩—砂岩双纹层（L）或跃层韵律层（Zavala 等，2006c，2008b）。与再沉积作用形成的砂体（浊积岩）相比，异重流因流体边缘存在上浮作用（跃层），形成的砂体侧向延伸范围更小，但储层质量更佳。

一旦注入流体的密度开始下降，LP 会向陆地方向逐渐回撤（图 2.12 中阶段 5 和阶段 6）。这一过程可以是简单、持续的，但如果异重流的持续时间很长、能量高、能量波动明显，该过程也可包含一系列脉动式的前进—后退过程。当流体密度下降至正常值，河流—三角洲体系中的流体将先转变为等密度流（图 2.12 中阶段 7），最后回归为异轻流（滨岸三角洲）。

2.3 复合层

流域复杂的大中型河流通常形成持续时间长、流量曲线复杂的洪水。这种复杂性在异重流沉积中表现为非常复杂的组构特征。无论周期长短，持续性洪水形成的异重流既有流速变化，也有沉积物质量浓度的变化。异重流沉积的单岩层可清晰地解读出这些变化，层内可见接触关系为渐变或突变的多种沉积相无序分布（图 2.13，图 2.14）。Zavala 等（2007a）将这种形成于单个异重流周期、内部复杂的岩层称为复合层，层内可见完全不同于似涌流或幕式浊流沉积的相序。复合层指示沉积物由持续、波动、稀释的沉积物重力流持续供给形成，可作为持续性异重流沉积的识别标志。

复合层垂向可见接触关系为渐变或突变的不同岩相周期重复，这种变化由亚稳定湍流近乎连续沉积形成。流速周期变化形成的复合层通常可见重复出现的渐变相序，这表明不同平衡状态的流体重复出现（Zavala 等，2006a；Lamb 等，2008；Lamb 和 Mohrig，2009）。例如，垂向上爬升沙纹和平行层理的过渡或与流速的增大有关（Zavala 等，2006a）。复合层更常见的特征是可见极其复杂的内部岩相排列，由以悬移负载和底负载为主的沉积作用呈周期过渡形成，亦即由不同的流速和沉积速率周期变化形成。垂向上沉积相的差异及相对快速的沉积作用导致复合层常见重荷构造和火焰构造（图 2.14）。复合层的其他特征包括：侧向上不连续的侵蚀面、稀疏的生物潜穴、底部的反粒序亚段。复合层厚度可达 45m，具体取决于异重流的持续时间和可容纳空间（Arcuri 和 Zavala，2007，2008）。海相复合层侧向上常过渡为跃层韵律层。

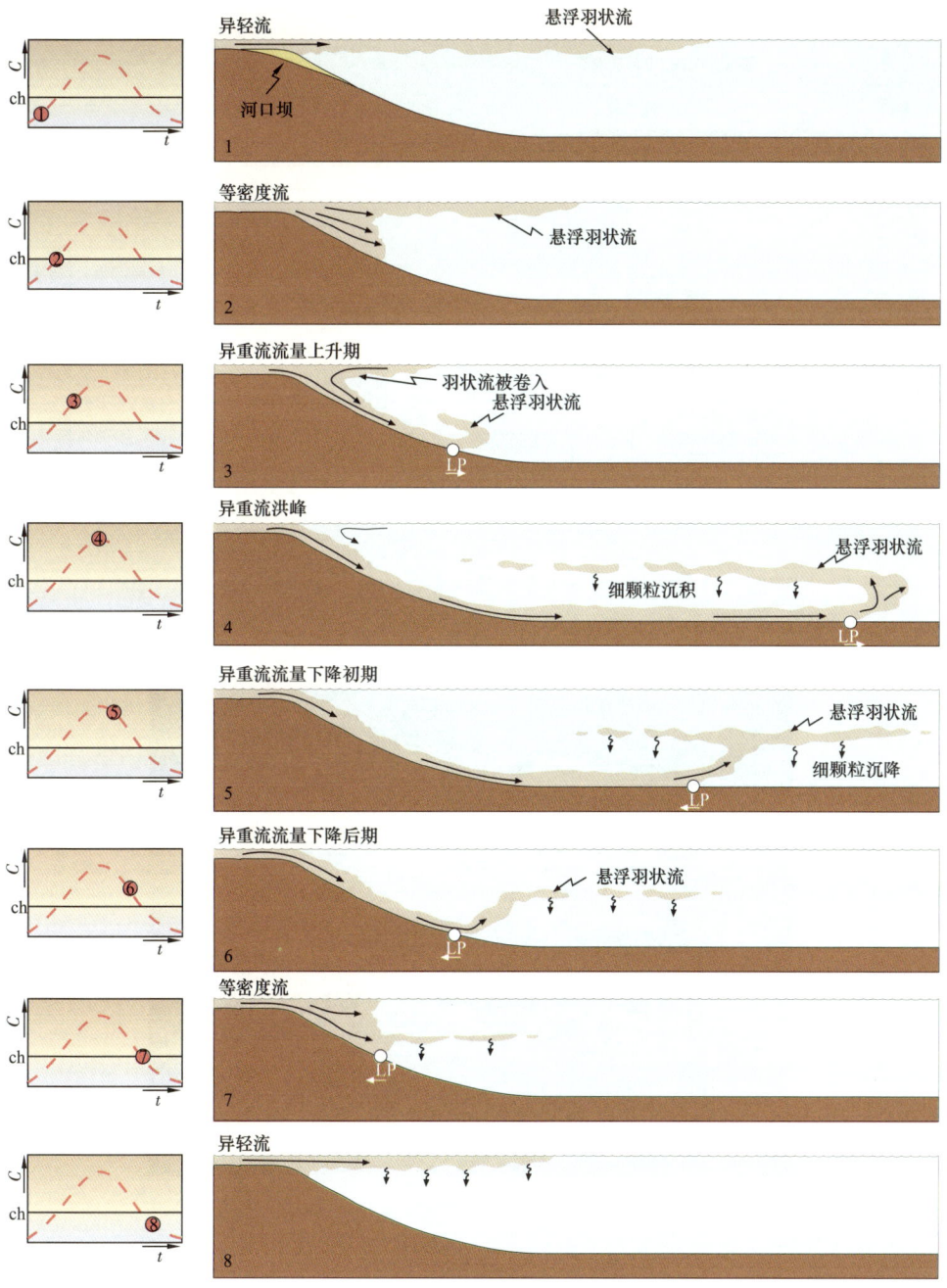

图 2.12　单期持续性异重流演化过程示意图

（1）注入洪水密度小于海水时，形成异轻流。（2）洪水聚集后密度等于海水时，形成等密度流。（3）、（4）洪水聚集后密度大于海水时，河水冲入海底，同时将先存羽状流和表层水体吸收并卷入海底。（5）—（8）随着注入洪水密度下降，LP 逐渐向陆一侧移动，三角洲体系恢复至以异轻流为主的初始状态。C—洪水的含砂量，ch—异重流形成的含砂量门限，t—时间

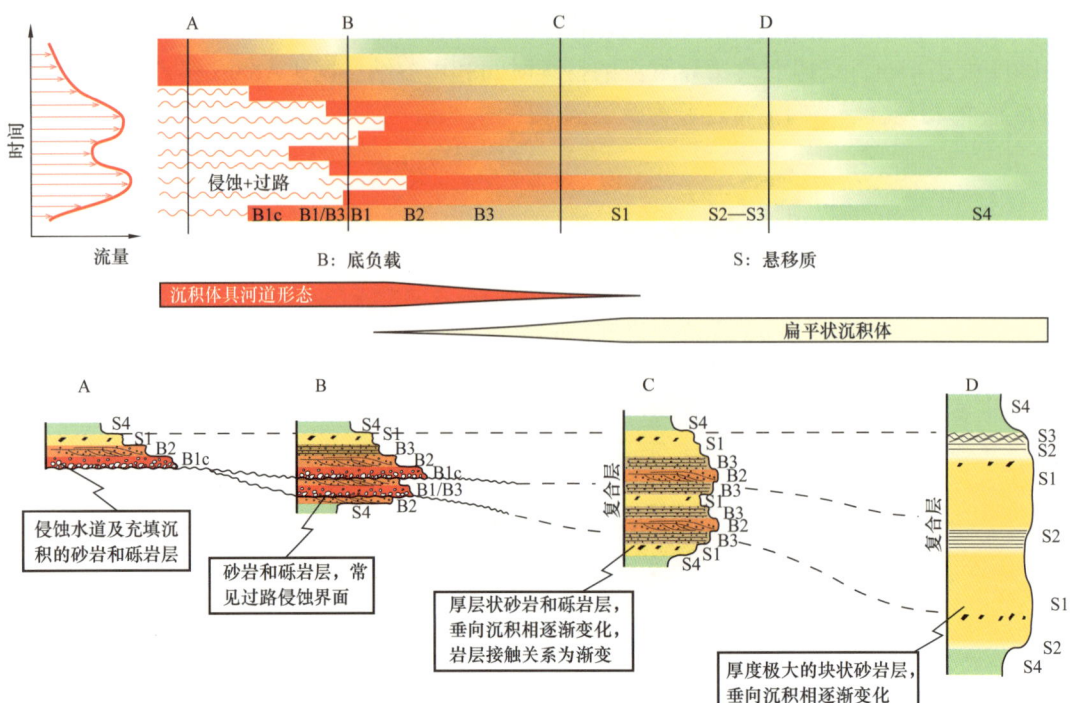

图 2.13 单期持续性异重流流速和含砂量变化形成的复合层

不同周期沉积层的界面在近端为侵蚀突变接触，向盆地方向逐渐过渡为无侵蚀的渐变接触

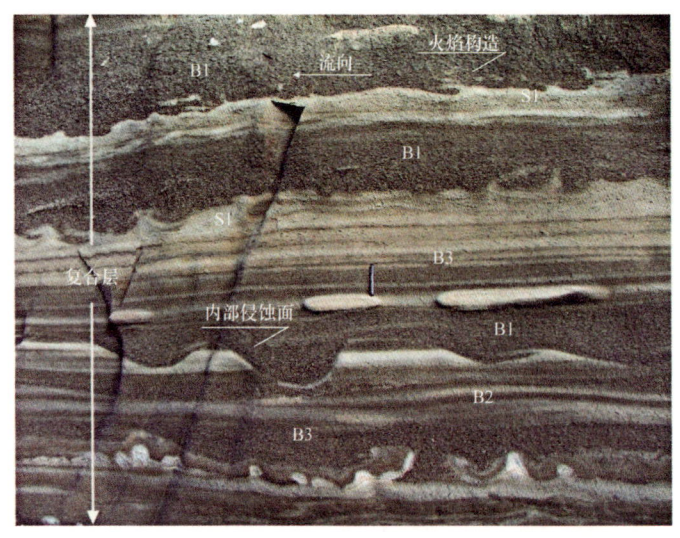

图 2.14 阿根廷南部盆地中新统复合层及内部特征

可见含重荷模的岩相不断重复，无生物扰动构造。火焰构造指示流向为从右往左

2.4 总结和结论

异重流体系是相对新的沉积体系类型，是河流体系在水下的延伸。单期异重流沉积可从河口往盆内延伸达数百千米，并沿迁移路径形成可以预测的成因相。异重流体系包含 B（底负载成因相）、S（悬移负载成因相）和 L（跃层成因相）三类主要的成因相。

成因相 B 由持续性湍流（异重流）的底负载（多数以滑动和滚动搬运）沉积形成，通常分布于异重流体系的近端和中部。该成因相可进一步细分出 B1（碎屑至基质支撑的块状砾岩）、B2（含大型交错层理和爬升沙丘的砾质砂岩）和 B3（模糊纹层砾质砂岩）三种亚类。

成因相 S 由湍流（异重流）细粒的悬移质在重力作用下坍塌形成，包含 S1（块状砂岩）、S2（平行至低角度纹层砂岩）、S3（爬升沙纹细砂岩）和 S4（块状的泥岩和粉砂岩）四种亚类。S4 在湖相最为普遍，因泥质沉积物在海洋环境会随同低密度淡水上浮而逸散。

成因相 L 为侧向分布广的韵律层，由薄层的块状砂岩、粉砂岩、云母和炭化植物碎屑组成。该成因相的形成与羽状流中细砂、粉砂、云母和植物碎屑的沉降有关，仅见于海洋和咸化湖。跃层羽状流由低密度淡水上浮形成，由异重流在沉积过程中失去悬移负载所致。

这些成因相都有成因联系，在异重流体系中都有固定的分布位置。成因相 B 是异重流体系近端的标志相，向异重流朵叶体方向逐渐消失。成因相 S 是异重流体系中部至远端的典型沉积相，由搬运能力下降的流体沉积形成。成因相 L 为异重流体系边缘（包括下游和侧向）的标志相，由跃层沉积形成。

该异重流沉积相相域的提出仅仅是为更好理解异重流体系开展的初次尝试。我们对异重流沉积的了解还非常有限，将来还需投入大量的工作，以完善相模式，发展新的沉积学研究手段，并评价其在古代地层中的重要性，包括作为油气的储层。

参 考 文 献

Amy L.A., B.Kneller, and W.D.McCaffrey, 2007, Facies architecture of the Grès de Peïra Cava, SE France: Landward stacking patterns in ponded turbiditic basins: Journal of the Geological Society (London), v.164, p.143–162, doi: 10.1144/0016-76492005-019.

Antobreh A.A., and S.Krastel, 2006, Morphology, seismic characteristics and development of Cap Timiris Canyon, offshore Mauritania: A newly discovered canyon preserved off a major arid climatic region: Marine and Petroleum Geology, v.23, p.37–59, doi: 10.1016/j.marpetgeo.2005.06.003.

Arcuri M., and C.Zavala, 2007, Very thick massive sandstone bodies: Origin and internal architecture: AAPG Annual Conference, session 3853, effects of active structural growth and confined basins on sandbody architecture I: AAPG Search and Discovery Article 90063, March 30 to April 4, 2007, Long Beach, California, 1 p., http://www.searchanddiscovery.net/abstracts/html/2007/annual/abstracts/lbArcuri.htm?q=%2Btext%3Aarcuri (accessed August 3, 2010).

Arcuri M., and C.Zavala, 2008, Hyperpycnal shelfal lobes–Some examples of the Lotena and Lajas formations, Neuquen Basin, Argentina, in J.J.Ponce and E.B.Olivero, conveners, Sediment transfer from shelf to deepwater–Revisiting the delivery mechanisms: Conference Proceedings AAPG Search and Discovery Article 50066, AAPG Hedberg Conference, March 3–7, 2008, Ushuaia-Patagonia, Argentina, 4 p., http://www.searchanddiscovery.net/documents/2008/08018arcuri/index.htm?q=%2Btext%3Aarcuri (accessed August 3, 2010).

Arnott R.W.C., and B.M.Hand, 1989, Bedforms, primary structures and grain fabric in the presence of suspended sediment rain: Journal of Sedimentary Petrology, v.69, p.1062–1069.

Bates C., 1953, Rational theory of delta formation : AAPG Bulletin, v.37, p.2119–2162.

Bouma A.H., 1962, Sedimentology of some flysch deposits : A graphic approach to facies interpretation : Amsterdam, Netherlands, Elsevier, 168 p.

Bourget J., S.Zaragosi, T.Mulder, J.L.Schneider, T.Garlan, A.Van Toer, V.Mas, and N.Ellouz-Zimmermann, 2010, Hyperpycnal-fed turbidite lobe architecture and recent sedimentary processes : A case study from the Al Batha turbidite system, Omanmargin : SedimentaryGeology, v.229, p.144–159, doi : 10.1016/j.sedgeo.2009.03.009.

Bruhn C.H.L., and R.G.Walker, 1997, Internal architecture and sedimentary evolution of coarse-grained, turbidite channel-levee complexes, early Eocene Regencia Canyon, Espírito Santo Basin, Brazil : Sedimentology, v.44, p.17–46, doi : 10.1111/j.1365-3091.1997.tb00422.x.

Camacho H., C.J.Busby, and B.Kneller, 2002, A new depositional model for the classical turbidite locality at San Clemente State Beach, California : AAPG Bulletin, v.86, p.1543–1560.

Cheng-Shing C., and Y.Ho-Shing, 2008, Evidence of hyperpycnal flows at the head of the meandering Kaoping Canyon off SW Taiwan : Geo-Marine Letters, v.28, p.161–169, doi : 10.1007/s00367-007-0098-7.

Collins M.B., 1986, Processes and controls involved in the transfer of fluviatile sediments to the deep ocean : Journal of the Geological Society (London), v.143, p.915–920, doi : 10.1144/gsjgs.143.6.0915.

Deptuck M.E., G.S.Steffens, M.Barton, and C.Pirmez, 2003, Architecture and evolution of upper fan channelbelts on the Niger Delta slope and in the Arabian Sea : Marine and Petroleum Geology, v.20, p.649–676, doi : 10.1016/j.marpetgeo.2003.01.004.

De Rooij F., and S.B.Dalziel, 2001, Time and space resolved measurements of deposition under turbidity currents, in B.McCaffrey, B.Kneller, and J.Peakall, eds., Particulate gravity currents : International Association of Sedimentologists Special Publication 31, p.207–215.

Gamero H., C.Zavala, and C.Contreras, 2005, A reinterpretation of theMisoa facies types : Implications of a new depositional model, Maracaibo Basin, Venezuela (abs.) : AAPGSearch and Discovery Article 90046, 2005 AAPG International Conference and Exhibition, Evolving Stratigraphic Techniques and Interpretation III, Paris, 1 p., http : //www.searchanddiscovery.net/documents/abstracts/2005intl_paris/gamero.htm (accessed August 3, 2010).

Gamero H., J.Reader, C.Izatt, C.Zavala, and C.Contreras, 2007, Herrera sandstones in the southern basin area, Trinidad : Evidence of hyperpycnites deposited away from ancient Oficina delta systems in eastern Venezuela : AAPG Search and Discovery Article 90063, Annual AAPG Convention, April 2–5, 2007, Long Beach, California, 1 p., http : //www.searchanddiscovery.net/abstracts/html/2007/annual/abstracts/lbGamero.htm ?q=%2Btext%3Agamero (accessed August 3, 2010).

Gamero H., N.Lewis, R.Welsh, C.Zavala, and C.Contreras, 2008, Evidences of a shelfal hyperpycnal deposition in the Pliocene sandstones in the Oilbird field, SE coast, Trinidad : Impact on reservoir distribution and field redevelopment, in J.J.Ponce and E.B.Olivero, conveners, Sediment transfer from shelf to deepwater-Revisiting the deliverymechanisms : Conference Proceedings, AAPG Search and Discovery Article 90079, AAPG Hedberg Conference, March 3–7, 2008, Ushuaia-Patagonia, Argentina, 4 p., http : //www.searchanddiscovery.net/abstracts/html/2008/hedberg_argentina/extended/gamero/gamero.htm ?

q=%2Btext%3Azavala（accessed August 3，2010）．

Gervais A.，T.Mulder，B.Savoye，and E.Gonthier，2006，Sediment distribution and evolution of sedimentary processes in a small sandy turbidite system（Golo system，Mediterranean Sea）：Implications for various geometries based on core framework：Geo-Marine Letters，v.26，p.373–395，doi：10.1007/s00367-006-0045-z．

Grimm K.A.，and K.B.Föllmi，1994，Doomed pioneers：Allochthonous crustacean tracemakers in anaerobic basinal strata，Oligo-Miocene San Gregorio Formation，Baja California Sur，Mexico：Palaios，v.9，p.313–334，doi：10.2307/3515054．

Guzmán O.，and C.Campos，2008，The Pampatar Formation（Margarita Island，Venezuela）：A result of gravity flows in deep marine water，in J.J.Ponce and E.B.Olivero，conveners，Sediment transfer from shelf to deepwater-Revisiting the delivery mechanisms：Conference Proceedings，AAPG Search and Discovery Article 50070，AAPG Hedberg Conference，March 3–7，2008，Ushuaia-Patagonia，Argentina，7 p.，http：//www.searchanddiscovery.com/abstracts/html/2008/hedberg_argentina/extended/guzman/guzman.htm（accessed August 3，2010）．

Harms J.C J.B.Southard，D.R.Spearing，and R.G.Walker，1975，Depositional environments as interpreted from primary sedimentary structures and stratification sequences：SEPM Short Course Notes no.2，161 p．

Harms J.C.，J.B.Southard，and R.G.Walker，1982，Structures and sequences in clastic rocks：SEPM Short Course Notes no.9，249 p．

Hesse R.，and S.Khodabakhsh，1998，Depositional facies of late Pleistocene Heinrich events in the Labrador Sea：Geology，v.26，p.103–106，doi：10.1130/0091-7613（1998）026<0103：DFOLPH>2.3.CO；2．

Hesse R.，and S.Khodabakhsh，2006，Significance of finegrained sediment lofting from melt-water generated turbidity currents for the timing of glaciomarine sediment transport into the deep sea：Sedimentary Geology，v.186，p.1–11，doi：10.1016/j.sedgeo.2005.10.006．

Hesse R.，H.Rashid，and S.Khodabakhsh，2004，Finegrained sediment lofting from meltwater-generated turbidity currents during Heinrich events.Geology，v.32，p.449–452，doi：10.1130/G20136.1．

Johnson K.S.，C.K.Paull，J.P.Barry，and F.P.Chavez，2001，A decadal record of underflows from a coastal river into the deep sea：Geology，v.29，p.1019–1022，doi：10.1130/0091-7613（2001）029<1019：ADROUF>2.0.CO；2．

Jopling A.V.，and R.G.Walker，1968，Morphology and origin of ripple-drift cross lamination，with examples of Pleistocene of Massachusetts：Journal of Sedimentary Petrology，v.38，p.971–984．

Joseph P.，and S.A.Lomas，2004，Deep-water sedimentation in the Alpine Foreland Basin of SE France：New perspectives on the Grés d'Annot and related systems-An introduction，in P.Joseph and S.A.Lomas，eds.，Deep-water sedimentation in the Alpine Basin of SE France：New perspectives on the Grés d'Annot and related systems：Geological Society（London）Special Publication 221，p.1–16．

Kassem A.，and J.Imran，2001，Simulation of turbid underflows generated by the plunging of a river：Geology，v.29，p.655–658，doi：10.1130/0091-7613（2001）029<0655：SOTUGB>2.0.CO；2．

Klaucke I.，B.Savoye，and P.Cochonat，2000，Patterns and processes of sediment dispersal on the continental slope of Nice，SE France：Marine Geology，v.162，p.405–422，doi：10.1016/S0025-3227（99）00063-8．

Knapp R.T., 1943, Density currents : Their mixing characteristics and their effect on the turbulence structure of the associated flow : Proceedings of the Second Hydraulics Conference : University of Iowa Studies in Engineering, Bulletin, v.27, p.289–306.

Kneller B., and M.Branney, 1995, Sustained high-density turbidity currents and the deposition of thick massive sands : Sedimentology, v.42, p.607–616, doi : 10.1111/j.1365-3091.1995.tb00395.x.

Lamb M.P., and D.Mohrig, 2009, Do hyperpycnal-flow deposits record river-flood dynamics ? : Geology, v.37, p.1067–1070, doi : 10.1130/G30286A.1.

Lamb M.P., P.M.Myrow, C.Lukens, K.Houck, and J.Strauss, 2008, Deposits from wave-influenced turbidity currents : Pennsylvanian Minturn Formation, Colorado, U.S.A. : Journal of Sedimentary Research, v.78, p.480–498, doi : 10.2110/jsr.2008.052.

Lowe D.R., 1979, Sediment gravity flows : Their classification and some problems of application to natural flows and deposits : SEPMSpecial Publication27, p.75–82.

Lowe D.R., 1982, Sediment gravity flows : II.Depositional models with special reference to the deposits of highdensity turbidity currents : Journal of Sedimentary Petrology, v.52, p.279–297.

Mansurbeg H., M.A.K.El-ghali, S.Morad, and P.Plink-Björklund, 2006, The impact of meteoric water on the diagenetic alterations in deep-water, marine siliciclastic turbidites : Journal of Geochemical Exploration, v.89, p.254–258, doi : 10.1016/j.gexplo.2006.02.001.

Manville V., and J.D.L.White, 2003, Incipient granular mass flows at the base of sediment-laden floods, and the roles of flow competence and flow capacity in the deposition of stratified bouldery sands : Sedimentary Geology, v.155, p.157–173, doi : 10.1016/S0037-0738（02）00294-4.

Migeon S., B.Savoye, N.Babonneau, and F.Spy Andersson, 2004, Processes of sediment-wave construction along the present Zaire deep-sea meandering channel : Role of meanders and flow stripping : Journal of Sedimentary Research, v.74, p.580–598, doi : 10.1306/091603740580.

Migeon S., T.Mulder, B.Savoye, and F.Sage, 2006, The Var turbidite system（Ligurian Sea, northwestern Mediterranean）morphology, sediment supply, construction of turbidite levee and sediment waves : Implications for hydrocarbon reservoirs : Geo-Marine Letters, v.26, p.361–371, doi : 10.1007/s00367-006-0047-x.

Mulder T., and J.Alexander, 2001, The physical character of subaqueous sedimentary density flows and their deposits : Sedimentology, v.48, p.269–299, doi : 10.1046/j.1365-3091.2001.00360.x.

Mulder T., and J.P.M.Syvitski, 1995, Turbidity current generated at river mouths during exceptional discharges to the world oceans : Journal of Geology, v.103, p.285–299, doi : 10.1086/629747.

Mulder T., S.Migeon, B.Savoye, and J.C.Faugéres, 2001a, Inversely graded turbidite sequences in the deep Mediterranean : A record of deposits from flood-generated turbidity currents ? : Geo-Marine Letters, v.21, p.86–93, doi : 10.1007/s003670100071.

Mulder T., S.Migeon, B.Savoye, and J.M.Jouanneau, 2001b, Twentieth century floods recorded in the deep Mediterranean sediments : Geology, v.29, p.1011–1014, doi : 10.1130/0091-7613（2001）029＜1011: TCFRIT＞2.0.CO ; 2.

Mulder T., J.P.M.Syvitski, S.Migeon, J.C.Faugéres, and B.Savoye, 2003, Marine hyperpycnal flows : Initiation, behavior and related deposits : A review : Marine and Petroleum Geology, v.20, p.861–882, doi : 10.1016/j.marpetgeo.2003.01.003.

Mutti E., 1992, Turbidite sandstones : AGIP-Istituto di Geologia Università di Parma, San Donato Milanese, 275 p.

Mutti E., and F.Ricci Lucchi, 1972, Le torbiditi dell' Appennino Settentrionale : Introduzione all' analisi di facies : Memorie della Società Geologica Italiana, v.11, p.161–199.

Mutti E., G.Davoli, and R.Tinterri, 1994, Flood-related gravity-flow deposits in fluvial and fluvio-deltaic depositional systems and their sequence-stratigraphic implications, in H.W. Posamentier and E.Mutti, eds., Second high-resolution sequence stratigraphy conference, Tremp, Abstract Book : Italy, Istituto di Geologia, Universita di Parma, p.137–143.

Mutti E., G.Davoli, R.Tinterri, and C.Zavala, 1996, The importance of ancient fluvio-deltaic systems dominated by catastrophic flooding in tectonically active basins : Memorie di Scienze Geologiche, Universita di Padova, v.48, p.233–291.

Mutti E., N.Mavilla, S.Angella, and L.L.Fava, 1999, An introduction to the analysis of ancient turbidite basins from an outcrop perspective : AAPG Continuing Education Course Notes no.39, p.1–98.

Mutti E., R.Tinterri, G.Benevelli, D.Di Biase, and G.Cavanna, 2003, Deltaic, mixed and turbidite sedimentation of ancient foreland basins : Marine and Petroleum Geology, v.20, p.733–755, doi : 10.1016/j.marpetgeo.2003.09.001.

Mutti E., D.Bernoulli, F.Ricci Lucchi, and R.Tinterri, 2009, Turbidites and turbidity currents from Alpine "flysch" to the exploration of continental margins : Sedimentology, v.56, p.267–318, doi : 10.1111/j.1365-3091.2008.01019.x.

Myrow P.M., M.P.Lamb, C.Lukens, and K.Houck, 2006, Paleohydraulic interpretations of wave-modified hyperpycnal flow deposits : American Geophysical Union, Fall Meeting 2006, Abstract PP23B-1763, v.87, no.52, 1 p.

Myrow P.M., M.P.Lamb, C.Lukens, K.Houck, and J.Strauss, 2008, Proximal to distal facies relationships in deposits of wave-influenced hyperpycnal flows, in J.J.Ponce and E.B.Olivero, conveners, Sediment transfer from shelf to deepwater-Revisiting the delivery mechanisms : Conference Proceedings, AAPG Hedberg Conference, March 3–7, 2008, Ushuaia-Patagonia, Argentina, 5 p.

Nakajima T., 2006, Hyperpycnites deposited 700 km away from river mouths in the Central Japan Sea : Journal of Sedimentary Research, v.76, p.59–72.

Normark W.R., and D.J.Piper, 1991, Initiation processes and flow evolution of turbidity currents : Implications for the depositional record : SEPM Special Publication 46, p.207–230.

Olariu C., and J.P.Bhattacharya, 2006, Terminal distributary channels and delta front architecture of riverdominated delta systems : Journal of Sedimentary Research, v.76, p.212–233, doi : 10.2110/jsr.2006.026.

Pattison S., 2005, Isolated highstand shelf sandstone body of turbiditic origin, lower Kenilworth Member, Cretaceous Western Interior, Book Cliffs, Utah : Sedimentary Geology, v.177, p.131–144, doi : 10.1016/j.sedgeo.2005.02.005.

Pattison S., 2008, Role of wave-modified underflows in the across-shelf transport of fine-grained sediments : Examples fromthe Book Cliffs, Utah, in J.J.Ponce and E.B.Olivero, conveners, Sediment transfer from shelf to deepwater-Revisiting the delivery mechanisms : Conference Proceedings, AAPG Search and Discovery Article 90079, AAPG Hedberg Conference, March 3–7, 2008, Ushuaia-Patagonia, Argentina, 4 p., http ://www.searchanddiscovery.com/abstracts/html/2008/hedberg_argentina/extended/pattison/pattison.htm (accessed August 3, 2010).

Peakall J., M.Felix, B.McCaffrey, and B.Kneller, 2001, Particulate gravity currents : Perspectives, in B.McCaffrey, B.Kneller, and J.Peakall, eds., Particulate gravity currents : International Association of Sedimentologists, Special Publication 31, p.1–8.

Petter A.L., and R.J.Steel, 2005, Deepwater-slope channels and hyperpycnal flows from the Eocene of the central Spitsbergen Basin : Predicting basin-floor sands froma shelf edge/upper slope perspective : AAPGSearch and Discovery Article 90039, AAPG Annual Meeting, June 19–22, 2005, Calgary, Alberta, 1 p., http ://www.searchanddiscovery.net/abstracts/html/2005/annual/abstracts/petter.htm ? q=%2Btext%3Apetter (accessed August 3, 2010).

Petter A.L., and R.J.Steel, 2006, Hyperpycnal flow variability and slope organization on an Eocene shelf margin, Central Basin, Spitsbergen : AAPG Bulletin, v.90, p.1451–1472, doi : 10.1306/04240605144.

Plink-Björklund P., and R.J.Steel, 2004, Initiation of turbidite currents : Outcrop evidence for Eocene hyperpycnal flow turbidites : Sedimentary Geology, v.165, p.29–52, doi : 10.1016/j.sedgeo.2003.10.013.

Ponce J.J., E.B.Olivero, and D.R.Martinioni, 2008a, Syndepositional lateral migration of hyperpycnal lobes in submarine ramp systems-Early Miocene, Austral Basin, Argentina, in J.J.Ponce and E.B.Olivero, conveners, Sediment transfer from shelf to deepwater-Revisiting the delivery mechanisms : Conference Proceedings, AAPG Search and Discovery Article 50074, AAPG Hedberg Conference, March 3–7, 2008, Ushuaia-Patagonia, Argentina, 4 p., http ://www.searchanddiscovery.net/documents/2008/08027ponce/index.htm ? q=%2Btext%3A50074 (accessed August 3, 2010).

Ponce J.J., E.B.Olivero, and D.R.Martinioni, 2008b, Deepmarine hyperpycnal channel-levee complexes in the Miocene of Tierra del Fuego, Artentina : Architectural elements and facies associations, in J.J.Ponce and E.B.Olivero, conveners, Sediment transfer from shelf to deepwater-Revisiting the delivery mechanisms : Conference Proceedings, AAPGSearch and Discovery Article 50073, AAPG Hedberg Conference, March 3–7, 2008, Ushuaia-Patagonia, Argentina, 6 p., http ://www.searchanddiscovery.net/documents/2008/08026ponce/index.htm ? q=%2Btext%3A50073 (accessed August 3, 2010).

Posamentier H., and V.Kolla, 2003, Processes and reservoir architecture of deep-water sinuous channels from the shelf edge to the basin floor, based on analyses of 3d seismic and sidescan imagery (abs.), in D.Hodgson, C.Edwards, and R.Smith, eds., Submarine slope systems : Processes, products and prediction.April 28–29, 2003, University of Liverpool, Conference Abstracts Volume, p.67.

Prior D.B., B.D.Bornhold, W.J.Wiseman, and D.R.Lowe, 1987, Turbidity current activity in a British Columbia fjord : Science, v.237, p.1330–1333, doi : 10.1126/science.237.4820.1330.

Saccavino L., L.Buatois, and C.Zavala, 2008, Integrating sedimentologic and ichnologic data in characterization of hyperpycnal flow deposits of Cretaceous fluvio-dominated deltas (Magallanes Basin, southern Argentina), in J.J.Ponce and E.B.Olivero, conveners, Sediment transfer from shelf to deepwater-Revisiting the deliverymechanisms : Conference Proceedings, AAPG Search and Discovery Article 90079, AAPG Hedberg Conference, March 3–7, 2008, Ushuaia-Patagonia, Argentina, 4 p., http：//www.searchanddiscovery.net/abstracts/html/2008/hedberg_argentina/extended/saccavino/saccavino. htm？q=%2Btext%3Asaccavino（accessed August 3，2010）.

Saitoh Y.，2004，Hyperpycnal-flow deposits from the Miocene continentaldeltacomplex intheRyukyu island arc，southwest Japan（abs.）: 5th International Conference on Asian Marine Geology, Abstract Volume, p.176.

Saller A.，R.Lin，and J.Dunham，2006，Leaves in turbidite sands：Themain source of oil and gas in the deep-water Kutei Basin，Indonesia：AAPG Bulletin，v.90，p.1585-1608，doi：10.1306/04110605127.

Sanders J.E.，1965，Primary sedimentary structures formed by turbidity currents and related sedimentation mechanisms，in G.V.Middleton，ed.，Primary sedimentary structures and their hydrodynamic interpretation：SEPM Special Publication 12，p.192-219.

Schumm S.A.，1977，The fluvial system：New York，John Wiley and Sons，338 p.

Schumm S.A.，1981，Evolution and response of the fluvial system：Sedimentologic implications：SEPM Special Publication 31，p.19-29.

Simons D.B.，E.V.Richardson，and C.F.Nordin，1965，Sedimentary structures generated by flow on alluvial channels，in G.V.Middleton，ed.，Primary sedimentary structures and their hydrodynamic interpretation：SEPM Special Publication 12，p.34-52.

Southard J.B.，1991，Experimental determination of bedform stability：Annual Review of Earth and Planetary Sciences，v.19，p.423-455，doi：10.1146/annurev.ea.19.050191.002231.

Soyinka O.，and R.M.Slatt，2008，Identification and micro-stratigraphy of hyperpycnites and turbidites in Cretaceous Lewis Shale，Wyoming：Sedimentology，v.55，p.1117-1133，doi：10.1111/j.1365-3091.2007.00938.x.

Sparks R.S.J.，R.T.Bonnecaze，H.E.Huppert，J.R.Lister，M.A.Hallworth，J.Phillips，and H.Mader，1993，Sedimentladen gravity currentswith reversing buoyancy：Earth and Planetary Science Letters，v.114，p.243-257，doi：10.1016/0012-821X（93）90028-8.

Stow D.A.V.，and M.Mayall，2000，Deep-water sedimentary systems：New models for the 21st century：Marine and Petroleum Geology，v.17，p.125-135，doi：10.1016/S0264-8172（99）00064-1.

Sumner E.J.，L.A.Amy，and P.J.Talling，2008，Deposit structure and processes of sand deposition from decelerating sediment suspensions：Journal of Sedimentary Research，v.78，p.529-547，doi：10.2110/jsr.2008.062.

Walker R.，1984，Facies models：Geoscience Canada，Reprint Series 1，317 p.

Warrick J.A.，J.Xu，M.A.Noble，and H.J.Lee，2008，Rapid formation of hyperpycnal sediment gravity currents offshore of a semi-arid California river：Continental Shelf Research，v.28，p.991-1009，doi：10.1016/j.csr.2007.11.002.

Zavala C.，2000a，Nuevos avances en la sedimentología y estratigrafía secuencial de la Formación Mulichinco （Valanginiano）en la Cuenca Neuquina：Boletín de Informaciones Petroleras，v.63，p.40-54.

Zavala C.，2000b，Stratigraphy and sedimentary history of the Plio-Pleistocene Sant'Arcangelo Basin，southern Apennines，Italy：Rivista Italiana di Paleontologia e Stratigrafia，v.106，p.399-416.

Zavala C.，2005，Tracking sea bed topography in the Jurassic.The Lotena Group in the Sierra de la Vaca Muerta （Neuquén Basin，Argentina）：Geologica Acta，v.3，p.133-145.

Zavala C.，2008，Toward a genetic facies tract for the analysis of hyperpycnal deposits，in J.J.Ponce and

E.B.Olivero, conveners, Sediment transfer from shelf to deepwater-Revisiting the delivery mechanisms : Conference Proceedings, AAPG Search and Discovery Article 50075, AAPG Hedberg Conference, March 3–7, 2008, Ushuaia-Patagonia, Argentina, 2 p., http : //www.searchanddiscovery.net/documents/2008/jw0805zavala/index.html ? q=%2Btext%3A50075 (accessed August 4, 2010).

Zavala C., and R.Gonzalez, 2001, Estratigrafía del Grupo Cuyo (Jurásico inferior-medio) en la Sierra de la Vaca Muerta, Cuenca Neuquina : Boletín de Informaciones Petroleras, v.65, p.52–64.

Zavala C., G.Azúa, H.Freije, and J.Ponce, 2000, Los sistemas fluvio-deltaicos del Grupo Curamalal (Paleozoico Inferior).Cuenca Paleozoica de Ventania, Provincia de Buenos Aires, Argentina : Revista de la Asociación Geológica Argentina, v.55, p.165–178.

Zavala C., J.Ponce, D.Drittanti, M.Arcuri, H.Freije, and M.Asensio, 2006a, Ancient lacustrine hyperpycnites : A depositional model from a case study in the Rayoso Formation (Cretaceous) of westcentral Argentina : Journal of Sedimentary Research, v.76, p.41–59, doi : 10.2110/jsr.2006.12.

Zavala C., M.Arcuri, and H.Gamero, 2006b, Towards a genetic model for the analysis of hyperpycnal systems (abs.) : Geological Society of America Abstracts with Programs, v.38, no.7, p.541.

Zavala C., H.Gamero, andM.Arcuri, 2006c, Lofting rhythmites : A diagnostic feature for the recognition of hyperpycnal deposits (abs.) : Geological Society of America Abstracts with Programs, v.38, no.7, p.541.

Zavala C., M.Arcuri, H.Gamero Díaz, and C.Contreras, 2007a, The composite bed : A new distinctive feature of hyperpycnal deposition (abs.) : AAPG Annual Convention & Exhibition, v.16, p.157.

Zavala C., J.Marcano, J.Carvajal, 2007b, Proximity and Laterality indexes : A new tool for the analysis of ancient hyperpycnal deposits in the subsurface, in Proceedings of the 4th Geological Society of Trinidad and Tobago Geological Conference, 3 p.

Zavala C., J.Carvajal, J.Mercano, and M.Delgado, 2008a, Sedimentological indices : A new tool for regional studies of hyperpycnal systems, in J.J.Ponce and E.B.Olivero, conveners, Sediment transfer from shelf to deepwater-Revisiting the delivery mechanisms : Conference Proceedings, AAPG Search and Discovery Article 50076, AAPG Hedberg Conference, March 3–7, 2008, Ushuaia-Patagonia, Argentina, 4 p., http : //www.searchanddiscovery.net/documents/2008/jw0806zavala/index.html ? q=%2Btext%3A50076 (accessed August 3, 2010).

Zavala C., L.Blanco Valiente, and Y.Vallez, 2008b, The origin of lofting rhythmites : Lessons from thin sections, in J.J.Ponce and E.B.Olivero, conveners, Sediment transfer from shelf to deepwater-Revisiting the delivery mechanisms : Conference Proceedings, AAPG Search and Discovery Article 50077, AAPG Hedberg Conference, March 3–7, 2008, Ushuaia-Patagonia, Argentina, 4 p., http : //www.searchanddiscovery.net/documents/2008/jw0807zavala/index.html ? q=%2Btext%3A50077 (accessed August 3, 2010).

Zavala C., J.Marcano, J.Carvajal, and M.Delgado, 2011, Genetic indices in hyperpycnal systems : A case study in the late Oligocene–early Miocene Merecure Formation, Maturin Subbasin, Venezuela, in R.M.Slatt and C.Zavala, eds., Sediment transfer from shelf to deep water-Revisiting the delivery system : AAPG Studies in Geology 61, p.53–73.

3 异重流体系成因指数：
以委内瑞拉马图林次盆 Merecure 组
（渐新统上段—中新统下段）为例

Carlos Zavala   Jose Marcano   Jair Carvajal   Manuel Delgado

摘要：根据成因相和粒度变化确定的地理环境参数，分析古代的浊积岩并进行平面成图，是早年最常用的研究方法。根据这种传统方法建立的浊积扇相模式与观察到的事实存在矛盾，即细粒沉积（薄层浊积岩）也可分布于近端环境（水道间），且无法将其与真正的远端沉积区分。因此，近年来针对异重流体系建立了成因相域分析法，该方法可区分沉积于水道间和远端的薄层细粒沉积。

针对海相异重流建立的成因相域包含底负载、悬移负载和跃层三类主要的成因相。底负载成因相最粗，由湍流产生的拖曳力作用形成；悬移负载成因相以细砂岩为主，由湍流支撑的悬移质在重力作用下坍塌形成，沉积于持续性流体的消退期；跃层成因相由上浮羽状流中的极细砂、粉砂、植物碎屑和云母沉降形成，主要分布于异重流体系的边缘。

根据地层中成因相 B、S 和 L 的相对含量定义了近端（Pt）和侧向（Lt）沉积相指数。Pt 和 Lt 均为无量纲数，范围为 0～100。Pt 指数描述目标剖面在异重流体系中，靠近近端的程度；Lt 指数则描述靠近轴部的程度。运用这两个成因指数评价了委内瑞拉马图林次盆 Merecure 组（渐新统上段—中新统下段）中的异重流沉积。结果显示 Merecure 组的分布范围或超过预期，其主物源来自南部和东南部的克拉通。指数平面图还显示工区渐新世有发育同沉积构造，由其控制的水下地形影响了异重流砂体的分布。

早期研究表明，从物源区到盆地，浊积岩沉积相随着粒度变细而逐渐变化（Natland 和 Kuenen，1951）。通过识别和分析近端至远端环境典型的粒度、沉积特征和沉积相类型，前人总结出了一些区分近端和远端浊积岩的标准。在 20 世纪 60 年代，很多研究致力于定量评价近端至远端的沉积相及其组构变化，这促成了浊积岩近端指数（P）的提出（Walker，1967）。P 指数在早期应用中取得一些成功，但后来人们认识到其无法用于解释细粒浊积岩也可沉积于近端水道间（即堤岸）这一事实。因此，P 指数被逐渐摒弃，人们转而使用沉积相分析法（Mutti 和 Ricci Lucchi，1972），并提出薄层浊积岩概念。薄层浊积岩的概念不是简单的岩相描述，也不受沉积体系的具体位置限制。

近年来，人们逐渐认识到海洋中的湍流也可由河流洪水（或异重流）直接引发（Bates，1953；Normark 和 Piper，1991；Mulder 和 Syvitski，1995；Mutti 等，1996，

1999），这开启了一个新的研究领域，即陆架至深海环境的碎屑岩沉积研究。异重流和异重流沉积（异重流岩）（Mulder 等，2003）由源自河流的携砂湍流冲入汇水盆地形成，该携砂流的密度必须大于汇水盆地的水体（Bates，1953）。对于海洋环境，携砂流的含砂量必须大于 $35\sim45kg/m^3$ 才足以克服淡水与海水之间的密度差（Mulder 和 Syvitski，1995）。该携砂流在海岸带会下沉，并形成向盆内流动的底流，同时将大量的淡水和沉积物从河流输送至盆地底部。异重流可分布于陆架，也可分布于深水环境，还可形成真正的陆架（Mutti 等，1996）至深水浊积岩，具体取决于水文和地理条件。持续性流体形成的海相异重流沉积具有一些独特的识别标志，如反—正复合粒序（Mulder 等，2003）、重复出现的渐变相序（Zavala 等，2006a）、大量的炭化植物碎屑（Plink-Björklund 和 Steel，2004），以及含有大量炭化植物碎屑和云母的粉砂岩—砂岩双纹层（即跃层韵律层）（Zavala 等，2006c，2008b）。

最近 Zavala 等（2006b，2008，2011）提出了一个新的成因相域，用于分析湖相和海相异重流沉积。该成因相域对应于底负载搬运（B）、悬移负载搬运（S）和跃层搬运（L）三类主要的沉积过程。其中，底负载成因相受湍流施加的剪切力作用，主要沉积于异重流体系的近端；跃层成因相主要沉积于异重流体系的边缘（堤岸）；悬移负载成因相由湍流支撑的泥砂坍塌沉积形成，沉积于异重流的消亡期，通常分布于异重流体系的中部至远端。通过定量评价这三个有成因联系的成因相，可判断目标剖面在异重流体系中的位置。这种以地理格局为导向的定量分析，可通过计算近端（Pt）和侧向（Lt）两个相互独立的成因指数来完成。Lt 指数解决了早期异重流沉积研究中遇到的问题，即堤岸环境因 P 指数过低产生的环境解释问题（Macdonald，1986）。

本文作为该方法的应用实例，对委内瑞拉盆地马图林次盆的 Merecure 组开展了研究。Merecure 组是委内瑞拉东部主要的油气产层之一，该方法的应用可显著提高碎屑岩储层评价和预测中沉积相研究的精度。

3.1 浊积岩近端指数

3.1.1 研究背景

Natland 和 Kuenen（1951）在研究加利福尼亚 Ventura 盆地的浊积岩时，最早发现浊积岩层具有向下游变薄的特征，并尝试对浊积岩近端至远端的主要特征进行定量评价。鲍马（1962）根据渐新统 Peira Cava 复理石建立了经典的浊积岩相序。该相序总体具向上变细的粒序结构，含 5 个亚段（Ta—Te），从下往上依次为块状砂岩粒序层（Ta）、平行纹层砂岩（Tb）、沙纹层理细砂岩（Tc），以及顶部的粉砂和半远洋泥（Td 和 Te）。鲍马（1962）认识到该相序在近端一侧趋向于缺失顶部亚段，在远端一侧则趋向于缺失下部亚段（图 3.1）。Walker（1967）根据岩层组中鲍马序列亚段的百分比定义了 P 指数，成功地将该相序进行了量化。P 指数介于 0（远端）~100（近端）之间，可用于估算任何指定剖面与物源的相对位置。浊积岩近端概念的前提是：在向盆地流动过程中，随着距离增加，浊流趋向于失去动能，侵蚀能力随之下降，携带的沉积物粒度也变细。尽管浊流属于逐渐消亡的流体（Kneller 和 Branney，1995），但因在近端易发生水道化并产生侧向上的流速差异，这必然会在水道堤岸沉积与远端相似的细颗沉积（Haner，

1971；Mutti 和 Ricci Lucchi，1972）。一些文献探讨了这种矛盾（Lovell，1969，1970；McCabe 和 Waugh，1973），证实 P 指数不能很好地描述近端程度。

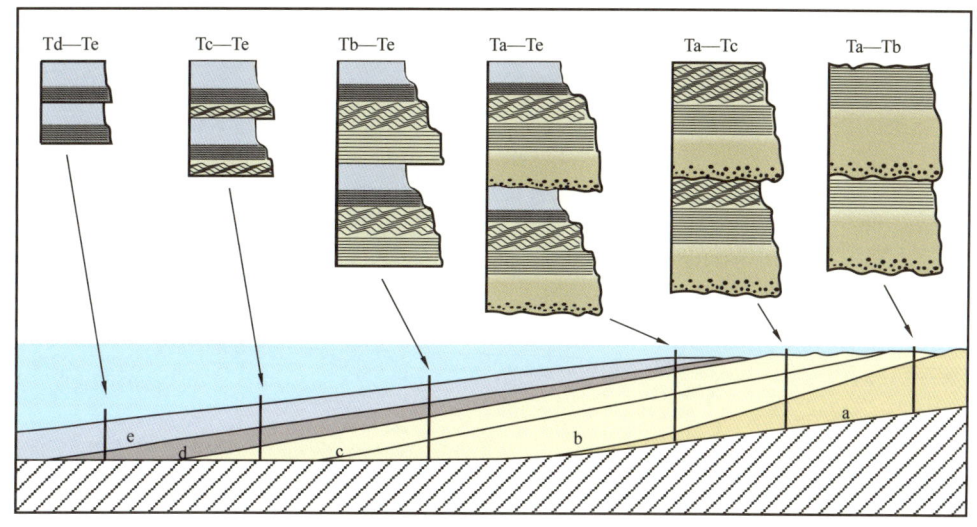

图 3.1　沿下游方向（从右至左）的鲍马序列变化（据鲍马，1962，修改）
近端鲍马序列缺失上部亚段 Tc—Te，远端鲍马序列缺失下部亚段 Ta—Tb。这种变化趋势可用于预测特定区域的相序结构

随着对浊积扇模式内部特征认识程度的加深，人们意识到细粒沉积可沉积于扇体的不同位置。因此，很多作者建议在进行沉积相分类时应避免使用近端和远端这两个术语（Nelson 等，1978），应将所有的细粒沉积描述为薄层浊积岩，而不赋予其任何近端和远端的意义（Walker，1978；Nilsen，1980）。现今使用的近端和远端两个术语仅仅指离开物源区的距离，并不用于描述有时会产生矛盾的沉积相（Macdonald，1986）。

3.1.2　异重流体系的成因相域和沉积作用

对相对新的沉积体系——异重流体系认识的发展（Zavala 等，2006a），为研究陆架和深水砂岩的展布打开了一个新的视野。异重流体系是河流体系在水下的延伸（Schumm，1977，1981），由密度相对大的河流洪水携砂流（含淡水和泥砂的湍流）冲入汇水盆地形成，其密度必须大于汇水盆地水体的密度（Mulder 和 Alexander，2001）。即便坡度相对平缓，这些源于河流的密度流流至滨岸后会冲入海底，并形成向盆内流动的持续性亚稳定湍流（图 3.2b）。如果持续时间足够长，异重流可向盆地方向延伸达数百千米（Nakajima，2006；Cheng-Shing 和 Ho-Shing，2008；Bourget 等，2010），并形成极厚层沉积，尤其在地形控制的沉积中心。异重流沉积常见一些类似于河流相的特征，如底负载、水道化和蛇曲特征，它们极易被错误地解读为河流相（Cheng-Shing 和 Ho-Shing，2008）。与传统的浊流沉积模式（Mutti 等，1999，2009）不同，持续性异重流的粗颗粒不是通过头部搬运，而是在湍流施加的剪切力作用下以底负载搬运（Plink-örklund 和 Steel，2004；Zavala 等，2006b；Zavala，2008）（图 3.3）。

3.1.3　异重流体系成因相分析

本文使用的沉积相分类方案在最近 7 年中被用于解释多个异重流沉积层，得到了实践的检验（Zavala 等，2006b，2011；Zavala，2008）。该分类方案包含底负载（B）、悬移负载（S）和跃层（L）三类主要的成因相（图 3.4）。

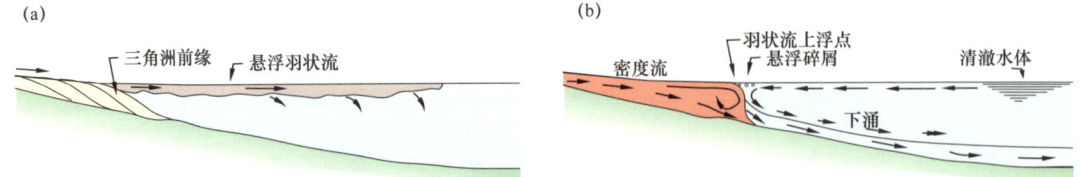

图 3.2　异轻流和异重流对比（据 Bates，1953；Zavala 等，2008a；Knapp，1943）
（a）异轻流（欠密度流），注入水体密度小于海水；（b）异重流（超密度流），注入水体密度大于海水，河流洪水冲入水底后形成沿海底继续流动的亚稳定流

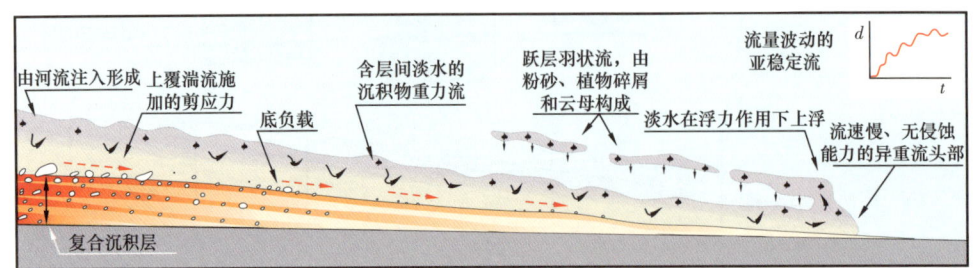

图 3.3　持续性异重流及其沉积物的主要特征
流量曲线复杂（右上角）的河流通常形成复合层（据 Zavala 等，2007a）。d—流量，t—时间

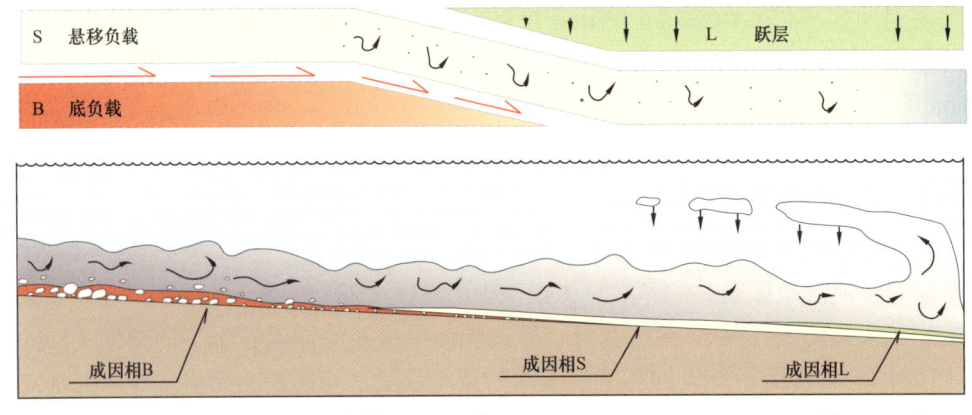

图 3.4　异重流成因相概念图（据 Zavala 等，2006b；Zavala，2008；Zavala 等，2011）
用于分析含底负载的海相异重流沉积。成因相 B 由持续性湍流的底负载形成；成因相 S 由湍流支撑的砂级悬移质在重力作用下坍塌形成；成因相 L 由上浮淡水（因砂级颗粒卸载导致密度下降而上浮）中的细颗粒沉降形成

成因相 B（底负载）是异重流相域中最粗粒的沉积物，由底负载在湍流异重流施加的拖曳力和剪切力作用下形成，主要分布于近端，可进一步划分出 B1（块状砾岩）、B2（低角度收敛交错层理砾质砂岩）和 B3（模糊平行纹层砾质砂岩）三种亚类（见图 2.6）。

成因相 S 为细粒沉积，由异重流主体中湍流支撑的悬移质在重力作用下坍塌形成，可进一步划出 S1（块状砂岩）、S2（纹层状砂岩）、S3（爬升沙纹砂岩）和 S4（块状的粉砂岩和泥岩）四种亚类（见图 2.6）。

成因相 L（跃层）沉降自跃层羽状流，通常沉积于海洋或咸水环境。在盐水环境中，因在沉积过程中失去悬移质，异重流中密度小的淡水将从底部上浮（Sparks 等，1993；Kneller 和 Buckee，2000；Hesse 等，2004），并形成弥漫着细粒泥砂、植物碎屑和云母的羽状流。这些细粒物质将逐渐沉积于海底，并形成侧向连续性好、厚度可达 2mm、不断重复的粉砂岩—砂岩双纹层（即跃层韵律层）（Zavala 等，2006c，2008b）。粉砂岩—砂岩双纹层与夹层常组合成分米级纹层组。跃层韵律层通常呈孤立状分布于泥岩中，也可分布于扁平状砂岩层组（块状向上过渡为纹层）的顶部或层间，层内大多缺少遗迹化石或零星可见生物多样性贫乏的遗迹化石。由于异重流从轴部向侧翼流速会急剧下降（Zavala 等，2006a），这导致成因相 L 主要沉积于异重流体系的边缘区（堤岸）。海相跃层成因相 L 的识别尤为重要，因其是判断环境是否直接与河流相连、沉积物是否为异重流成因的标志。因此，需要准确区分跃层韵律层与潮汐韵律层，前者典型特征包括：（1）粉砂岩—砂岩双纹层之间只有由炭化植物碎屑和云母组成的非泥岩隔层，而不含真正的双黏土层；（2）无大潮—小潮循环形成的内部结构；（3）侧向上逐渐过渡为块状（S1L）、纹层（S2L）和沙纹层理（S1L）砂岩；（4）缺少生物扰动构造或零星可见以 *Palaeophycus*（古藻迹）为主的遗迹化石；（5）单纹层可见清晰的正粒序结构（Zavala 等，2008b）。

异重流沉积通常由内部结构复杂的亚段组成。亚段内可见由高能、波动、持续性流体沉积形成的侵蚀面和重复的渐变相序（Zavala 等，2006a；Lamb 等，2008；Jackson 和 Johnson，2009；Lamb 和 Mohrig，2009）。Zavala 等（2007a）将这种由复杂水动力形成的亚段称为复合层（图 3.3），其内部沉积相的排列完全不同于似涌浪浊流形成的经典浊积岩相序（鲍马，1962；Mutti 等，2003）。

成因相 B 分布于异重流体系的过渡区，其出现通常说明向盆地一侧有砂体（S）分布；成因相 L 大多沉积于边缘区。

3.1.4 成因指数：近端指数和侧向指数

在异重流体系成因分析的基础上，编制了工区的沉积相图，识别出过路不沉积区、沉积区和边缘区。研究中考虑了近端（Pt）和侧向（Lt）两个主要指数（Zavala 等，2007b，2008a），据其对不同井段进行了计算。

3.1.4.1 近端指数

Pt 指数是无量纲数，用于度量指定沉积体在异重流体系中的近端程度。Pt 指数的前提是：近端以底负载成因相（B）为主；向盆内悬移负载成因相（S）逐渐增多，即随着持续性异重流逐渐消亡，悬移质在重力作用下不断坍塌沉积。Pt 指数计算公式如下：

$$Pt=100B/(B+S) \tag{3.1}$$

式中，Pt 为近端指数；B 为指定剖面或岩心底负载成因相的总厚度；S 为悬移负载成因相的总厚度。该公式仅适用于异重流沉积。

Pt 指数范围为 0～100，值越大说明沉积物离物源越近。在异重流体系中，Pt 指数在近端为 50～100，在中部为 0～50，在水道—朵叶体过渡带末端（CLTZ）为 0（Mutti 和 Normark，1987；Wynn 等，2002），在发育扁平状砂岩的远端（朵叶体）因沉积物负载几乎全部为 S，也几乎为 0。不同位置 Pt 指数的衰减率可用于判断异重流体系的空间展布。

3.1.4.2 侧向指数

Lt 指数也是无量纲数，范围为 0～100，用于度量目标剖面成因相 L 相对于 B 和 S 的丰富程度。换言之，Lt 指数度量的是目标井或剖面偏离异重流体系轴部的相对距离，其中流体轴部主要分布 B 和 S。Lt 指数计算公式如下：

$$Lt=100L/(L+B+S) \tag{3.2}$$

式中，Lt 为侧向指数；L 为指定剖面或岩心跃层成因相的总厚度；B 为底负载成因相的总厚度；S 为悬移负载成因相的总厚度。

异重流属于沉积物重力流，其粗粒沉积物对水下的地形非常敏感。因此，成因相 B 和 S 通常充填于水下地形最低的部位，L 则分布于异重体系侧翼相对高的部位（堤岸）。在相对平坦的沉积环境，单期异重流沉积通常形成起伏的底形，并形成沉积补偿旋回（Mutti 和 Sonnino，1981；Postma 等，1993；Bourget 等，2010）。该补偿旋回由简单的沉积物垂向加积和侧向迁移组成。异重流沉积叠置之后，通常形成交替分布的成因相 B 和 S，仅有少量 L，这使得 Lt 指数偏低，通常小于 15。

如果盆地底形存在生长构造（即由构造、盐底劈和泥底劈引起的同沉积变形），那么新形成的底形将显著影响异重流沉积的分布。在这种情况下，相对高的部位常见成因相 L，相应 Lt 指数大于 35。因此，高的 Lt 指数或指示目标剖面存在生长构造，其侧向很可能存在同期沉积的厚层砂体。

3.1.4.3 指数三角图

除了 Pt 指数和 Lt 指数之外，三角图也可用于描述三类成因相（B、S、L）之间的差异，并可提供更多用于分析目的层在异重流体系中位置的信息（图 3.5）。三角图中的 B、S 和 L 指数分别由成因相 B、S 和 L 的厚度除以异重流沉积的总厚度（B+S+L=100）得到。

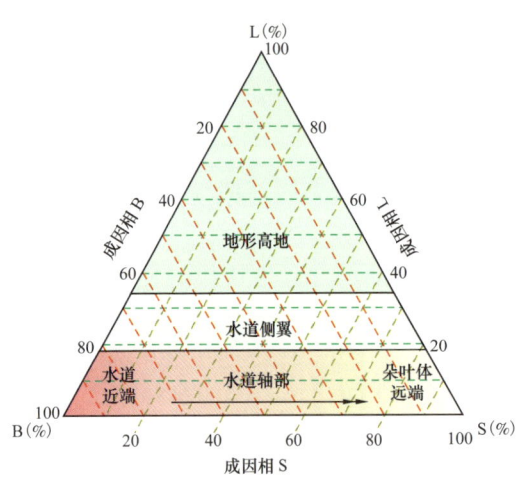

图 3.5 底负载、悬移负载和跃层成因相指数三角图
可用于分析研究区在异重流体系中的位置。该三角图也可用于预测单井垂向上不同层序之间的变化（进积或退积）

3.2 Merecure 组

3.2.1 概况

由渐新统上段和中新统下段构成的 Merecure 组（Funkhouser 等，1948）是委内瑞拉盆地东部的主力油层之一，累计产原油已达 500×10^8 bbl，但其成因和演化过程颇受争议（González de Juana 等，1980；Porras 等，2002；Zavala 等，2007b）。González de Juana 等（1980）和 Campos 等（1985）认为它是河流—三角洲（咸水至开阔海环境）沉积，Porras 等（2002）认为是河口—浅海沉积，Zavala 等（2007b）认为是浅水陆架异重流沉积。该地层的典型特征是：岩性为厚层细砂—粗砂岩，呈块状或发育交错层理，含零星的遗迹

化石和实体化石,可见大量的炭化植物碎屑及一些褐煤煤线。根据 Travi 油田和 Santa Barbara 油田两口井岩心传统的沉积相分析,笔者认为 Merecure 组为异重流沉积,证据有三:(1)常见极厚的(>5m)块状和纹层状砂岩,层内可见重复的渐变相序,这些特征表明 Merecure 组沉积自持续时间长、波动的湍流(Zavala 等,2006a;Lamb 等,2008;Jackson 和 Johnson,2009;Lamb 和 Mohrig,2009);(2)可见粗粒沉积相与含大量炭化植物碎屑、云母的跃层韵律层伴生,这被认为是海相异重流沉积的识别标志(Zavala 等,2006c,2008b);(3)砂岩上部可见半深海有孔虫,表明沉积环境深度较大,且完全为海洋环境。大量的炭化植物碎屑及局部完整的树叶化石进一步说明,该沉积体系与河流直接相连(Plink Björklund 和 Steel,2004;Petter 和 Steel,2005;Zavala 等,2006a)。

本文是沉积学指数定量分析的实例,分析对象是分布于委内瑞拉 Monagas 州北部的 Merecure 组。笔者以 3876.75m 的岩心描述和测井曲线分析为基础,根据异重流沉积成因相分类法(Zavala 等,2006b,2011;Zavala,2008)对 Merecure 组开展了沉积相描述与分类。

3.2.2 地质概况

研究区面积约 1000km², 位于委内瑞拉盆地东部的马图林次级盆地(图 3.6)。该次级盆地充填沉积了厚约 9000m 的海相和陆相地层,早期(白垩纪—始新世)为被动大陆边缘,始新世之后转变为压性前陆盆地(Erlich 和 Barrett,1994)。前陆盆地由哥伦比亚板块和南美板块发生斜向碰撞形成。该斜向碰撞带在渐新世晚期—中新世初期逐渐向东伸展,将前陆盆地分隔成南部台地区、中部前渊带和北部逆冲带三个部分(Parnaud 等,1995)。

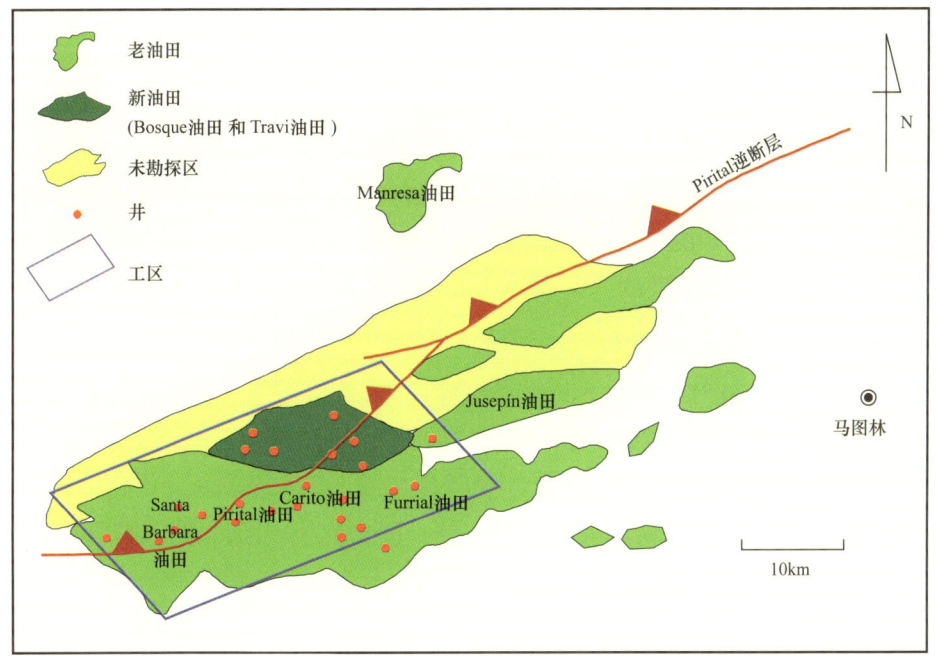

图 3.6 马图林次级盆地主要油田

前陆盆地沉降的结果是沿沉积中心沉积了巨厚的渐新统和中新统碎屑岩,该沉积中心沿东西向呈长条状分布。该碎屑岩底部是厚达500m的Merecure组,顶部与Carapita组深海细粒沉积呈突变接触。Merecure组由细砂—粗砂岩与页岩交替构成,其中粗碎屑大多来自南部的Guyana地盾(Schlumberger,1997),向北相变为沉积于外陆架的Areo组细粒沉积(Stainforth,1971;Parnaud等,1995)。Merecure组部分层段与来自北部、沉积于早期隆升变形带(serrania冲断带)山前(Parnaud等,1995)的Naricual组粗粒沉积相当(Socas,1991)(图3.7)。

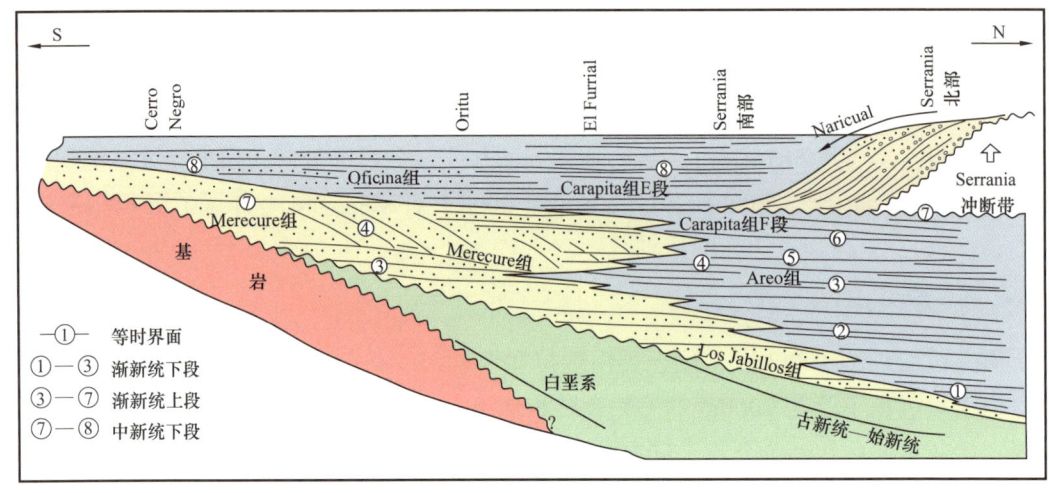

图3.7 区域剖面示意图(据Parnaud等,1995,修改)
可见渐新统和中新统下段

通过50多口井的测井曲线分析和连井对比,在Merecur组识别出三个层序(M1、M2和M3),并建立了渐新统上段—中新统下段的层序地层格架。每个层序都由整体向上变薄、变细的岩性单元组成(图3.8),始于中砂—粗砂岩,向上过渡为互层状的粉砂岩和细砂岩,结束于块状和生物扰动的泥岩,可进一步划分出2~3个准层序。层序界面通过测井曲线沉积旋回分析和岩心观察综合确定,界面之下常见 *Glossifungites*(舌菌迹),之上可见砂体粒度明显变粗、厚度明显增厚。未见暴露和浅水标志表明层序界面似乎与相对海平面变化无关。这些特征说明,异重流为盆地提供了周期变化、波动明显的沉积物供给,或受气候和构造旋回控制(Mutti等,2009)。

3.2.3 Merecure组沉积相分析

根据研究区1000km²内30口井的岩心和测井曲线,分析了Merecure组的成因、地层和分布。尽管岩心观察未见与滨岸和浅海相关的相标志,如潮汐束、根迹、收缩缝,以及广泛分布的波浪改造岩层,但如前述Merecure组应该沉积于河流—三角洲(咸水至开阔海)(González de Juana等,1980;Campos等,1985)至浅海河口湾环境(Porras等,2002)。多数砂体(>80%)呈块状或可见模糊的层理,说明Merecure组的成因与持续性湍流(沉积物重力流)有关(Kneller和Branney,1995;Zavala等,2007b,2008a;Sumner等,2008)。此外,岩心还可见外浅海—半深海上部的海相生物(Campos等,1985),以及大量的炭化植物碎屑。

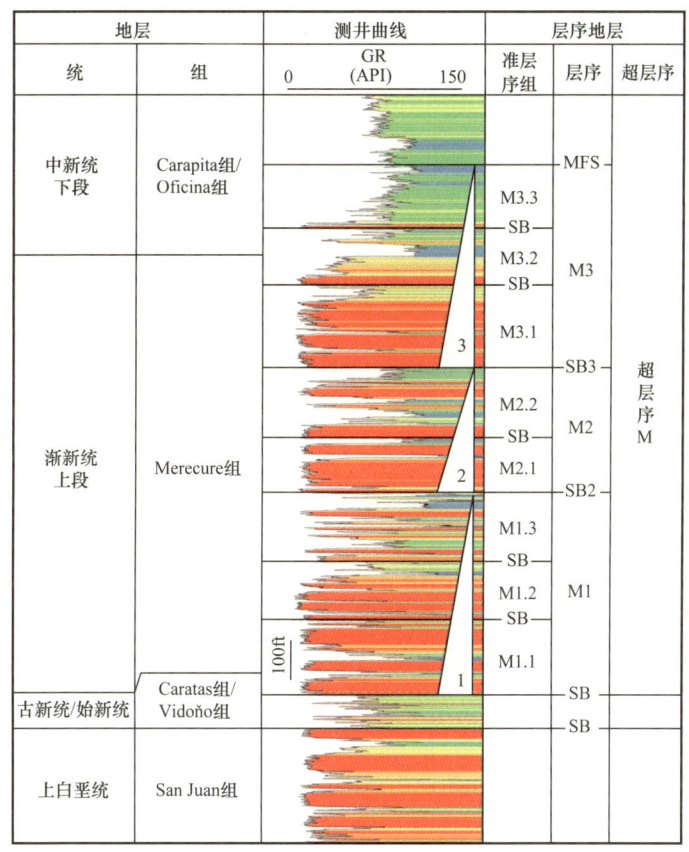

图 3.8 Merecure 组典型测井曲线及层序划分
MFS—最大湖泛面，SB—层序界面

基于 3876.75m 岩心详细的描述与分析，根据异重流成因相分析法（Zavala 等，2006b，2011；Zavala，2008）（图 3.3），在 Merecure 组中识别出 13 类沉积相（图 3.9）。块状至交错层理含砾砂岩，以及盆地方向上块状至纹层状细砂岩是主要的岩相类型。除了陆架非洪水期形成的沉积相 P 之外，这些沉积相与异重流都有成因联系，并可按成因相 B、S 和 L 进行分类。图 3.9 总结了各类沉积相的特征，并列出了平均孔隙度。

成因相 B 主要为细砾岩（含大量砂质基质）和粗砂岩，可呈块状（B1；图 3.10a，b），也可发育低角度交错层理（B2；图 3.10c，d）或模糊纹层（B3；图 3.10e，f）。该沉积相内可见大量的厚层复合层，层内可见重复出现的渐变相序，以及粒序结构。

成因相 S 由细砂岩组成，可呈块状（S1；图 3.11a，b）或发育纹层（S2）和沙纹层理（S3），还可见孤立分布、由注定很快会死亡的拓殖者营建的 *Ophiomorpha*（蛇行迹）和 *Thalassinoides*（海生迹）（Grimm 和 Föllmi，1994）。其中，块状砂岩分布非常普遍，纹层状砂岩常见可指示复合流的小型丘状交错层理（HCS）（S2h，图 3.11c）。

成因相 L（图 3.11e—g）由细砂岩、粉砂岩、植物碎屑和云母从流体边缘的跃层羽状流沉降形成。异重流体系轴部至边缘过渡带的典型特征是：块状砂岩含大量富炭化植物碎屑的夹层（S1L，图 3.11d）。

沉积相			岩性	沉积构造	成因	厚度（m）	孔隙度（%）
底负载	B1		基质支撑细砾岩	块状，含黏土碎片	底负载，成因与持续湍流有关	0.1~0.9	1 8 8
	B2		细砾岩和砾质砂岩，含黏土碎片	低角度交错层理	底负载，由发育收敛层理的沙丘迁移形成	0.2~7	10.4
	B2s		中砂—粗砂岩，含丰富的黏土碎片	低角度交错层理	底负载，由发育收敛层理的沙丘迁移形成	0.2~1.5	5 15
	B3		细砾岩和砾质砂岩，含黏土碎片	模糊的平直纹层，可见碎屑定向排列结构	底负载，由拖曳力作用形成	0.12~14.75	13.2
	B3h		细砾岩和砾质砂岩，含黏土碎片	低角度交错纹层（似丘状）	底负载，受拖曳力作用形成，同时受牵引流和湍流作用	0.2~3	35 25
牵引流+沉降	S1		中砂—细砂岩	块状，可见小的黏土碎片和碟状构造	由亚稳定湍流加积形成	0.1~9.5	6.8
	S1L		中砂—细砂岩，含断续状粉砂条带	块状，可见塑性黏土碎屑、碟状构造和重荷构造	由亚稳定湍流加积形成（堤岸过渡带）	0.1~3.6	20 18
	S2		中砂—细砂岩	平直纹层	由亚稳定湍流加积形成	0.1~3	
	S2h		中砂—细砂岩	低角度交错纹层（似丘状）	由亚稳定流加积形成，同时受牵引流和湍流作用	0.1~1.5	
	S2L		细砂岩，含炭化植物碎屑和粉砂夹层	平直纹层	由亚稳定湍流加积形成（堤岸过渡带）	0.1~0.3	3.3
	S3		细砂岩	爬升沙纹	由亚稳定湍流中的牵引流叠加沉降作用形成	0.1~0.3	3 8
跃层	L		细砂岩和粉砂岩，含炭化植物碎屑和云母	块状至纹层状	由上浮的羽状流沉降形成	0.1~6	3.4 10 15
	P		细砂岩和泥岩	块状至纹层状，生物扰动强烈	沉降沉积，形成于远滨或前三角洲—临滨过渡带	0.1~0.3	

图 3.9　Merecure 组岩心沉积相类型及主要特征

右侧第一列为平均孔隙度，方格左下方数字为实测样品数，右下方数字为实测孔隙度最大值

Merecure 组单砂层厚度可达 10m，叠置后构成不同级别的层序。沉积相分析表明，单砂层由河流异重流持续注入陆架海洋环境形成。

通过计算成因相 B、S 和 L 的相对含量，可获得用于预测沉积相分布的 Pt 指数和 Lt 指数（Zavala 等，2007b，2008a）。

3.2.4　Merecure 组成因指数分析

依据成因相域开展了岩心沉积相描述和分类，并用特制的 Excel 表格开展了成因指数计算。Excel 表格使用方便，可用于快速计算不同类成因相的总厚度。据其计算了成因相 B、S 和 L 的厚度，并在层序格架下完成了 Pt 指数和 Lt 指数的计算。层序地层格架的建立，得以逐层开展沉积作用分析，进而完成整套地层的分析。

依据成因相域描述，建立了基于伽马曲线（GR）、中子曲线（NPHI）和密度曲线

（RHOB）的测井成因相（图3.12）。无论是否有取心资料，该过程最重要的是确定测井成因相是否能够代表相应的层序。测井成因相通常与GR曲线匹配良好，成因相B对应最低的GR值。因此，如果目的层序无取心或取心段代表性不强，那么可根据距离取心井最近的GR曲线计算Pt指数和Lt指数。

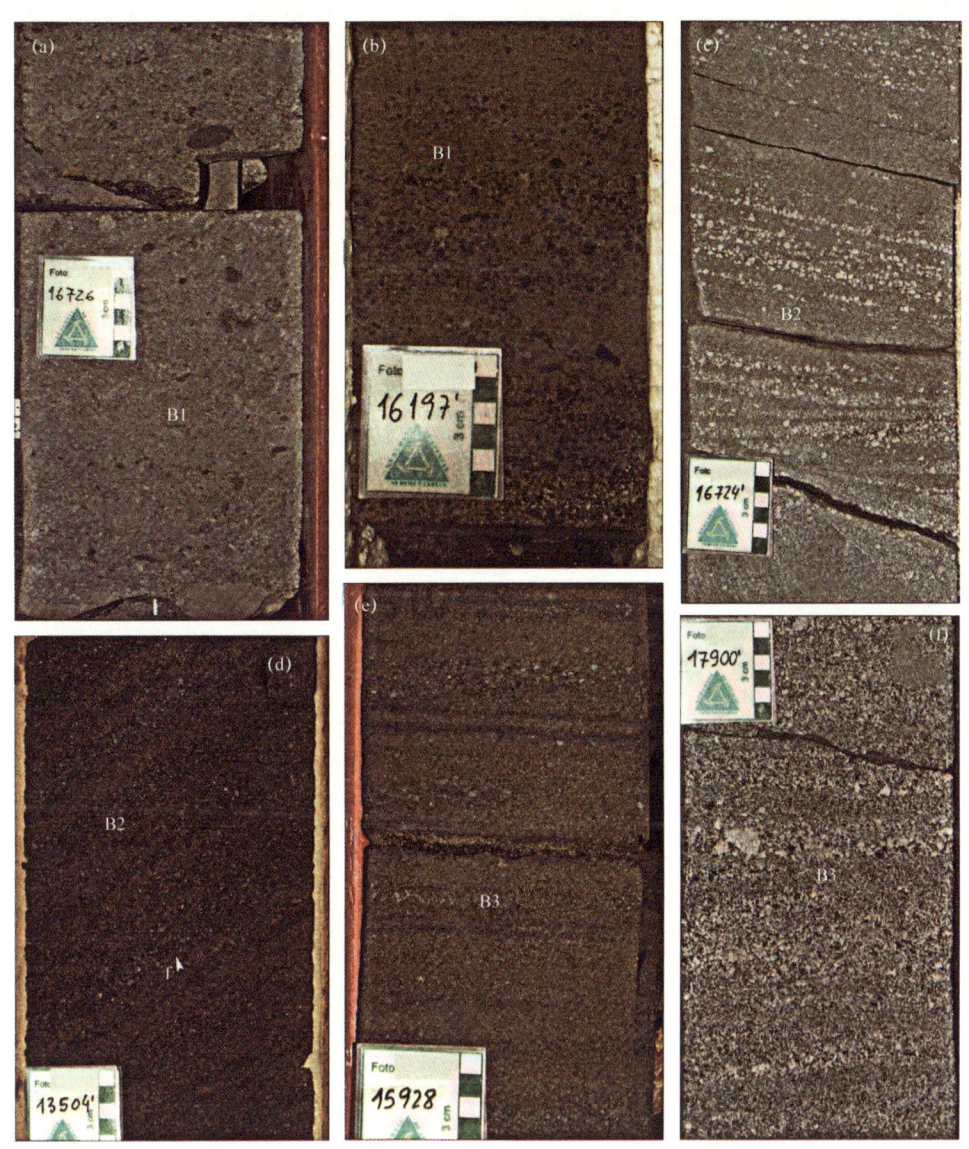

图3.10 Merecure组中的成因相B

(a), (b) 块状细砾岩和粗砂岩，可见叠瓦状构造（沉积相B1）。(c), (d) 粗砂岩和细砾岩，可见收敛的低角度交错层理，是沙丘迁移过程中形成的前积纹层（f）（沉积相B2）。(e), (f) 粗粒沉积，可见湍流底负载形成的碎屑定向排列结构（沉积相B3）。标签中白色和绿色小格宽5mm

表3.1列出了30口分析井每个层序计算出的Pt值和Lt值。白色表格中的数据统计自长岩心，代表性最好；黄色表格中的数据也统计自岩心，但因岩心长度不足，代表性不强，已使用邻井岩心做过校正；蓝色表格表明该层序无取心，数据统计自测井曲线。

图 3.11 Merecure 组成因相 S 和成因相 L

(a), (b) 块状细砂岩（沉积相 S1），由持续的湍流形成；(b) 可见 *Ophiomorpha*（蛇形迹），其造迹生物被认为是注定很快会死亡的拓殖者。(c) 细砂岩，可见小型丘状交错层理（沉积相 S2h）。(d) 块状细砂岩（沉积相 S1）及含云母的碳质夹层（符号 c）（沉积相 S1L），后者沉积于异重流波动的转换期。(e)—(g) 沉积于异重流体系边缘的细砂岩和粉砂岩薄互层，可见大量炭化植物碎屑（pd）和云母（沉积相 L）；砂岩可见重荷构造（箭头所示），说明发生过软沉积物变形；生物扰动构造稀少，仅见零星的 *Palaeophycus*（古藻迹）。标签中白色和绿色小格宽 5mm

根据表 3.1 中的数据编制了每个层序的 Pt 指数和 Lt 指数值分布图（图 3.13）。因工区内的断块在古近—新近纪构造运动中发生过偏移，坐标来自渐新世的古地理重建（表 3.1）。如图 3.13 所示，Lt 指数多数介于 3~42 之间，如果大于 35 说明局部发生过构造隆升（图 3.5）；Pt 指数介于 30~73 之间，指示工区环境位于异重流体系的近端至中部（图 3.5）。成因指数综合分析表明，Merecure 组的分布范围或超预期，其主物源来自工区南部和东南部的克拉通（图 3.13），至少存在来自西南、南和东南方向的三个碎屑供给区。三个层序均可见这三个碎屑供给区，仅有很小的变化。

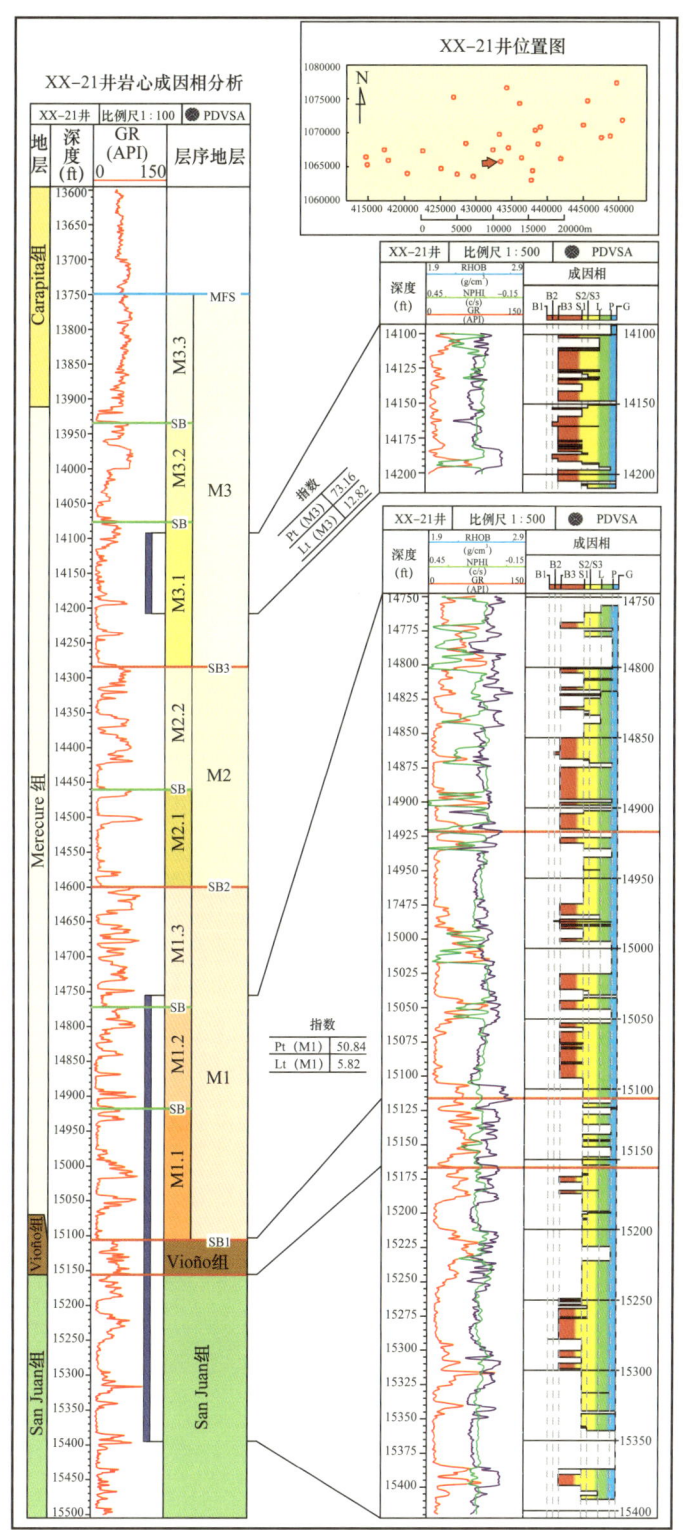

图 3.12 用于开展成因指数分析的沉积学图纸实例

取心段见左栏深蓝色色棒,右栏是其测井成因相解释。MFS—最大湖泛面,GR—伽马曲线,NPHI—中子曲线,RHOB—密度曲线

表 3.1 重点井 M1、M2 和 M3 层序 Pt 指数和 Lt 指数统计表

井	Pt（M1）	Lt（M1）	Pt（M2）	Lt（M2）	Pt（M3）	Lt（M3）	R COORD X	R COORD Y
1	46.67	5.36	60.61	18.01	71.72	7.82	413492.38	1078465.55
2	46.67	6	61	18.01	72	7.82	413603.66	1078141.77
3	54	14	45	16	72	8	416417.68	1077624.09
4	53.85	9	45	16	65	8	419190.85	1074409.15
5	55	15	51.05	26.28	60	9	415822.87	1080796.65
6	26.88	43.01	47.67	10.85	37.99	13.08	420742.38	1085084.76
7	无测井曲线		61	18	59.89	5.68	426878.66	1084021.65
8	58.54	25.9	56.32	11	55	8	423085.37	1082084.76
9	36.03	3.58	55	10	51	10	425316.46	1080330.49
10	37.66	6	60	10	48	10	427487.20	1079065.85
11	45	12	40	24	29.52	15	425020.12	1090661.59
12	50	10	56	11	73.39	9	434077.44	1092925.61
13	50	10	56	10	73.39	9.55	431722.56	1095463.11
14	55	10	40	24	39.39	16.8	431499.00	1086249.00
15	68.37	11.04	52.07	14.38	38.52	5.67	436962.20	1089980.79
16	60.98	6.32	52	14	30	20	436923.17	1088394.51
17	63.72	17.92	52	12	35	8	437112.80	1086606.71
18	45	15	43	24	40	12	430703.96	1081758.84
19	62.71	8.21	55	20	65	12	434398.48	1083513.41
20	62.52	4.08	40.62	24.48	63.47	12.58	432556.10	1084565.55
21	50.84	5.82	50	11	73.16	12.82	432181.10	1081875.91
22	41.33	4.36	56	10	65	9.3	435728.66	1080481.71
23	60	10	75.6	2.79	65	9.3	435892.99	1082344.51
24	55	15	74.6	9.15	38.85	6.08	439954.27	1084228.66
25	62	7	64.96	0	82	3.88	442880.18	1089617.99
26	62.9	7.2	79	2.16	90	3.78	445299.09	1087482.01
27	62.19	11.27	81.98	5.29	83.67	3.59	446577.13	1087885.06
28	60.18	8.1	48.18	6.81	55.5	1.66	448351.22	1091022.26
29	60	8	58.36	7	80	2	444580.49	1094153.35
30	30	7	58	7	0	3	448890.55	1101730.18

注：白色为计算值，黄色为确认值，蓝色为推测值，X 和 Y 为古地理恢复后的井位坐标。

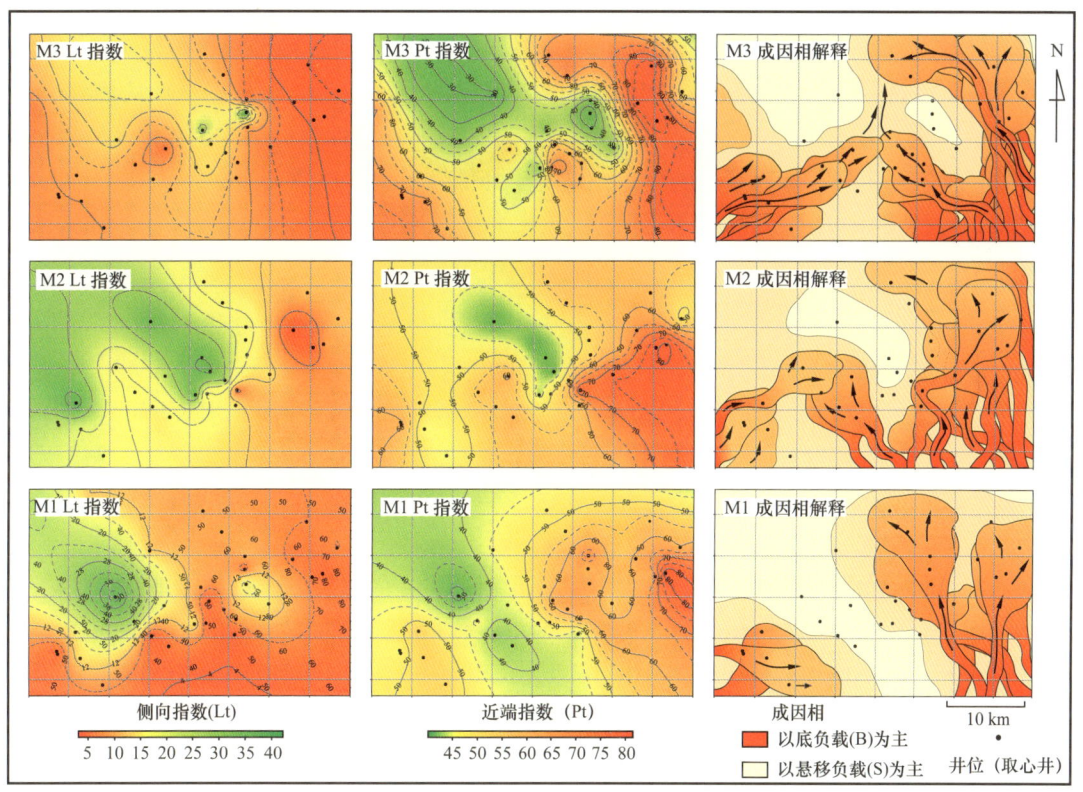

图 3.13 Lt 指数和 Pt 指数平面等值线图及成因相解释
因成因相 B 物性最佳，这些成因相图可用于预测优质储层的分布

指数分布图还表明，工区在渐新世有同沉积构造发育，它们控制了水下的地形和砂体分布，进而控制了异重流的沉积格局（图 3.14）。

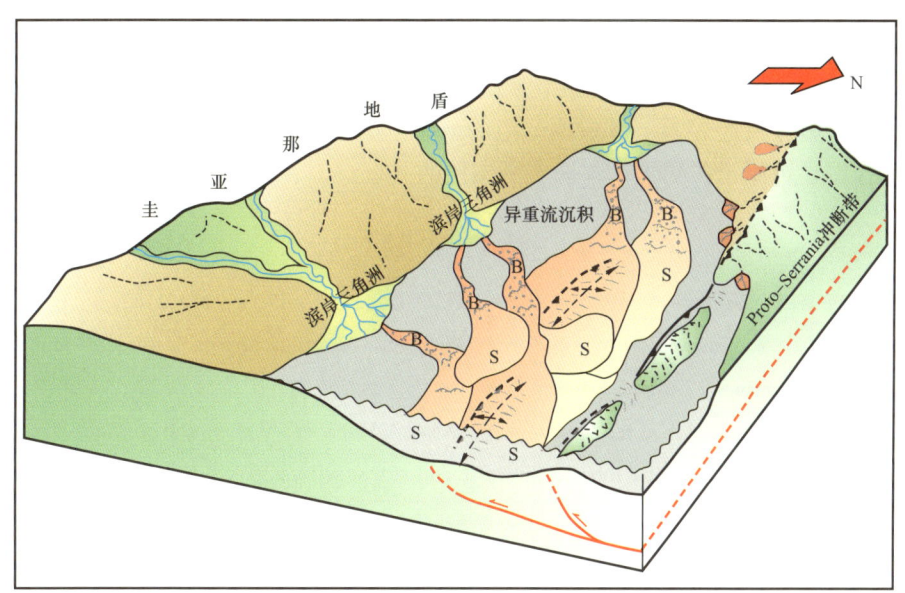

图 3.14 Merecure 组异重流砂体沉积模式
异重流源自南和西南方向的滨岸三角洲，砂岩沉积受早期 Proto-Serrania 冲断作用形成的水下地形控制

岩石学和传统的岩石样品分析表明，储层品质与沉积相密切关系：成因相 B 物性最佳，孔隙度可达 25%（图 3.9）；沉积相 S1 因沉积时颗粒排列疏松，具有较好的孔隙度，但因沉积期后的压实作用和孔隙中细颗粒的渗滤导致渗透率下降；沉积相物性从最好到差依次为 B3、B2、B1、S1、L，以及 S2—S3。因为成因相 B 物性最好，成因相图（图 3.13）还可用于预测无钻井区有利储层的分布，这对于降低钻井风险有重要意义。

3.3 结论

针对 Merecure 组储层开展的研究表明，使用地理环境控制的沉积学指数来定量分析不同的异重流沉积相是行之有效的方法。

在成因相域框架内，异重流沉积相具有一些独特的特征，据此通过露头和岩心分析可对地理控制的沉积过程进行定量评价。通过 Pt 指数和 Lt 指数的计算和编图，可以预测沉积相和物源的分布，也可分析地貌对沉积的影响，还可结合岩石学分析预测有利储层的分布。

本文使用的成因指数分析流程只适用于异重流体系，而且还必须在层序地层格架内展开，这样才能从同时代的地层单元中识别出异重流沉积。需要特别指出两点：一是成因相的分析和分类并不能取代传统的岩心描述和沉积相分析，因后者是确定沉积环境的关键，要判断一个沉积体系是否以异重流为主，开展仔细、传统的沉积相分析是基础；二是岩心的长度应足够长，这样它才能代表相应的层序。

对委内瑞拉马图林次盆 30 口井 3876.75m 的岩心进行沉积相分析，为研究 Merecure 组的成因、沉积相分布和内部构型建立了数据库。沉积相分析表明，Merecure 组形成于陆架海洋环境，由河流直接卸载形成的持续性湍流（异重流）沉积形成。Merecure 组可划分出 12 类与异重流相关的沉积相，并可按成因相 B、S 和 L 分类。Pt 指数和 Lt 指数平面图分析表明：工区存在来自西南、南和东南方向的三个碎屑供给区，它们在三个层序（M1、M2 和 M3）中均可见，仅有很小的变化；Pt 指数介于 30~73 之间，指示工区环境位于异重流体系的近端至中部；一些区域 Lt 指数高达 42，说明同沉积生长构造控制了主砂体的分布。成因指数分析还表明，Merecure 组的分布范围或超预期。由于成因相 B 物性最好，Pt 指数分布图还可用于预测无钻井区有利储层的分布。

参 考 文 献

Bates C., 1953, Rational theory of delta formation : AAPG Bulletin, v.37, p.2119–2162.

Bouma A.H., 1962, Sedimentology of some flysch deposits : Agraphic approach to facies interpretation : Amsterdam, Netherlands, Elsevier, 168 p.

Bourget J., S.Zaragosi, T.Mulder, J.L.Schneider, T.Garlan, A.Van Toer, V.Mas, and N.Ellouz-Zimmermann, 2010, Hyperpycnal-fed turbidite lobe architecture and recent sedimentary processes : A case study from the Al Batha turbidite system, Oman margin : Sedimentary Geology, v.229, p.144–159, doi : 10.1016/j.sedgeo.2009.03.009.

Campos V., R.Lander, and S.Cabrera, 1985, Evolución estructural en el noreste de Anzoátegui y su relación con el norte de Monagas : Memorias, VI Congreso Geológico, Venezolano, Caracas, Sociedad

Venezolana de Geología, v.4, p.2397-2414.

Cheng-Shing C., and Y.Ho-Shing, 2008, Evidence of hyperpycnal flows at the head of themeandering Kaoping Canyon off SW Taiwan : Geo-Marine Letters, v.28, p.161-169, doi : 10.1007/s00367-007-0098-7.

Erlich R.N., and S.F.Barrett, 1994, Petroleumgeology of the eastern Venezuela foreland basin : AAPG Memoir 55, p.341-362.

Funkhouser H.J., L.C.Sass, and H.D.Hedberg, 1948, Santa Ana, San Joaquín, Guárico and Santa Rosa oil fields (Anaco fields), central Anzoátegui, Venezuela : AAPG Bulletin, v.32, p.1851-1908.

González de Juana C., J.Iturralde de Arozena, and X.Picard, 1980, Geología de Venezuela y de sus Cuencas Petrolí-feras : Caracas, Venezuela, Ediciones Foninves, 1021 p.

Grimm K.A., and K.B.Föllmi, 1994, Doomed pioneers : Allochthonous crustacean tracemakers in anaerobic basinal strata, Oligo-Miocene San Gregorio Formation, Baja California Sur, Mexico : Palaios, v.9, p.313-334, doi : 10.2307/3515054.

Haner B.E., 1971, Morphology and sediments of Redondo submarine fan, southern California : Geological Society of America Bulletin, v.82, p.2413-2432, doi : 10.1130/0016-7606 (1971) 82 [2413 : MASORS] 2.0.CO ; 2.

Hesse R., H.Rashid, and S.Khodabakhsh, 2004, Fine-grained sediment lofting from meltwater-generated turbidity currentsduring Heinrich events : Geology, v.32, p.449-452, doi : 10.1130/G20136.1.

Jackson C.A.L., and H.D.Johnson, 2009, Sustained turbidity currents and their interaction with debrite-related topography ; Labuan Island, offshore NW Borneo, Malaysia : Sedimentary Geology, v.219, p.77-96, doi : 10.1016/j.sedgeo.2009.04.008.

Knapp R.T., 1943, Density currents : Their mixing characteristics and their effect on the turbulence structure of the associated flow : Proceedings of the Second Hydraulics Conference, Bulletin 27, University of Iowa Studies in Engineering, p.289-306.

Kneller B., and M.Branney, 1995, Sustained high-density turbidity currents and the deposition of thick massive sands : Sedimentology, v.42, p.607-616, doi : 10.1111/j.1365-3091.1995.tb00395.x.

Kneller B., and C.Buckee, 2000, The structure and fluid mechanics of turbidity currents : A review of some recent studies and their geological implications : Sedimentology, v.47, p.62-94, doi : 10.1046/j.1365-3091.2000.047s1062.x.

Lamb M.P.,and D.Mohrig,2009,Do hyperpycnal-flow deposits record river-flood dynamics？ : Geology,v.37, p.1067-1070, doi : 10.1130/G30286A.1.

Lamb M.P., P.M.Myrow, C.Lukens, K.Houck, and J.Strauss, 2008, Deposits from wave-influenced turbidity currents : Pennsylvanian Minturn Formation, Colorado : Journal of Sedimentary Research, v.78, p.480-498, doi : 10.2110/jsr.2008.052.

Lovell J.P.B., 1969, Tyee Formation : A study of proximality in turbidites : Journal of Sedimentary Petrology, v.39, p.935-953.

Lovell J.P.B., 1970, The palaeogeographical significance of lateral variations in the ratio of sandstone to shale and other features of the Aberystwyth Grits : Geological Magazine, v.107, p.147-158, doi : 10.1017/S0016756800055503.

Macdonald D.I.M., 1986, Proximal to distal sedimentological variation in a linear turbidite trough : Implications for the fan model : Sedimentology, v.33, p.243–259, doi : 10.1111/j.1365-3091.1986.tb00534.x.

McCabe P.J., and B.Waugh, 1973, Wenlock and Ludlow sedimentation in the Austwick and Horton-in-Ribblesdale Inlier, NW Yorkshire : Proceedings of the Yorkshire Geological Society, v.39, p.445–470.

Mulder T., and J.Alexander, 2001, The physical character of subaqueous sedimentary density flows and their deposits : Sedimentology, v.48, p.269–299, doi : 10.1046/j.1365-3091.2001.00360.x.

Mulder T., and J.P.M.Syvitski, 1995, Turbidity current generated at river mouths during exceptional discharges to the world oceans : Journal ofGeology, v.103, p.285–299, doi : 10.1086/629747.

Mulder T., J.P.M.Syvitski, S.Migeon, J.C.Faugéres, and B.Savoye, 2003, Marine hyperpycnal flows : Initiation, behavior and related deposits, A review : Marine and Petroleum Geology, v.20, p.861–882, doi : 10.1016/j.marpetgeo.2003.01.003.

Mutti E., andW.R.Normark, 1987, Comparing examples of modern and ancient turbidite systems : Problems and concepts, in J.K.Leggett and G.G.Zuffa, eds., Marine clastic sedimentology : Concepts and case studies : London, Graham and Trotman, p.1–38.

Mutti E., and F.Ricci Lucchi, 1972, Le torbiditi dell' Appennino Settentrionale : Introduzione all' analisi di facies : Memorie della Società Geologica Italiana, v.11, p.161–199.

Mutti E., and M.Sonnino, 1981, Compensation cycles : A diagnostic feature of turbidite sandstone lobes (abs.): Bologna, Italy, 2d European Regional Meeting of International Association of Sedimentologists, p.120–123.

Mutti E., G.Davoli, R.Tinterri, and C.Zavala, 1996, The importance of ancient fluvio-deltaic systems dominated by catastrophic flooding in tectonically active basins : Memorie di Scienze Geologiche, Universita di Padova, Padova, Italy, v.48, p.233–291.

Mutti E., N.Mavilla, S.Angella, and L.Fava, 1999, An introduction to the analysis of ancient turbidite basins from an outcrop perspective : AAPG Continuing Education Course Note 39, p.1–98.

Mutti E., R.Tinterri, G.Benevelli, D.Di Biase, and G.Cavanna, 2003, Deltaic, mixed and turbidite sedimentation of ancient foreland basins : Marine and Petroleum Geology, v.20, p.733–755, doi : 10.1016/j.marpetgeo.2003.09.001.

Mutti E., D.Bernoulli, F.Ricci Lucchi, and R.Tinterri, 2009, Turbidites and turbidity currents from Alpine "lysch" to the exploration of continental margins : Sedimentology, v.56, p.267–318, doi : 10.1111/j.1365-3091.2008.01019.x.

Nakajima T., 2006, Hyperpycnites deposited 700 km away from river mouths in the Central Japan Sea : Journal of Sedimentary Research, v.76, p.59–72.

Natland M.L., and P.H.Kuenen, 1951, Sedimentary history of the Ventura Basin, California, and the action of turbidity currents, in J.L.Haugh, ed., Turbidity currents and the transportation of course sediments into deep water : SEPM Special Publication 2, p.76–107.

Nelson C.H., W.R.Normark, A.H.Bouma, and P.R.Carlson, 1978, Thin-bedded turbidites in modern submarine canyons and fans, in D.J.Stanley and G.Kelling, eds., Sedimentation in submarine canyons, fans and trenches : Stroudsburg, Pennsylvania, Dowden, Hutchinson and Ross, p.177–189.

Nilsen T.H., 1980, Modern and ancient submarine fans : Discussion of papers by R.G.Walker andW.R.Normark :

AAPG Bulletin, v.64, p.1094-1101.

Normark W.R., and D.J.W.Piper, 1991, Initiation processes and flow evolution of turbidity currents : Implications for the depositional record, in R.H.Osborne, ed., From shoreline to abyss : Contribution in marine geology in honor of Francis Parker Shepard : SEPM Special Publication 46, p.207–230.

Parnaud F., Y.Gou, J.-C.Pascual, I.Truskowski, O.Gallango, H.Passalacqua, and F.Roure, 1995, Petroleumgeology of the central part of the eastern Venezuela Basin, in A.J.Tankard, R.S.Suárez, and H.J.Welsink, eds., Petroleum basins of South America : AAPGMemoir 62, p.741–756.

Petter A.L., and R.J.Steel, 2005, Deepwater-slope channels and hyperpycnal flows from the Eocene of the Central Spitsbergen Basin : Predicting basin-floor sands from a shelf edge/upper slope perspective, AAPG Annual Meeting, June 19–22, 2005, Calgary, Alberta.

Plink-Björklund P., and R.J.Steel, 2004, Initiation of turbidite currents : Outcrop evidence for Eocene hyperpycnal flow turbidites : Sedimentary Geology, v.165, p.29–52, doi : 10.1016/j.sedgeo.2003.10.013.

Porras J.S., E.L.Vallejo, D.Marchal, and C.Selva, 2002, Extensional folding in the eastern Venezuela basin : Examples from fields of Oritupano-Leona block : AAPG Annual Meeting Program, March 10–13, 2002, Search and Discovery Article 50003（2003）, 7 p.

Postma G., F.J.Hilgen, and W.J.Zachariasse, 1993, Precession punctuated growth of a late Miocene submarinefan lobe on Gavdos（Greece）: Terra Nova, v.5, p.438–444, doi : 10.1111/j.1365-3121.1993.tb00281.x.

Schlumberger, 1997, WEC, Venezuela, Evaluación de Pozos : Caracas, Venezuela, Schlumberger, 397 p.

Schumm S.A., 1977, The fluvial system : New York, John Wiley and Sons, 338 p.

Schumm S.A., 1981, Evolution and response of the fluvial system : Sedimentologic implications : SEPM Special Publication 31, p.19–29.

Socas M.M., 1991, Estudio sedimentológico de la Formación Naricual, estado Anzoátegui : Tesis de Grado, Universidad Central de Venezuela, Caracas, 302 p.

Sparks R.S.J., R.T.Bonnecaze, H.E.Huppert, J.R.Lister, M.A.Hallworth, J.Phillips, and H.Mader, 1993, Sediment-laden gravity currents with reversing buoyancy : Earth and Planetary Science Letters, v.114, p.243–257, doi : 10.1016/0012-821X（93）90028-8.

Stainforth R.M., 1971, La Formación Carapita de Venezuela oriental : IV Congreso Geológico Venezolano, Memoria, Boletín Geoló gico, Caracas, Publicación Especial 5, v.1, p.433–463.

Sumner E.J., L.A.Amy, and P.J.Talling, 2008, Deposit structure and processes of sand deposition from decelerating sediment suspensions : Journal of Sedimentary Research, v.78, p.529–547, doi : 10.2110/jsr.2008.062.

Walker R.G., 1967, Turbidite sedimentary structures and their relationship to proximal and distal depositional environments : Journal of Sedimentary Petrology, v.37, p.25–43.

Walker R.G., 1978, Deep water sandstone facies and ancient submarine fans : Models for exploration for stratigraphic traps : AAPG Bulletin, v.62, p.932–966.

Wynn R.B., N.H.Kenyon, D.G.Masson, D.A.V.Stow, and P.P.E.Weaver, 2002, Characterization and recognition of deep-water channel-lobe transition zones : AAPG Bulletin, v.86, p.1441–1462.

Zavala C., 2008, Toward a genetic facies tract for the analysis of hyperpycnal deposits, in J.J.Ponce and

E.B.Olivero, conveners, Sediment transfer from shelf to deepwater-Revisiting the delivery mechanisms: Conference Proceedings, AAPG Search and Discovery Article 50075, AAPG Hedberg Conference, March 3–7, 2008, Ushuaia-Patagonia, Argentina, 2 p., http://www.searchanddiscovery.com/documents/2008/jw0805zavala/ (accessed July 15, 2011).

Zavala C., J.Ponce, M.Arcuri, D.Drittanti, H.Freije, and M.Asensio, 2006a, Ancient lacustrine hyperpycnites: A depositional model from a case study in the Rayoso Formation (Cretaceous) of west-central Argentina: Journal of Sedimentary Research, v.76, p.40–58.

Zavala C., M.Arcuri, and H.Gamero, 2006b, Toward a genetic model for the analysis of hyperpycnal systems (abs.): Geological Society of America Abstracts with Programs, v.38, no.7, p.541.

Zavala C., H.Gamero, and M.Arcuri, 2006c, Lofting rhythmites: A diagnostic feature for the recognition of hyperpycnal deposits (abs.): Geological Society of America Abstracts with Programs, v.38, no.7, p.541.

Zavala C., M.Arcuri, H.Gamero, and C.Contreras, 2007a, The composite bed: A new distinctive feature of hyperpycnal deposition (abs.): AAPG Annual Convention and Exhibition, v.16, p.157.

Zavala C., J.Marcano, and J.Carvajal, 2007b, Proximity and laterality indices: A new tool for the analysis of ancient hyperpycnal deposits in the subsurface: Proceedings of the 4th Geological Society of Trinidad and Tobago Geological Conference, 3 p.

Zavala C., J.Carvajal, J.Marcano, and M.Delgado, 2008a, Sedimentological indices: A new tool for regional studies of hyperpycnal systems, in J.J.Ponce and E.B.Olivero, conveners, Sediment transfer from shelf to deepwater-Revisiting the delivery mechanisms: Conference Proceedings, AAPG Search and Discovery Article 50076, AAPG Hedberg Conference, March 3–7, 2008, Ushuaia-Patagonia, Argentina, 4 p., http://www.searchanddiscovery.com/documents/2008/jw0806zavala/ (accessed July 15, 2011).

Zavala C., L.Blanco Valiente, and Y.Vallez, 2008b, The origin of lofting rhythmites: Lessons from thin sections, in J.J.Ponce and E.B.Olivero, conveners, Sediment transfer from shelf to deepwater-Revisiting the delivery mechanisms: Conference Proceedings, AAPG Search and Discovery Article 50077, AAPG Hedberg Conference, March 3–7, 2008, Ushuaia-Patagonia, Argentina 4 p., http://www.searchanddiscovery.com/documents/2008/jw0807zavala/ (accessed July 15, 2011).

Zavala C., M.Arcuri, H.Gamero Diaz, C.Contreras, and M.Di Meglio, 2011, A genetic facies tract for the analysis of sustained hyperpycnal flow deposits, in R.M.Slatt and C.Zavala, eds., Sediment transfer from shelf to deep water-Revisiting the delivery system: AAPG Studies in Geology 61, p.31–51.

4 阿根廷火地岛中新统深海异重流水道—堤岸复合体：沉积相组合与构型要素

Juan José Ponce   Noelia B.Carmona

摘要： 中新统 Cabo Viamonte 段斜坡坡脚的 "S" 形前积层可见深水异重流水道—堤岸体系。其中，水道充填沉积由厚层沉积单元构成，每个单元内部垂向和侧向均反复可见无流变界面的多种沉积构造相互过渡，同时可见与其伴生的组构变化、反—正复合粒序重复，以及众多的沉积再作用面和大量有机质。水道充填沉积根据内部组构可划分成三类沉积相组合：组合 1（FA1）粒度最粗，由惯性流—浊流形成，岩相包括内碎屑砾岩（漂砾）、杂基或颗粒支撑的砾岩及砾质砂岩；组合 2（FA2）由以砾石为底负载、粗砂为悬移负载的异重流浊流快速加积形成，岩相包括砾岩、砾质砂岩和粗砂—细砂岩；组合 3（FA3）由低密度异重流浊流中的牵引流叠加沉降作用加积形成，岩相通常为异粒岩相。粗粒的水道充填沉积下段内部大量侵蚀面侧向不连续、沉积再作用面上下岩性无差异、生物扰动构造匮乏，这些特征说明其由单期异重流形成。相反，说明细粒水道充填沉积上段或由多期消退的异重流形成，一些孤立层段可见生物多样性贫乏的遗迹化石零星分布也支持这种解释。

在构造活跃的盆地内，由盆内沉积过程或异重流引发的重力流，可沉积于各种环境并形成沉积物，如海底峡谷、斜坡水道、滑塌槽、水道和堤岸、沉积物波、侧向溢岸、前端溢岸和朵叶体沉积（Posamentier，2003；Posamentier 和 Walker，2006）。其中，海底峡谷和斜坡水道是沉积物向盆内输送的主通道（Posamentier 和 Walker，2006）。

海底峡谷通常呈 "V" 形，宽度可达 10km，深度一般不超过 1km。因水流被限制于峡谷内，海底峡谷通常不发育堤岸（Posamentier 和 Walker，2006）。废弃峡谷的充填物以细粒沉积为主，如现今的密西西比河（Goodwin 和 Prior，1989），但也有充填粗碎屑者，如巴西近海的 Carapeba-Pargo 峡谷（Bruhn 和 Walker，1995）。

斜坡水道呈 "U" 形，规模变化大，通常深数十米、宽数百米。由于水流受限程度低，沿斜坡水道发育的堤岸宽度要大于海底峡谷，可大于 1000m（Posamentier 和 Walker，2006）。斜坡水道可与河流体系相连（Posamentier，2003；Plink Björklund 和 Steel，2004），这说明其成因与异重流有关。斜坡水道下段为加积的碎屑流沉积；上段为叠置的浊积岩（Mayall 和 Stewart，2000）；堤岸为厚层异粒岩相，主要由似鲍马序列（1962）Tc—Td 亚段组成。

海底峡谷和斜坡水道沉积相的几何形态和空间分布主要受斜坡的地貌控制（Fonnesu，2003；Jennette 等，2003；Prather，2003）。笔者曾在中新统 Cabo Viamonte 段（图 4.1a）斜坡坡脚 "S" 形前积层识别出深海水道—堤岸体系（Ponce 等，2008a，b，c）。详细的露头研究及火地岛地震剖面分析表明，这些水道—堤岸体系与海底峡谷无关，其相模式不同于早期提出的深水扇模式（Normark，1970；Mutti 和 Ricci Lucchi，1972；Walker，1978）。该体系内的水道沉积多呈大型透镜状，沉积单元内部垂向和侧向均反复可见无流变界面的多种沉积构造相互过渡，同时可见与其伴生的沉积组构变化、反—正复合粒序重复，以及众多的沉积再作用面和大量有机质。这些特征表明，Cabo Viamonte 段水道—堤岸体系由超级洪水入海形成的持续、脉动的异重流形成（Ponce 等，2008a，b）。目前，对此类沉积体的几何形态、沉积相展布和沉积过程的认知程度还很低。因此，本文重点描述斜坡坡脚的沉积相组合（FAs）和异重流水道—堤岸体系的构型要素，并讨论其形成机制。

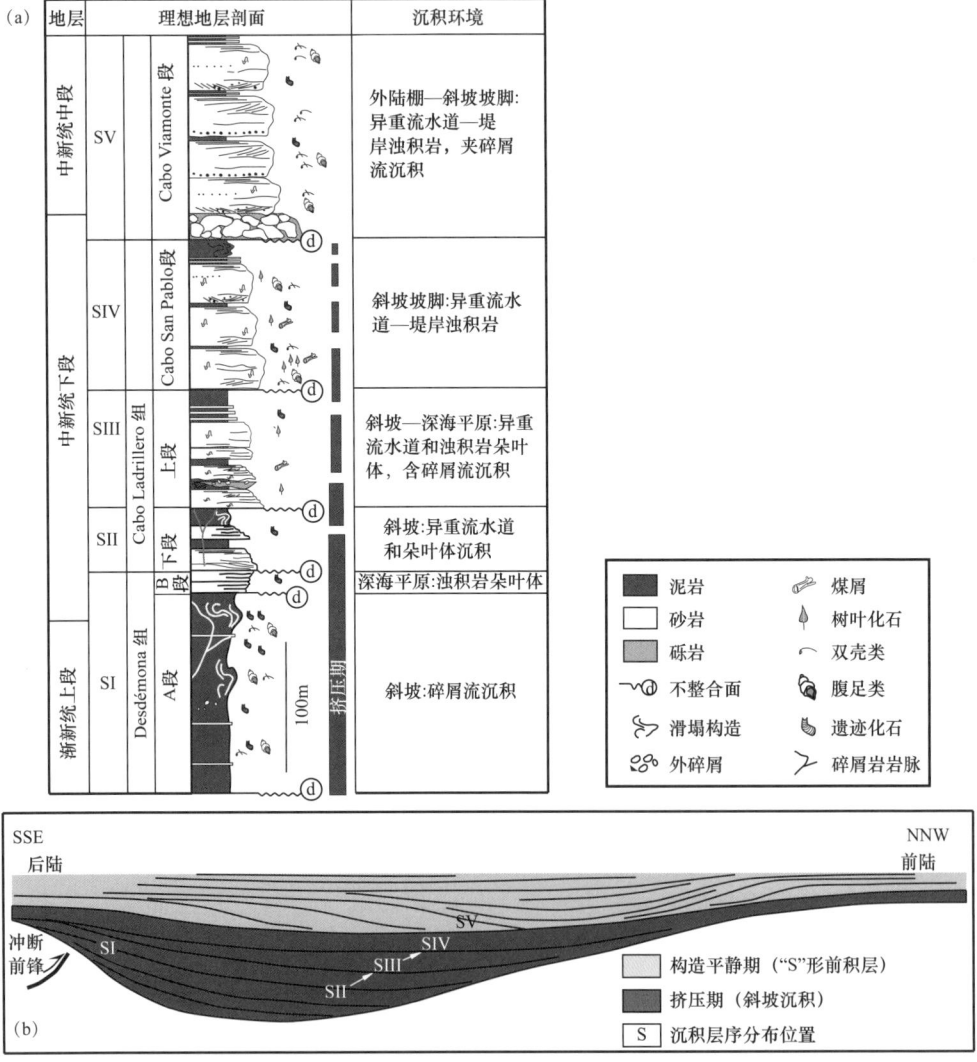

图 4.1 （a）地层序列（SI—SV）沉积剖面及环境解释（SV 为目的层）；（b）地层序列剖面图，可见前积层的几何形态及不同地层序列在盆内的位置

4.1 地质背景

火地岛南部前陆盆地渐新统上段—中新统中段含 5 个地层序列（SI—SV），相互之间以不同级别的不整合面或沉积间断面为界（图 4.1a）（Ponce 等，2005，2008a）。这些地层序列是前陆褶皱逆冲带前方前渊带最年轻的地层（Ghiglione 等，2002；Ponce 等，2005，

2008a；Malumián 和 Olivero，2006；Olivero 和 Malumián，2008），属于 Cabo Domingo 群（Malumián，1999），由厚度超过 600m 的一套近水平展布的碎屑岩组成。Desdémona 组（SI）下段是以泥岩为主的黏性流沉积，上段是富海绿石砂岩的幕式浊积岩。Cabo Ladrillero 组下段（SII）、Cabo Ladrillero 组上段（SIII）、Cabo San Pablo 段（SIV）和 Cabo Viamonte 段（SV）都属异重流沉积，由堆积复杂的砾岩（漂石—细砾）、砂岩（粗粒—细粒）和泥岩组成（图 4.1a）（Ponce 等，2008a）。

五个地层序列的充填过程可划分成两个构造—沉积演化阶段（Ponce 等，2008a）。第一阶段始于 SI 沉积期（渐新世晚期—中新世早期），一直持续至 SII—SIV 的沉积，代表了缓坡背景下的进积过程。SI 沉积于构造挤压晚期[亦即造山带前缓坡形成期（图 4.1b）]，在生长背斜的前翼（冲断带前缘）与下伏地层呈不整合接触（图 4.1b）。从 SII 至 SIV，沉积中心逐渐远离造山带，受中新世早期挤压构造的影响越来越弱（图 4.1b）。第二阶段是盆地的构造平静期，沉积了一套"S"形前积层（图 4.1b），对应于中新统中—下段上部的 Cabo Viamonte 段（SV）。根据露头观察和地下资料解释，SV 的底部是大西洋沿岸渐新统上段—中新统中段内最主要的不整合面，很可能对应于全球海平面变化曲线 21Ma 处快速下降的海平面（Haq 等，1987）。SV 观察到年轻的玄武质碎屑表明，该地层与下伏地层在组分上有明显的变化（Malumián 和 Olivero，2006；Ponce 等，2008a）。

4.2 异重流水道—堤岸体系沉积相组合

根据内部的冲刷面、垂向及侧向上相互过渡的沉积构造、变化的岩石组构，以及重复出现的反—正复合粒序之间的组合关系，可将 Cabo Viamonte 段异重流水道—堤岸体系划分成三类沉积相组合（FAs）。这些复杂的异重流沉积相组合可使用流体—沉积物的边界概念进行解释。Branney 和 Kokelaar（1992，2002）为解释火山碎屑密度流沉积的组构变化，提出了流体边界的概念。该流体边界包含三个部分：正在加积的沉积物顶部、密度流的底部，以及两者之间的边界（图 4.2a）。在持续性流体作用下，流体边界随沉积物加积或侵蚀逐渐变化，具体取决于流体的持续时间、流速和沉积物质量浓度。Branney 和 Kokelaar（2002）共识别出四个可相互转变的流体边界端元。图 4.2b 密度流流体边界属于其中一个端元，特征是正在加积的沉积物顶部的沉积物质量浓度远高于流体的底部，相应流速和沉积物质量浓度剖面（双曲线）有一个明显的台阶。在这样的边界条件下，沉积界面上下存在流变学差异，不同粒级的碎屑可自由地移动并形成牵引流沉积构造。图 4.2c 流体边界属于另一个端元，用于解释厚层块状砂岩的形成（Kneller 和 Branney，1995），特征是沉积物顶部和流体底部的沉积物质量浓度都较高。沉积界面在这样的边界条件下没有明显的流变学差异，故持续的加积无法形成牵引流沉积构造，只能形成块状层。当密度流流速超过产生侵蚀所需流速时，流体边界将在逐渐增强的脉冲式侵蚀事件中消失（图 4.2d），先存沉积物会被部分或完全侵蚀，具体程度取决于侵蚀的时长（图 4.2d 中 t_1—t_2 段）；随着流速逐渐下降，流体边界重新形成（图 4.2d 中 t_2—t_3 段）。

4.2.1 沉积相组合（FA1）

4.2.1.1 基本特征

FA1 碎屑组分最粗，含泥岩（发育纹层）内碎屑漂石（长轴可达 4m）、杂基或颗粒支撑砾岩（直径可达0.8m），以及板状或透镜状砾质砂岩岩相，单层厚度可大于6m，岩石组构变化大，不同沉积构造碎屑组分的粒级差异明显。

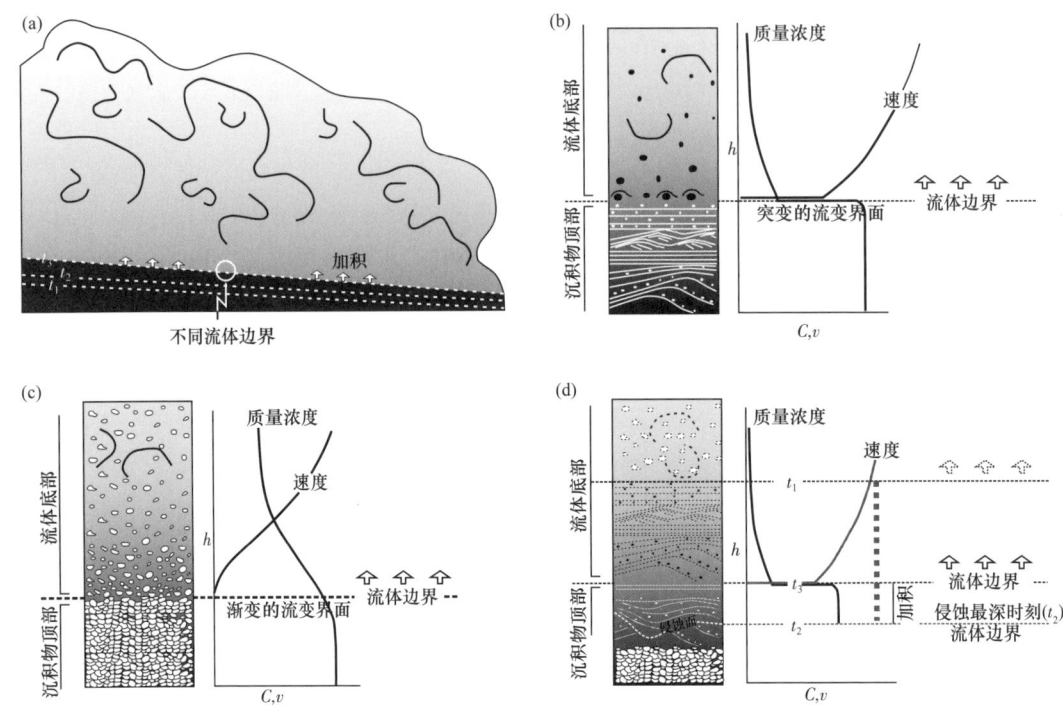

图4.2 亚稳定流沉积作用（据Branney和Kokelaar，2002，修改）

（a）流体边界的加积作用（t_1—t_2—t_3）。（b）发育牵引流沉积构造的流体边界，典型特征是加积中的沉积物顶部的沉积物质量浓度远高于密度流的底部。（c）形成块状层的流体边界，典型特征是加积中沉积物顶部及密度流底部的沉积物质量浓度都很高。（d）异重流流速上升形成的侵蚀面，先存沉积物可被部分或完全侵蚀（t_1—t_2）；随着流速逐渐下降，流体边界重新形成（t_2—t_3）。t—时间，C—含砂量，v—流速，h 包括沉积物的顶部和流体的底部

FA1可见似河流沙坝的孤立状砾岩（漂石）透镜体（图4.3a），以及大量爬升沙丘构成的底负载构造（图4.3c）。其中，一些沿层面排列的漂石或因垮塌发生过排列调整。颗粒支撑砾岩呈簇状孤立分布于侵蚀面之上，内部可见碎屑（长轴）垂直于流向或呈叠瓦状排列。砾质砂岩内部不同的层面（图4.3d）、沉积物波和大型爬升沙丘的层面可见内碎屑粗化层（图4.3a，c）。砾岩常过渡为块状或层理模糊的砾质砂岩。该相组合未见生物扰动构造。

4.2.1.2 成因解释

FA1由异重流沿陡坡移动产生的惯性流和浊流共同作用形成。异重流侵蚀引起的斜坡失稳是碎屑持续垮塌的主要触发机制，这反过来为异重流的自加速提供了沉积物来源。在惯性流作用下，大的漂石及坡度变化区颗粒撞击（Nemec，1990）形成的粗化内碎屑，可发生跳跃、滚动或滑动，并沉积为似河流沙坝沉积体（图4.4 t_1），但因持续受流经的异重流改造，保存潜力低。一些惯性流沉积甚至形成天然的障碍，这可促进大型底形的形成与迁移（如沉积物波和爬升沙丘）。在以拖曳力为主的流体边界条件下，底负载会沿似河流沙坝底形加积形成砾质砂岩和粗化内碎屑层（图4.4）。由叠瓦状砾岩、块状砾质砂岩和层理模糊的砾质砂岩相互过渡并不断重复构成的厚层沉积物（FA1），是流速及质量浓度在

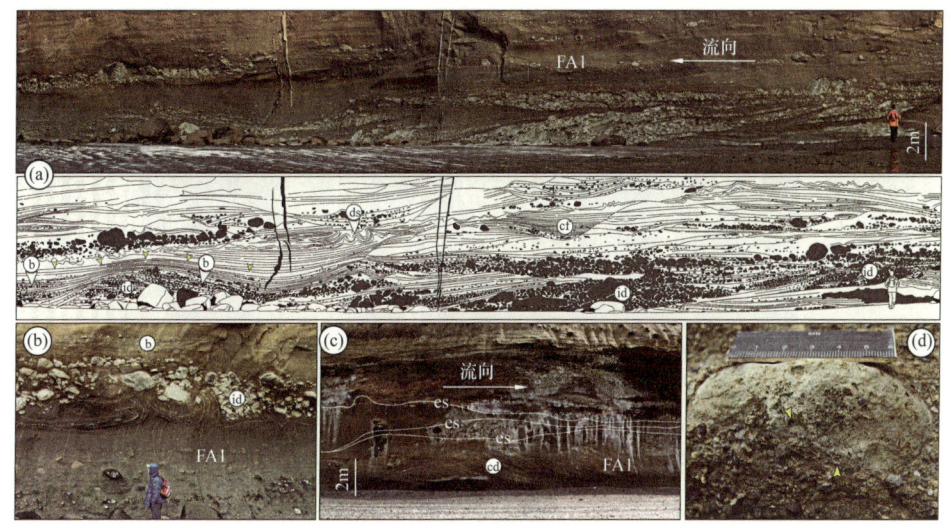

图 4.3 惯性流—高密度异重流浊流沉积相组合（FA1）基本特征

（a）露头宏观特征，可见似河流沙坝的惯性流沉积（id），其顶部被异重流改造，并被覆以底负载，形成沉积物波（黄色箭头）；还可见侵蚀—充填构造（cf）、变形构造（ds）、沿层面分布的底负载粗化泥岩内碎屑（b），以及切穿这些沉积构造的碎屑岩岩脉（可见不同的成分和粒度）。（b）含漂石的惯性流沉积，其中漂石因垮塌发生过排列调整。（c）顶部可见多期侵蚀面（es）的爬升沙丘（cd）。（d）粗化的泥岩内碎屑细节（黄色箭头指示碎屑掉落后留下的孔洞）

时间和空间上变化的结果。这种变化主要发生于垮塌沉积物的后方和近前方，因为流体在这些地方会因扩散而发生流体类型变化（图 4.4 t_2—t_3）。

4.2.2 沉积相组合 FA2

4.2.2.1 基本特征

FA2 由砾岩、砾质砂岩，以及板状或透镜状粗砂—细砂岩组成，单层厚 3～6m，可见明显的组构变化。

砾岩呈块状或可见叠瓦状构造，常过渡为内部发育软沉积物变形条带的块状砾质砂岩（图 4.5a）。砾质砂岩是该相组合中最常见的岩相，单层厚度可达 1m。由砾质砂岩和粗砂岩构成的岩相可见爬升沙丘和顺层排列的砾石（图 4.5b，c）。与 FA1 相比，该沉积相组合可见更多的侵蚀充填构造，其在横剖面上呈对称状，在顺流向的剖面上则呈不对称状，且下凹的幅度更平缓（图 4.6）。侵蚀充填构造与不同尺度的爬升沙丘密切相关，并可向其过渡。爬升沙丘可过渡为薄层块状粗砂岩或平行纹层模糊的砾质砂岩（或粗砂岩）（图 4.6）。该相组合未见生物扰动。

4.2.2.2 成因解释

FA2 由斜坡中以砾石为底负载、粗砂为悬移负载的异重流浊流快速加积形成（图 4.4）。该相组合以牵引流沉积构造为主，颗粒的分选程度高于 FA1。相互过渡的模糊平行纹层、爬升沙丘和侵蚀充填构造重复出现，以及伴生的岩石组构变化表明，异重流流速及质量浓度波动明显。这些波动会影响流体边界的性质，从而产生交替的脉冲式加积和侵蚀事件。持续加积过程中，因沉积边界存在流变学差异（图 4.2b），以砾石为底负载的高流态沉积构造（如爬升沙丘）得以形成（图 4.4 t_2）。如果异重流上升的流速超过砾质砂岩发生侵蚀的门限，那么爬升沙丘将被削截（图4.2d和图4.4中的侵蚀面）。当流速超过图4.4中 t_2 时刻形成的沉积物发生侵蚀和搬运的门限时，侵蚀构造将形成（图4.4）；反之，则流体边界会向发育牵引流沉积构造（主要是爬升沙丘）的端元转变（图4.2d t_2—t_3、图4.4 t_3）。该相组合可见块状砾质砂岩和含叠瓦状砾石的粗砂岩交替沉积，这说明沉积物质量浓度高的流体边界条件（沉积块状砾质砂岩）与沉积物质量浓度低的流体边界条件（沉积发育牵引流沉积构造的砾质砂岩）交替出现。

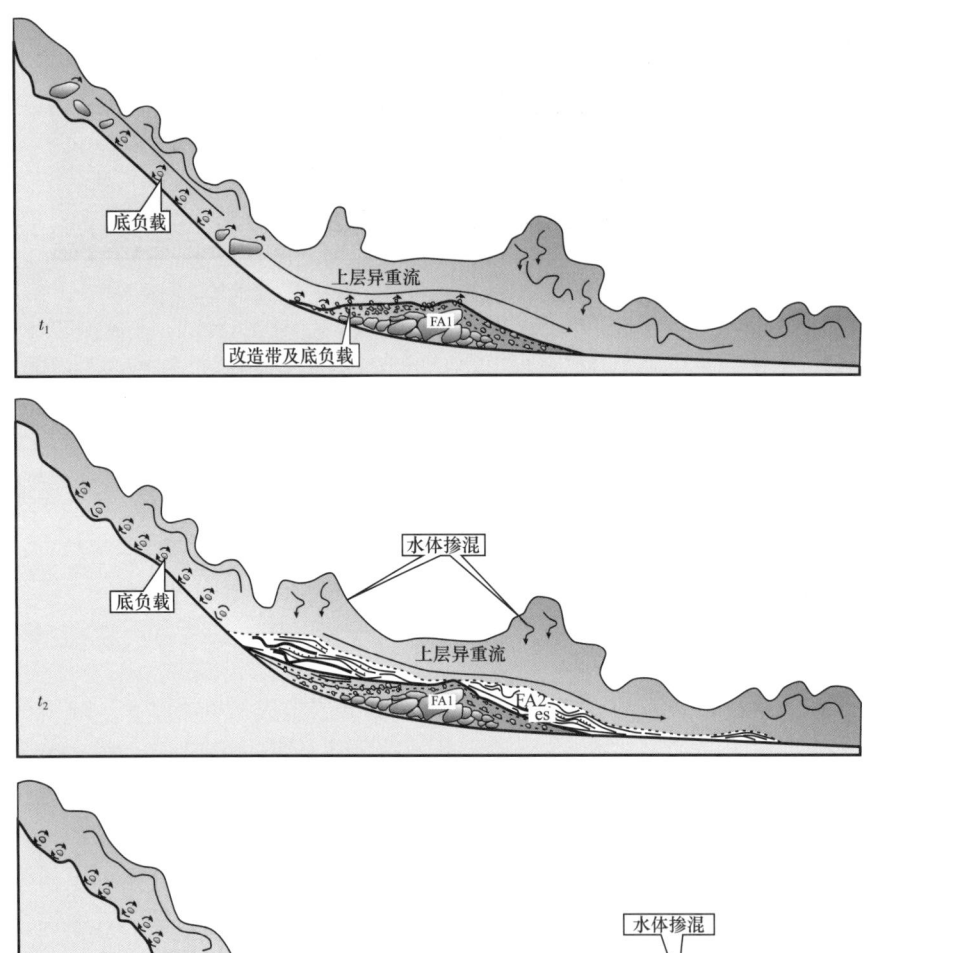

图4.4 异重流水道充填沉积纵剖面

展示了异重流流量上升期水道的充填过程。t_1 时期垮塌物不断堆积并被流经顶部的异重流改造（FA1）。随后，持续的异重流沉积形成内部加积和侵蚀特征复杂的沉积物（FA2）。t_1 时期的堆积物（FA1）会障碍异重流的流动，并使其发散，进而影响 t_2 时期的沉积作用。t_2 时期增大的流速会冲刷改造前期沉积物，并形成侵蚀面（es）。随着异重流流速下降，t_3 时期流体边界重新形成，再次加积FA1和FA2

图 4.5　异重流浊流沉积相组合（FA2）基本特征

（a）与块状砾岩（Cgm）呈渐变接触的块状砾质砂岩（Sgm），顶部可见底负载沉积的叠瓦状构造（黑色线条）。（b）砂岩中的爬升沙丘（Scd），纹层之间可见整齐排列的板片状砾石。（c），（d）水道充填沉积下段，可见相互过渡的多种沉积构造重复出现，还可见侧向延伸不等的多期内部侵蚀面（虚线）。cf—侵蚀充填构造，Sl—纹层状砂岩，Sm—块状砂岩

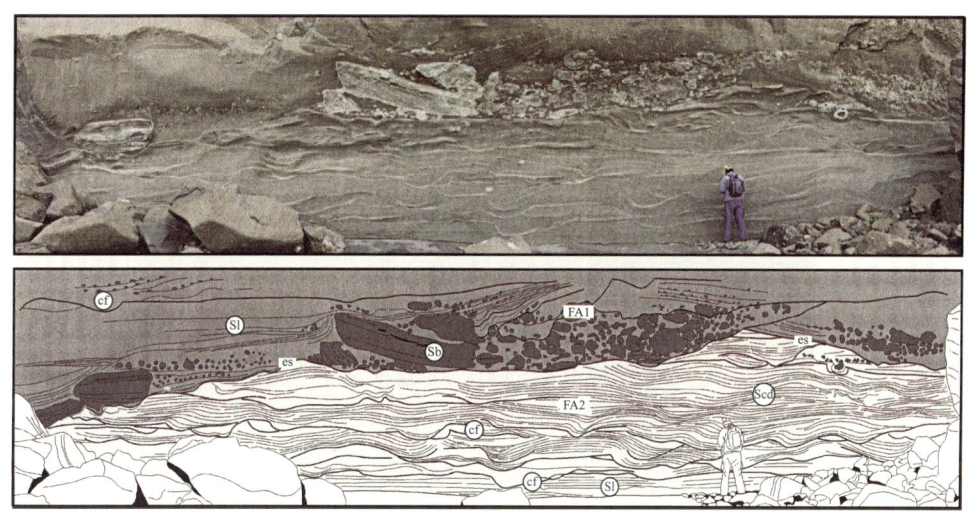

图 4.6　水道充填沉积下段及解释

剖面下部为 FA2，可见平行纹层砂岩（Sl）、爬升沙丘砂岩（Scd），以及多个侵蚀充填构造（cf），以侵蚀充填构造为典型特征。剖面上部为 FA1，以沉积再作用面（es）为底界，内部可见惯性流沉积（滑移块体 sb），向上过渡为纹层状砂岩，以惯性流沉积为典型特征

4.2.3 沉积相组合 FA3

4.2.3.1 基本特征

FA3 由扁平状沉积体中的异粒岩相组成，或可见孤立的滑塌变形层。单层异粒岩相厚 0.3~1m，底部为突变界面，内部可见发育平行纹层、爬升沙纹、流水沙纹或透镜状层理的砂岩与纹层状或块状泥岩相互过渡。

FA3 常构成具韵律的细砂岩、极细砂岩和泥岩薄互层（厘米级），内部可见似鲍马序列 Ta—Te 亚段（图 4.7a），或可见相互过渡的砂岩和泥岩重复出现，还可见零星的收缩缝。其中，砂岩发育平行纹层、爬升沙纹、流水沙纹和透镜状层理；泥岩发育纹层或呈块状，且含大量炭化植物碎屑和保存极好的假山毛榉（*Nothofague*）树叶化石（图 4.7b—d）。异粒岩相包括砂质和泥质两类：砂质异粒岩相由块状细砂岩或层理丰富的砂岩组成，后者发育平行层理、爬升沙纹和波状层理，含纹层状或块状泥岩夹层（图 4.7e）；泥质异粒岩相以含软沉积物变形构造的纹层状、块状泥岩为主，其次是发育沙纹和透镜状层理的细砂—极细砂岩（图 4.7f）。该相组合可被生物扰动部分或完全改造，可见食沉积物生物建造，如 *Scolicia*（环带迹）、*Nereites*（类沙蚕迹）、*Phycosiphon*（藻管迹）和同心纹潜穴（图 4.7a—c, g）。发育流水沙纹的砂岩底部可见遗迹化石（形成于异重流沉积之前）印模，如 *Paleodictyon*（古网迹）（图 4.7h）。此外，该相组合还可见觅食迹和小型爬迹。

4.2.3.2 成因解释

FA3 由低密度异重流浊流中的牵引流叠加沉降作用形成。薄层的块状泥岩变形层与砂岩（含大量炭化植物碎屑，发育毯状纹层和交错纹层）交替沉积，说明该相组合富泥亚段为絮凝沉积。有机质颗粒的成核作用或有利于此类凝絮成因的富泥沉积物快速加积（Kranck, 1973; Mikkelsen 和 Pejrup, 1998），因有机质颗粒在异重流中极其丰富。Mikkelsen 和 Pejrup（1998）观察到高含有机质的絮状物比纯粹因盐度差异形成的絮状物具有更强的抗剪切能力，因为有机质可作为细颗粒的黏合剂使其凝聚更紧密。爬升沙纹和流水沙纹等底负载沉积构造的前积层可见泥岩和炭化植物碎屑，这说明絮凝可形成粒径达细砂级、以底负载搬运的颗粒。Schieber 等（2007）的实验证明，在 10~26m/s 的流速条件下，絮状泥的搬运可形成底负载沉积构造（如絮凝沙纹）。因此，凝絮作用可用于解释为什么该相组合中厚度变化的互层状细砂岩（发育爬升沙纹、波状层理、透镜状层理）和富有机质块状泥岩（含软沉积物变形构造）会沉积于同一次异重流事件。

该相组合中发育似鲍马序列 Ta—Te 亚段的沉积序列，形成于异重流流速下降期，由两种流体边界条件交替形成：一种边界条件下，加积中的沉积物上部和流体下部的沉积物质量浓度都很高，沉积块状层（似鲍马序列 Ta 亚段）；另一种条件下，加积中的沉积物上部的沉积物质量浓度明显高于流体下部，形成牵引流沉积构造（似鲍马序列的 Tb—Tc 亚段）。树叶化石的主脉平行于层面，这说明含假山毛榉（*Nothofagus*）树叶化石的细纹层泥岩（类似鲍马序列的 Td—Te 亚段）为悬浮沉降沉积。

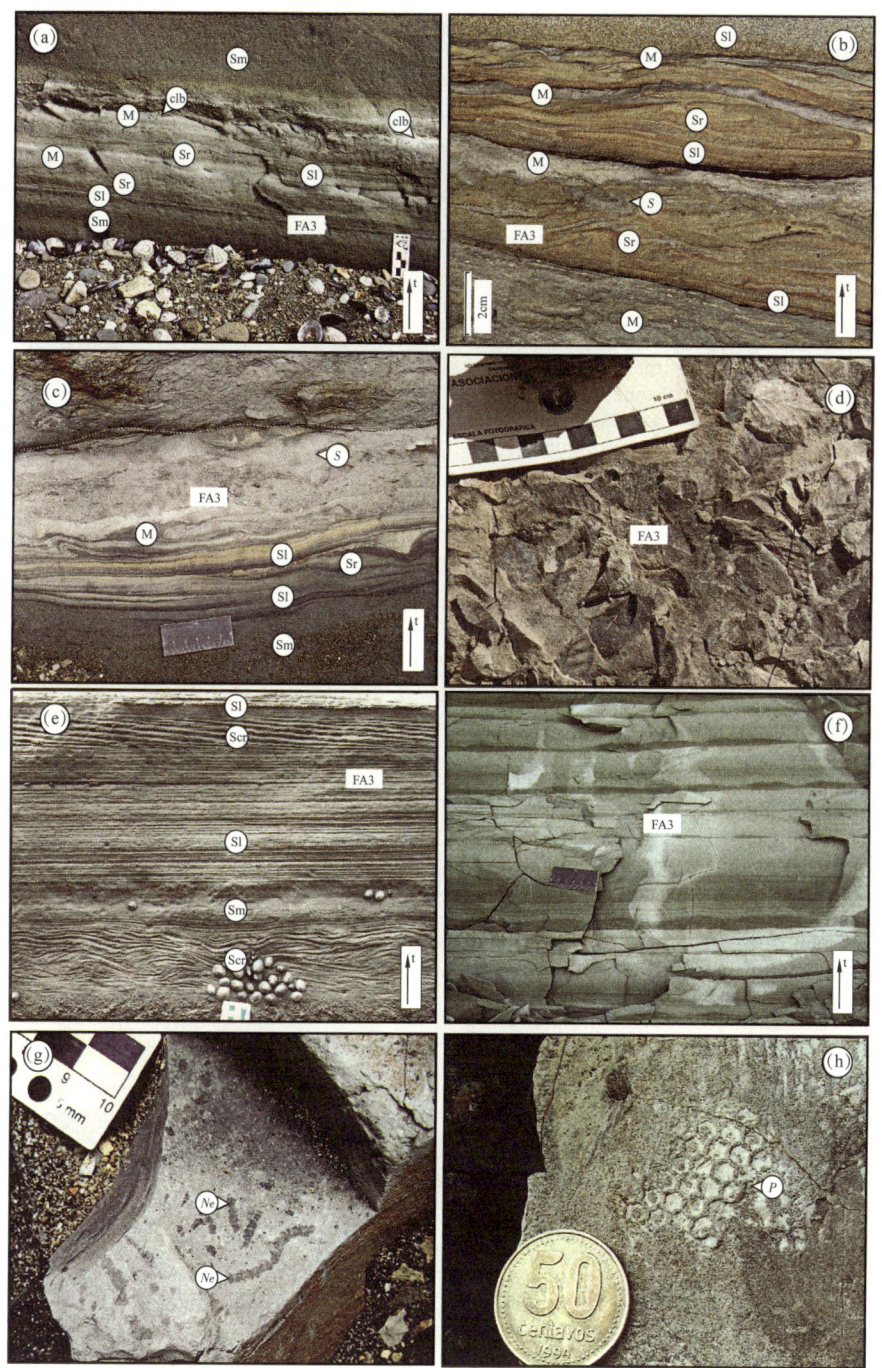

图 4.7 低密度异重流浊流形成的沉积相组合（FA3）基本特征

（a）由砂岩和泥岩交替构成的似鲍马序列 Ta—Te 亚段。其中，砂岩含大量炭化植物碎屑，呈块状（Sm）或发育平行纹层（Sl）、沙纹层理（Sr）；泥岩发育纹层或呈块状（M），顶部可见同心纹潜穴（clb）。（b），（c）异粒岩相，由平行纹层（或流水沙纹）砂岩和纹层（或块状）泥岩交替构成，可见 *Scolicia*（环带迹 S）、同心纹潜穴，以及薄层的泥岩变形层。其中，变形泥岩含大量炭化植物碎屑，发育纹层或呈块状，成因与絮凝作用有关。（d）异粒岩相层面保存极完整的假山毛榉（*Nothofagus*）树叶化石。（e）堤岸近端砂质沉积，内部可见块状层、平行纹层和爬升沙纹（Scr）相互过渡。（f）堤岸远端异粒岩相韵律层，其中砂岩可见平行纹层、沙纹、波状—透镜状层理，泥岩可见纹层。（g）层面中的 *Nereites*（类沙蚕迹 Ne）。（h）砂岩底面的 *Paleodictyon*（古网迹 P）印模。t—岩层顶面

4.3 异重流水道—堤岸体系构型要素

基于岩层的形貌、几何形态和岩性特征，在 Cabo Viamonte 段识别出叠置的异重流水道和堤岸两类主要的构型要素。其中，异重流叠置水道是斜坡坡脚"S"形前积层（图 4.1b）主要的构型要素。规模最大的单期水道宽约 500m，深约 40m。水道充填由加积形成，包含岩性特征不同的下段和上段（图 4.8a）：下段以砂质砾岩和砾质砂岩为主，其次是内碎屑漂石（直径达 1m）、水道边壁垮塌的块体，以及滑移块体（FA1 和 FA2；图 4.8b—d）；上段由逐渐变化的板状层构成，与水道侧翼侵蚀底面呈上超接触关系（FA3；图 4.8），局部可见滑塌块体（图 4.8e）。

堤岸沉积呈楔形，主要为泥岩和细砂岩互层构成的异粒岩相韵律层（FA3；图 4.8d, e），可见孤立的滑塌块体，通常与水道充填沉积上段的板状层相互叠置。其厚度在水道侧翼近端最大，向远端变薄。在露头中，可见堤岸沉积沿垂直水道轴线方向延伸至少 250m。

4.3.1 异重流水道充填沉积：单期或多期

Cabo Viamonte 段露头可见异重流水道—堤岸体系呈叠置产出。其中，单层河道是否由单期异重流形成需要进一步分析。

厚层的异重流水道充填沉积下段（FA1 和 FA2），可见大量侧向不连续的内部侵蚀面，其在靠近水道轴线一端侵蚀特征明显，向水道侧翼趋于消失，并向粗化泥岩内碎屑、叠瓦状构造、平行纹层或爬升沙丘等底负载沉积过渡。这些侧向变化特征表明：水道充填沉积下段由单期异重流形成，侵蚀面由异重流流速波动形成，而非不同期异重流沉积的界面，这也可从沉积再作用面上下几乎无差异（或差异很小）的岩性得到体现。FA2 缺失生物扰动构造，也说明水道充填沉积为连续沉积，这抑制了底栖生物的拓殖。

水道充填沉积上段（FA3）上超的板状层，主要沉积于异重流消退期。细粒异粒岩相中一些孤立的泥岩层可见零星、生物多样性贫乏的遗迹化石（同心纹潜穴），说明 FA3 或由多期异重流形成。

4.3.2 异重流水道—堤岸体系充填阶段

目的层异重流水道—堤岸体系的形成过程可划分成两个主要阶段（图 4.9）：

第一阶段是河流洪水的流量上升期，该期形成下切水道、水道充填沉积下段及堤岸沉积。其中，水道充填沉积下段（FA1 和 FA2）粒度最粗，可呈块状或发育复杂的沉积构造，具体取决于含砂量和流速。惯性流沉积（图 4.9 t_1）是异重流水道—堤岸体系最早的加积物，其在局部堆积形成障碍后会对后续沉积产生影响。如果含砂量很高，那么流体越过障碍物向流面后也会像越过沙坝一样在背流面发生扩散，并沉积厚层的块状砂岩；反之，则流体仅在尾部留下以底负载搬运的细粒内碎屑。这些内碎屑可越过障碍物，并在坝状底形控制下加积成大型丘状构造（图 4.3a）。在该流量上升阶段，持续的流速波动叠加下降的含砂量，有利于形成没有流变界面、相互过渡的牵引流沉积构造（如平行纹层过渡为爬升沙丘）。爬升角度大于 30° 的爬升沙丘就是在这样条件下，由牵引流加积形成（图 4.5b, c）。异重流快速的流速波动会造成侵蚀，并形成侵蚀充填构造，尤其是骤然的流速上升。在后续流速下降期，这些侵蚀充填构造会被沉积物快速充填并保存（图 4.9 t_2）。露头常见侵蚀充填构造在垂向上和侧向上过渡为爬升沙丘，如爬升沙丘紧邻非对称侵蚀槽下游方向分布（图 4.6）。

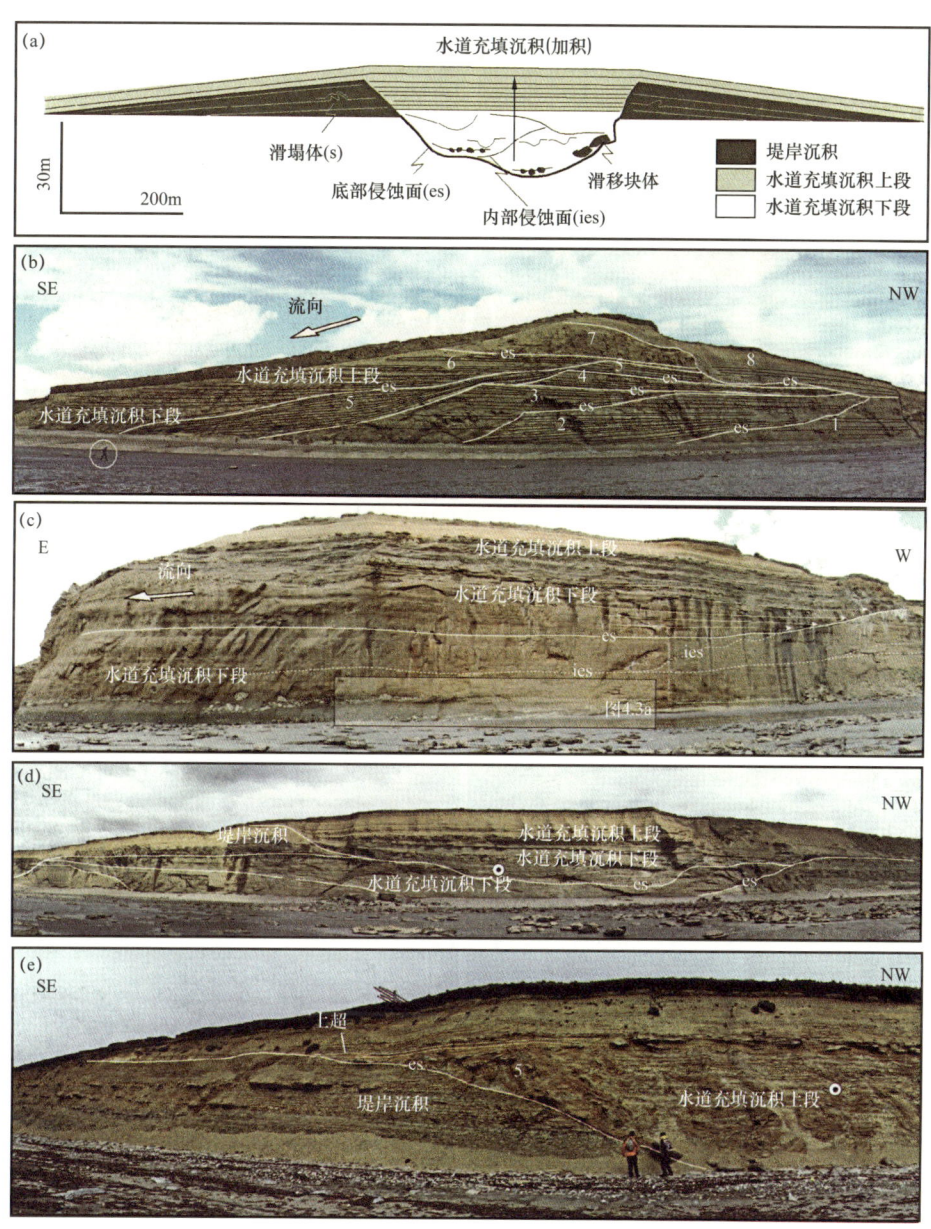

图 4.8 （a）异重流水道—堤岸体系构型要素。（b）异重流水道—堤岸体系剖面图，数字 1~8 所示为连续的水道充填沉积；箭头指向为第 2 期、第 7 期古流向，大致垂直于第 1 期、第 8 期古流向。（c）异重流水道—堤岸沉积，可见水道充填沉积下段分选差的砾质砂岩与上段异粒岩相（由泥岩和细砂岩构成）超覆于侵蚀底面（白色箭头所示）。（d）异重流水道—堤岸沉积横剖面。（e）异重流水道—堤岸沉积局部，可见上超的水道充填沉积上段及滑塌块体

与 FA1 和 FA2 相同，由 FA3 组成的堤岸也沉积于该流量上升阶段（图 4.9 t_1，t_2）。堤岸异粒岩相沉积序列在靠近水道轴线一端为富砂沉积单元，在远离一端则为富泥沉积单元。其中，富砂沉积单元发育大量牵引流沉积构造，可见堤岸扩边时重力失稳形成的小型滑塌构造；富泥沉积单元可见含絮凝沉积泥岩和大量炭化植物碎屑的纹层。

第二阶段是河流洪水的消退期。异重流在该阶段流速逐渐下降，但流速仍持续波动，主要沉积水道充填沉积上段（FA3），尤其是细粒沉积（图 4.8，图 4.9 t_3）。水道充填沉积上

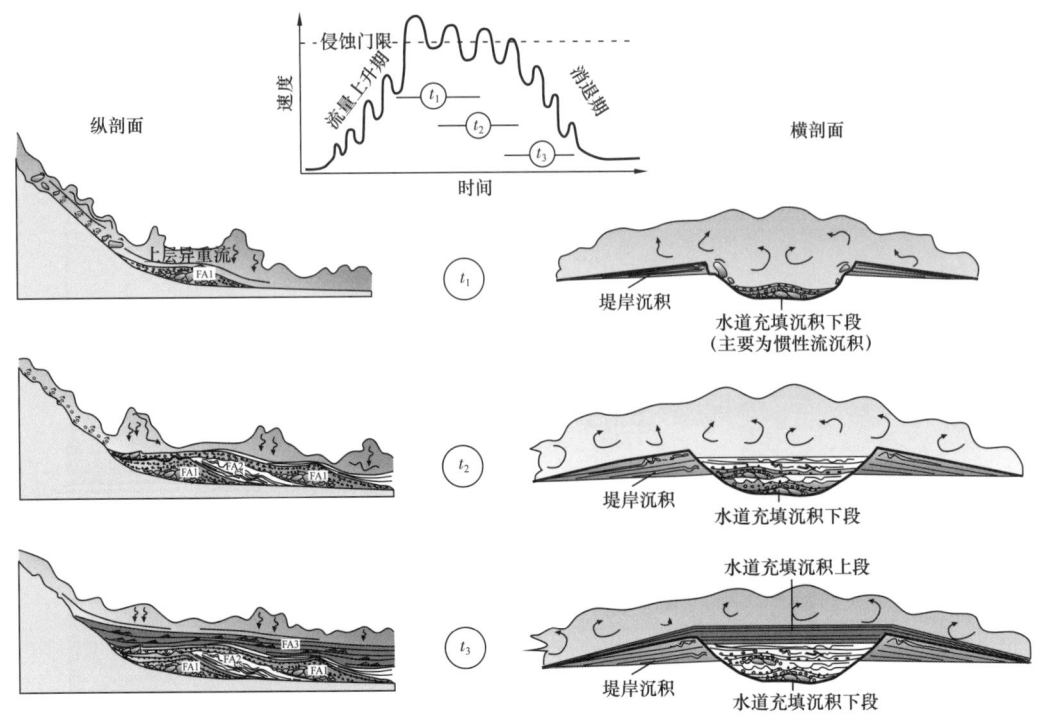

图 4.9 单期异重流沉积过程（流速与时间关系曲线）及剖面示意图（据 Zavala 等，2006，修改）

t_1 时期惯性流沉积（FA1）堆积于水道底部，形成似河流沙坝沉积体，同时堤岸加积形成 FA3；t_2 时期先存沉积物（形成于 t_1 时期）被砾质粗砂—细砂岩（FA2）或新的垮塌沉积（FA1）覆盖，同时堤岸继续沉积 FA3；t_3 为异重流消退期，扁平状细粒的朵叶体沉积（FA3）堆积于水道和堤岸

段由渐变的厚层板状沉积序列组成，内部可见组合复杂的似鲍马序列 Ta—Te 亚段，也可见变形的块状泥岩零星分布。一些形成于该阶段的下切水道不含粗粒沉积，仅见水道充填沉积上段，但可见大型 *Diplocraterion*（双杯迹）-*Arenicolites*（"U"形潜穴）（图 4.8e，图 4.10）。潜穴管壁可见细致的生物印迹，说明这些生物遗迹建造于固结的基底（图 4.10c）。

4.4 结论

Cabo Viamonte 段水道—堤岸体系复杂的充填过程主要受控于异重流内在的特性（持续性和脉动性），以及前积层构成的地形，尤其是坡度变化引起的地形变化。

异重流流速及质量浓度的波动控制了流体边界的性质，从而有利于形成内部结构复杂的厚层沉积单元，其内部可见无明显流变界面的多种沉积构造相互过渡。坡度的下降有利于流体扩散，并形成似河流沙坝的惯性流沉积，尤其是斜坡坡脚坡度的下降。此类惯性流沉积（FA1）不是由黏性流稀释形成，而是由异重流持续作用引起的斜坡失稳触发。

Cabo Viamonte 段斜坡坡脚异重流水道—堤岸体系可识别出异重流叠置水道和堤岸两类构型要素。单期异重流水道可达宽约 500m、深约 40m，由水道充填沉积下段、上段和宽达 250m（近端至远端）的楔形堤岸组成。

粗粒的水道充填沉积下段（FA1 和 FA2）形成于洪水流量上升期，内部可见复杂的沉积构造组合。这些沉积构造由持续的流体、高的沉积速率和明显的含砂量变化形成，主要受异重流流速的波动控制。

图 4.10 （a）水道侵蚀面（es），可见 *Arenicolites*（一种"U"形管迹）–*Diplocraterion*（双杯迹）造迹生物拓殖其中（黄色箭头）。（b）大型 *Arenicolites*（一种"U"形管迹）。（C）*Arenicolites*（"U"形潜穴）局部近照及示意图，可见保存良好的生物印痕，说明造迹生物拓殖于固结的基底

细粒的水道充填沉积上段（FA3）由粒序板状层组成，沉积于洪水消退期。随着洪水逐渐消退，异重流体系不断退积，只沉积粒序板状层。

堤岸沉积（FA3）形成于洪水流量上升期。絮凝作用可使细颗粒聚集并快速沉积，故对异粒岩相（FA3）的形成有重要影响。异重流高浓度有机质的成核作用可促进絮凝作用。底负载构造（流水沙纹）的前积层可见大量的块状泥岩和炭化植物碎屑，说明絮凝作用可形成粒径达细砂级的底负载。

水道充填沉积下段内部侵蚀面侧向不连续、岩性在沉积再作用面上下几乎没有差别、生物扰动构造匮乏，这些特征表明其由单期异重流形成。一些孤立层可见零星的遗迹化石，则说明水道充填沉积上段（FA3）或由多期异重流形成。

参 考 文 献

Bouma A.H., 1962, Sedimentology of some flysch deposits: A graphic approach to facies interpretation: Amsterdam, Netherlands, Elsevier, 168 p.

Branney M.J., and B.P.Kokelaar, 1992, A reappraisal of ignimbrite emplacement: Progressive aggradation and changes from particulate to non-particulate flow during emplacement of high-grade ignimbrite: Bulletin of Volcanology, v.54, p.504–520, doi: 10.1007/BF00301396.

Branney M.J., and P.Kokelaar, 2002, Pyroclastic density currents and the sedimentation of ignimbrites: eological Society (London) Memoirs 27, 143 p.

Bruhn C.H.L., and R.G.Walker, 1995, High-resolution stratigraphy and sedimentary evolution of coarsegrained canyon-filling turbidites from the upper Cretaceous transgressive megasequence, Campos Basin, Brazil: Journal of Sedimentary Research, v.65, p.426–442.

Fonnesu F., 2003, 3D seismic images of a low-sinuosity slope channel and related depositional lobe (west Africa deep-offshore): Marine and Petroleum Geology, v.20, p.615–629, doi: 10.1016/j.marpetgeo.2003.03.006.

Ghiglione M.C., V.A.Ramos, and E.O.Cristallini, 2002, Estructura y estratos de crecimiento en la faja plegada y corrida de los Andes fueguinos: Revista Geológica de Chile, v.29, p.17–41.

Goodwin R.H., and D.B.Prior, 1989, Geometry and depositional sequences of the Mississippi Canyon, Gulf of Mexico: Journal of Sedimentary Petrology, v.59, p.318–329.

Haq B.U., J.Hardenbol, and P.R.Vail, 1987, Chronology of fluctuating sea levels since the Triassic: Science, v.235, p.1156–1167, doi: 10.1126/science.235.4793.1156.

Jennette D.C., K.Fouad, T.Wawrzyniec, D.Dunlap, R.Muñoz, and J.Meneses-Rocha, 2003, Slope and basin floor reservoirs from the Miocene and Pliocene of the Veracruz Basin, southeastern Mexico: Marine and Petroleum Geology, v.20, p.587–600, doi: 10.1016/j.marpetgeo.2003.01.001.

Kneller B.C., and M.J.Branney, 1995, Sustained high density turbidity currents and the deposition of thick massive sands: Sedimentology, v.42, p.607–616, doi: 10.1111/j.1365-3091.1995.tb00395.x.

Kranck K., 1973, Flocculation of suspended sediment in the sea: Nature, v.246, p.348–350, doi: 10.1038/246348a0.

Malumián N., 1999, La sedimentación y el volcanismo terciarios en la Patagonia extraandina. La sedimentación en la Patagonia extraandina, in Geología Argentina, Instituto de Geología y Recursos Minerales, Anales, v.29, p.557–612.

Malumián N., and E.B.Olivero, 2006, El Grupo Cabo Domingo, Tierra del Fuego: bioestratigrafía, paleoambientes y acontecimientos del Eoceno-Mioceno marino: Revista de la Asociación Geológica Argentina, v.61, p.139–160.

Mayall M., and I.Stewart, 2000, The architecture of turbidite slope channels, in P.Weimer, R.M.Slatt, J.Coleman, N.C.Rosen, H.Nelson, A.H.Bouma, M.J.Styzen, and D.T.Lawrence, eds., Deep-water reservoirs of the world: Gulf Coast Section SEPM Foundation, 20th Annual Research Conference, p.578–586.

Mikkelsen O., and M.Pejrup, 1998, Comparison of flocculated and dispersed suspended sediment in the Dollard estuary, in K.S.Black, D.M.Paterson, and A.Cramp, eds., Sedimentary processes in the intertidal zone: Geological Society (London) Special Publication 139, p.199–209.

Mutti E., and F.Ricci Lucchi, 1972, Le torbiditi dell'Appennino Settentrionale: introduzione all'analisi di facies: Memorie della Societa Geologica Italiana, v.11, p.161–199.

Nemec W., 1990, Aspects of sediment movement on steep delta slope, in A.Colella and D.B.Prior, eds., Coarsegrained deltas: International Association of Sedimentologists, Special Publication, v.10, p.29–73.

Normark W.R., 1970, Growth patterns of deep-sea fans: AAPG Bulletin, v.53, p.2170–2195.

Olivero E.B., and N.Malumián, 2008, Mesozoic-Cenozoic stratigraphy of the Fuegian Andes, Argentina : Geologica Acta, v.6, p.5–18.

Plink-Björklund P., and R.J.Steel, 2004, Initiation of turbidity currents : Outcrop evidence for Eocene hyperpycnal flow turbidites : Sedimentary Geology, v.165, p.29-52, doi : 10.1016/j.sedgeo.2003.10.013.

Ponce J.J., and E.B.Olivero, 2008, Sediment transfer from shelf to deepwater-Revisiting the delivery mechanisms : AAPG Hedberg Research Conference Guidebook, p.94.

Ponce J.J., E.B.Olivero, and D.R.Martinioni, 2005, Estratigrafía y facies sedimentarias del Oligoceno-Mioceno Medio ? de la Cuenca Austral de Tierra del Fuego, Argentina : Actas del XV Congreso Geológico Argentino (CD-ROM), Artículo no.468, 2 p.

Ponce J.J., E.B.Olivero, and D.R.Martinioni, 2008a, Upper Oligocene-Miocene clinoforms of the foreland Austral Basin of Tierra del Fuego, Argentina : Stratigraphy, depositional sequences and architecture of the fore deep deposits : Journal of South American Earth Sciences, v.26, p.36-54, doi : 10.1016/j.jsames.2007.12.001.

Ponce J.J., E.B.Olivero, and D.R.Martinioni, 2008b, Deep marine hyperpycnal channel levee complexes in the Miocene of Tierra del Fuego, Argentina : Architectural elements and facies associations, (abs.), in J.J.Ponce and E.B.Olivero, conveners, Sediment transfer from shelf to deep water-Revisiting the delivery mechanisms : Conference Proceedings, AAPG Hedberg Research Conference, Ushuaia-Patagonia, Argentina, 4 p.

Ponce J.J., E.B.Olivero, and D.R.Martinioni, 2008c, Hiperpicnitas de pie de talud deposicional en clinoformas del Mioceno marino de Cuenca Austral, Tierra del Fuego, Argentina : XII Reunión Argentina de Sedimentologia, Buenos Aires, Resumenes, p.145.

Posamentier H.W., 2003, Depositional elements associated with a basin floor channel-levee system : Case study from the Gulf of Mexico : Marine and Petroleum Geology, v.20, p.677-690, doi : 10.1016/j.marpetgeo.2003.01.002.

Posamentier H.W., and R.G.Walker, 2006, Deep-water turbidites and submarine fans, in H.W.Posamentier and R.G.Walker, eds., Facies models revisited : SEPM Special Publication 84, p.399-520.

Prather B.E., 2003, Controls on reservoir distribution, architecture and stratigraphic trapping in slope settings : Marine and Petroleum Geology, v.20, p.529-545, doi : 10.1016/j.marpetgeo.2003.03.009.

Schieber J., J.Southard, and K.Thaisen, 2007, Accretion of mudstone beds from migrating floccule ripples : Science, v.318, p.1760-1763, doi : 10.1126/science.1147001.

Walker R.G., 1978, Deep water sandstone facies and ancient submarine fans : Models for exploration for stratigraphic traps : AAPG Bulletin, v.62, p.932-966.

Zavala c., J.J.Ponce, M.Arcuri, D.Drittanti, H.Freije, and M.Asensio, 2006, Ancient lacustrine hyperpycnite : A depositional model from a case study in the Rayoso Formation (Cretaceous) of west-central Argentina : Journal of Sedimentary Research, v.76, p.41-59, doi : 10.2110/jsr.2006.12.

5 内乌肯盆地侏罗系 Los Molles 组河流成因浊积岩的触发机制、搬运和沉积过程

Paulo Sergio Gomes Paim Ernesto Luiz Correa Lavina
Ubiratan Ferrucio Faccini Ariane Santos da Silveira
Héctor Leanza Roberto Salvador Francisco d'Avila

摘要：根据高分辨率卫星图像分析和大量的野外工作，研究了几乎没有被解释、出露于阿根廷西部内乌肯盆地（Neuquén Basin）南部 Arroyo La Jardinera 地区的侏罗系 Los Molles 组露头。主要目的是建立浊积岩体系的概念模式，用于解释砂砾岩在陆架边缘、斜坡和盆地平原的搬运与沉积过程。该浊积岩体系由可见高频沉积旋回的低位体系域构成，沉积相从近端至远端依次为切入陆架中部—边缘的河道、侵蚀斜坡的浊积水道、沉积于陆隆之上的浊积岩朵叶体，以及分布于盆地平原、延伸距离有限的朵叶体边缘相。沉积此类浊积岩的重力流，由沉积于三角洲前缘的砂砾岩在普通的洪水期发生持续的垮塌形成，属于沉积物搬运效率中等、持续时间短的涌浪型浊流。

根据高分辨率卫星图像和大量的野外工作，Paim 等（2008）将出露于阿根廷内乌肯盆地南部 Arroyo La Jardinera 地区的重力流沉积解释成海底缓坡沉积（Heller 和 Dickinson，1985），认为其沉积物来自多个点状物源，而不是来自于与陆架边缘高频低位三角洲相连的主通道或海底峡谷。Mutti 等（2003）将出露于该地区的地层解释成与低位三角洲有关的浊积岩体系（即 A 类混合体系）。这两种观点的区别在于浊积岩的最终沉积环境不同，前者为斜坡—盆地（Paim 等，2003），后者为三角洲前缘远端—前三角洲（Mutti 等，2008）。Burguess 等（2000）系统地描述了内乌肯盆地侏罗系的浊积岩，但对于 Arroyo La Jardinera 地区仅做了简要的描述。

Paim 等（2008）将出露于该地区的重力流沉积划分成三类独立的沉积体系：第一类是重力流沉积体系（GF1），即富砂、砾的密度流，相序包括切入陆架中部—边缘的河道、侵蚀斜坡的浊积水道、沉积于陆隆之上的浊积朵叶体，以及分布于盆地平原、延伸距离有限的朵叶体边缘相。第二类是富砂体系（GF2），发育大量的层理，包括与低密度混合流有关的振荡流层理。第三类是与块体流（滑移和滑塌块体流）和碎屑流相关的体系（GF3）。此外，他还系统地描述了该区整个重力流沉积体系，以及 Los Molles 组的沉积相。

本文主要讨论第一类重力流沉积体系（GF1）。目前，工区内最重要的砂砾岩就分布

于 GF1 之中，分析其特征可揭示与"陆架边缘至深海粗碎屑输送机制"相关的一系列问题，包括粗碎屑搬离陆架边缘的触发机制。GF1 的触发机制或有多种：一些证据显示为持续性异重流，另一些则显示为短暂性涌流。此外，也有证据表明其流体支撑机制既有湍流，也有其他支撑方式；还有证据表明其成因与高频旋回和古地理有关。

因此，本文主要讨论并建立 GF1 的概念模型，以解释砂砾被搬至并搬离陆架边缘，以及随后沿斜坡—盆地平原继续迁移和沉积的过程。

5.1 地质背景

内乌肯盆地位于阿根廷西部—智利东部过渡带的中部，沿着安第斯山轴线向北一直延伸至南纬 31°。其在南纬 34°—37° 为夹持于雁列山脉之间、呈南北向分布的狭长地带，往南向东变宽并延伸至安第斯山构造域之外的内乌肯湾（Neuquén Embayment）。内乌肯盆地整体呈三角形，西抵安第斯山，北达 Pampeano-Sierra Pintada 地块，南接 North Patagonian 地块（图 5.1），南北向宽度达 700km，面积超过 160000km² （Zavala, 1993）。盆内充填地层为厚度超过 7000m 的上三叠统—古新统（图 5.2），既有海相地层，也有陆相地层（包括碎屑岩、碳酸盐岩、蒸发岩和火山碎屑岩）。

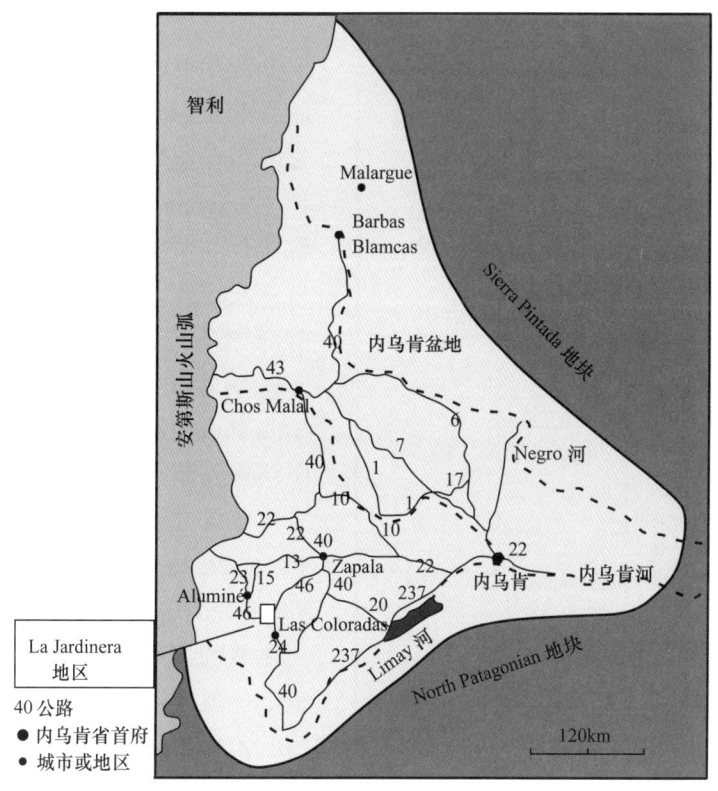

图 5.1 南美洲内乌肯盆地及工区（Arroyo La Jardinera）位置图

在晚三叠世，由于南美板块西部大陆边缘为岛弧—海沟系统，阿根廷西部—智利东部过渡带的中部为拉张环境（Legarreta 和 Uliana, 1991; Gulisano 和 Gutierrez Pleimling, 1995）。内乌肯盆地在该时期的沉积受下伏硅铝质基底的古构造控制，主要沉积于孤立的

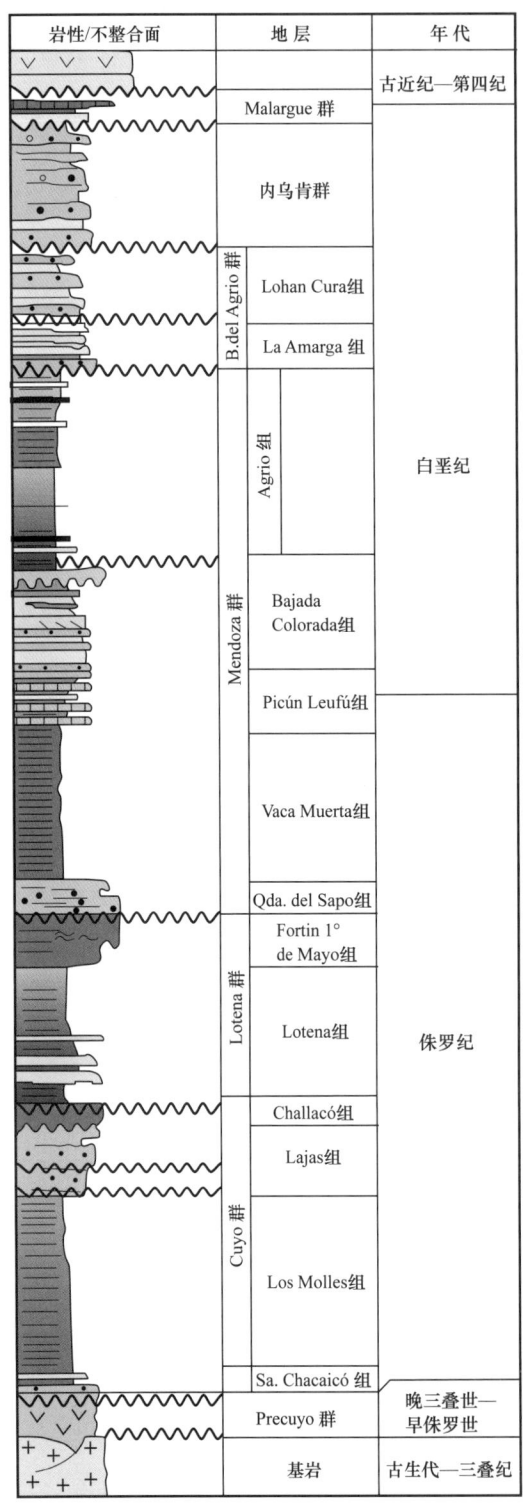

图 5.2 内乌肯盆地南部和中部区域地层柱状图
（据 Leanza 和 Hugo，1997，修改）
本文目的层包括 Los Molles 组和 Lajas 组，
B.—Bajada，Qda.—Quebrada，Sa.—Sierra

断陷内。这些断陷充填沉积为厚度变化迅速的 Precuyo 组（相当于内乌肯南部的 Lapa 组）非海相地层，可见大量的火山碎屑岩和火山岩（Gulisano 和 Gutierrez Pleimling，1995）。这些位于岛链—海沟系统东侧的断陷沉积中心，最后拼合成一个广阔的海相沉积区，平面上西临火山岛弧，东接南美前陆盆地（Vicente，2005）。

内乌肯盆地的沉积作用在早侏罗世—中侏罗世的部分时期主要受构造控制，随着构造影响稳步减弱，至中侏罗世—古近纪早期主要受区域沉降作用控制。内乌肯盆地整体的沉降速率近乎稳定，但局部可见隆升、褶皱、剥蚀和同沉积构造记录（Vergani，2005）。这些局部构造反转事件对沉积类型和地层格架都有影响，甚至形成不整合面，最大的影响是形成了 Huincul 断隆。该断隆是内乌肯盆地南部沿东西向分布的断裂带（Vergani 等，1995），由冈瓦那大陆解体和大西洋裂开的张力作用形成。内乌肯盆地在被逐渐生长的安第斯山岛链与海洋隔开之前，发生过多期海平面升降引起的海侵和海退（Legarreta 和 Gulisano，1989）。新近纪以来，受始于中新世安第斯山隆升的影响，该盆地的演化变得更加复杂。

Cuyo 群底界（即 Los Molles 组和 Sierra Chacaico 组的界线）是工区内一个主要的不整合面，同时也是层序界面 SB1（图 5.3）。Cuyo 群包括 1100m 的 Los Molles 组深海沉积、550m 的 Lajas 组陆架和滨岸沉积（SB5—SB8），以及顶部的 Challacó 组红层（图 5.4）。目的层以 SB2 为底界、SB6 为顶界，包含 Los Molles 组与 Lajas 组的过渡段（图

5.3，图 5.4），以及前者的中部和上部。其时间跨度约为 6Ma，可进一步划分出 4 个 3 级层序（J21—J24）（图 5.4）。

本文后续所用实测剖面及数据主要用于解释浊流的触发机制、搬运和沉积过程，以建立 GF1 的概念模式。

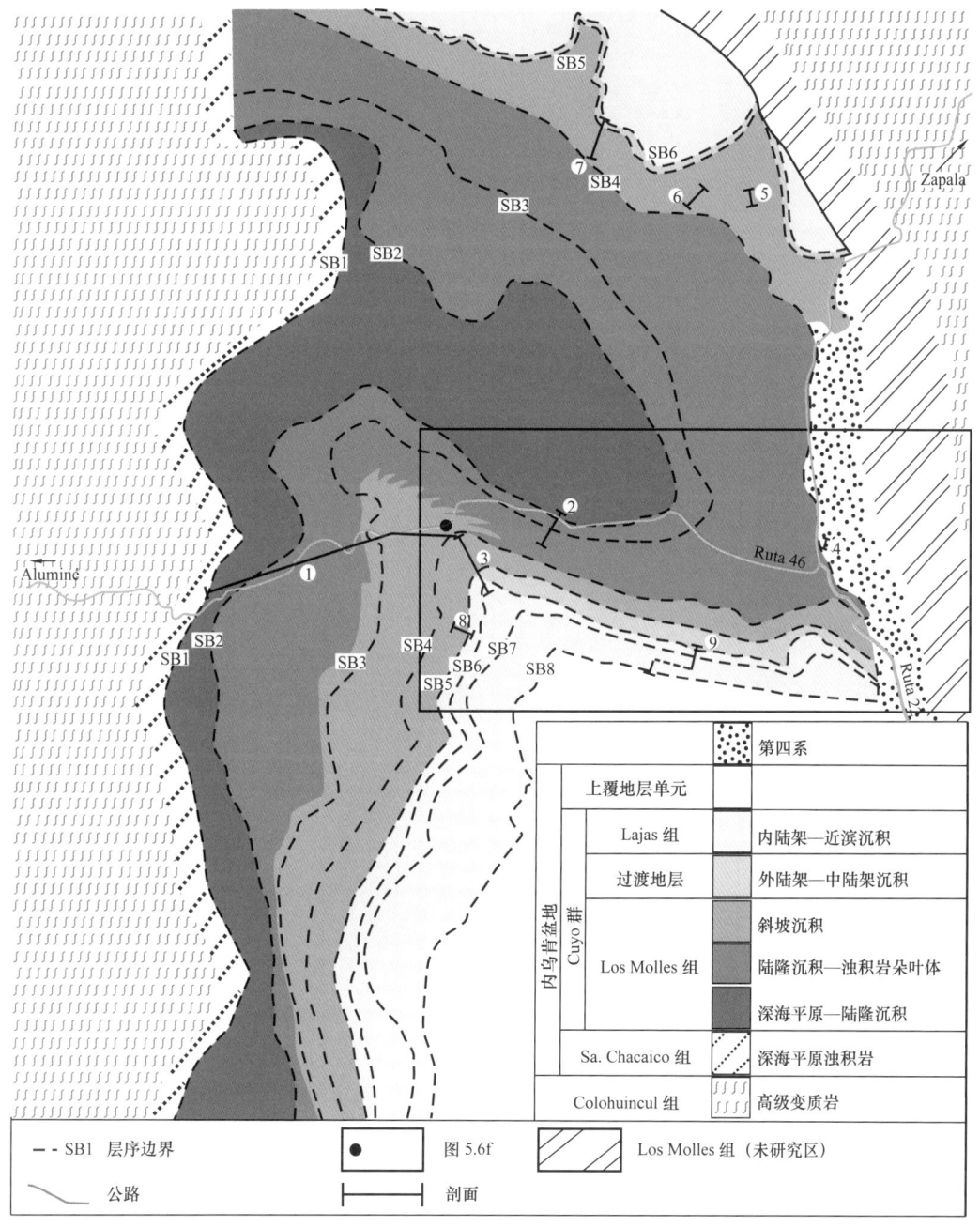

图 5.3　研究区（Arroyo La Jardinera）地质单元
可见根据高分辨率卫星图像解释的 Los Molles 组和 Lajas 组古地理要素，以及层序边界（据 IKONOS），
实测剖面比例尺介于 1∶100～1∶500 之间

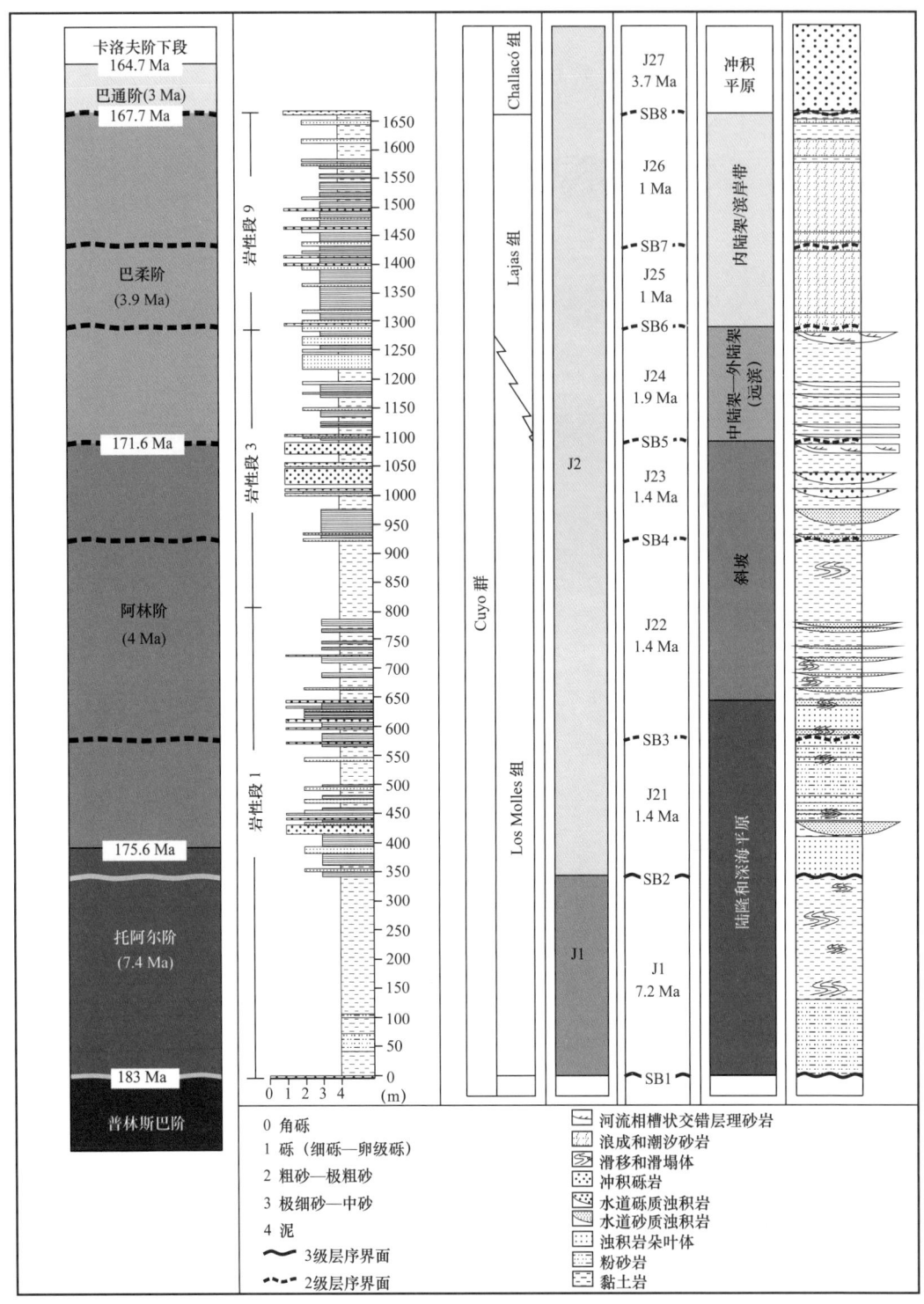

图 5.4 研究区地层综合柱状图

地层划分据 Gulisano 和 Gutierrez Pleimling（1995），地层绝对年龄据 Gradstein 等（2004）。
SB—层序界面，J21 至 J27—三级层序，J1、J2—二级层序

5.2 主要特征

5.2.1 地理格局

地理单元是比构型要素尺度更大的成因单元，与现今海相盆地的地理单元相似（Paim 等，2008）。基于沉积相、相组合和构型要素分析，在 Los Molles 组和 Lajas 组中识别出 4 类地理单元，即 Los Molles 组中的斜坡，Los Molles 组中的陆隆或盆地平原，Los Molles 组与 Lajas 组过渡段中的陆架边缘，以及 Lajas 组中的内陆架或近滨带（图 5.3，图 5.4）。这些地理单元厚 10~100m，内部可见多个几何形态不同、相组合不同、厚几米至数米的构型要素（图 5.4）。

Los Molles 组陆隆与盆地平原地理单元的特征是：微体化石以浮游类放射虫为主，可见大量的细粒沉积（图 5.5a，b）、构成浊积朵叶体的板状砂岩（图 5.5c），以及富化石（菊石和小的双壳类）层（Kochhann 等，2009）。陆隆与盆地平原的区别是可见滑塌层（图 5.5d）。Los Molles 组斜坡地理单元也可见滑移和滑塌层（图 5.5f），以及相似的化石组分，但水道间泥质背景沉积中还可见浊积水道充填沉积（图 5.5e）。Los Molles 组与 Lajas 组过渡段中的陆架边缘地理单元主要为中—外陆架粉砂岩，局部可见底部为突变面、含有下切河道的近滨沉积（图 5.5g，h）。Lajas 组内陆架—近滨带地理单元为砂质层，可见波浪、风暴和潮汐沉积构造，以及厚约几米的泥质夹层。

Los Molles 组下段为沉积于盆地平原的页岩，中段为朵叶体—朵叶体边缘浊积岩，上段为包裹于斜坡（Los Molles 组）和中—外陆架（Los Molles 组与 Lajas 组过渡段）细粒背景沉积中的浊积岩与下切水道。这种垂向地层序列与 Gulisano 和 Gutierrez Pleimling（1995）所述一致，与 Gómez Omil 等（2002）、Verzi 等（2005）根据地震剖面将 Los Molles 组三分的认识也一致。

总之，GF1 的古地理单元包括陆架和盆地平原两个缓斜坡，以及两者之间陡峭、不稳定的斜坡。其中，斜坡地层序列厚约 400m（图 5.4），表明盆地平原水体相当深，可达数百米。这些认识与前人的观点（Steel 等，2000）非常接近。

5.2.2 构型要素

沿下游和垂向上的沉积相变化（图 5.3，图 5.4）表明，向盆地方向 GF1 的构型要素依次为：下切河道（陆架和陆架边缘）、浊积水道（斜坡）和分布广阔的浊积朵叶体—朵叶体边缘（陆隆和盆地平原）（图 5.6）。其中，下切水道包裹于陆架和陆架边缘沉积中；浊流水道侵蚀斜坡沉积，并被围限其中，通常充填再沉积的细粒沉积；浊积朵叶体和朵叶体边缘包裹于细粒的陆隆和盆地平原沉积中。

5.2.3 成因相类型

河道充填沉积主体是可见零星炭化植物碎屑的砂岩和砾岩（碎屑支撑），前者发育水平层理和交错层理，后者呈块状或有一定的成层性（图 5.7a—c）。近底部可见含脉状层理和泥质披覆层的沙纹层理细砂岩，表明其受微弱的潮汐影响。这些特征及超密度流（Pierson 和 Costa，1987）沉积特征的缺失表明，下切辫状河道沉积物的搬运和沉积以河流作用为主，即便是洪水期（普通的洪水）。

图 5.5　古地理单元露头特征

(a),(b) 盆地平原朵叶体边缘相,其中(a)为细粒岩相,(b)为异粒岩相;(c),(d) 陆隆之上的浊积朵叶体,
其中(c)为砂质层(砂岩厚 5~15m),(d)为滑塌层;(e)斜坡浊积水道;(f)滑移块体(箭头所指);
(g)沉积于外陆架泥岩之上的低位体系域砂岩,可见浪成波痕及下切河道充填沉积(h)

浊积水道充填沉积向盆地方向平均粒径下降明显,依次可见碎屑支撑的砾岩、基质(砂质)支撑的砾岩,以及砂岩(图 5.7d—g)。这种沿下游方向的粒度分异说明,湍流是砂砾长距离搬运的主要机制。浊积水道底部大量的槽模(图 5.8e),以及近底部大量的撕裂屑(图 5.7g,图 5.8c)也支持这种解释。但是,浊积水道充填沉积大多呈块状(图 5.7d—g)说明存在颗粒流。块状层结构相对简单,层厚较薄(0.1~0.5m;图 5.8a,c),表明颗粒流持续时间短。两种数据综合分析表明,发育湍流的涌流向下游流动时,因发生重力转变(Fisher,1983)在底部形成粒度不断变细的颗粒流沉积层。

图 5.6 构型要素和沉积相组合
（a），（b）下切河道充填沉积（箭头处），可见层理；（c）切入斜坡和陆架边缘沉积的河道与浊积水道；（d），
（e）块状浊积水道充填沉积；（f），（g）浊积朵叶体中的块状砂岩，以及由其构成的板状地层组；
（h）沉积于朵叶体边缘的薄层浊积岩。SB—层序边界

位于下游的浊积朵叶体和朵叶体边缘沉积相，除了外形更平整（图 5.5c、图 5.6f、图 5.7h 和图 5.8b）、粒度更细（图 5.7i—k）、槽模和撕裂屑更少（图 5.8d，e）、正粒序结构和平行层理更常见（图 5.7k，图 5.8g）之外，其他特征与浊积水道充填沉积相似。浊积朵叶体也由具双层结构的浊流形成，只是其悬移质粒级更细，受限程度更低或完全不受限制。

· 99 ·

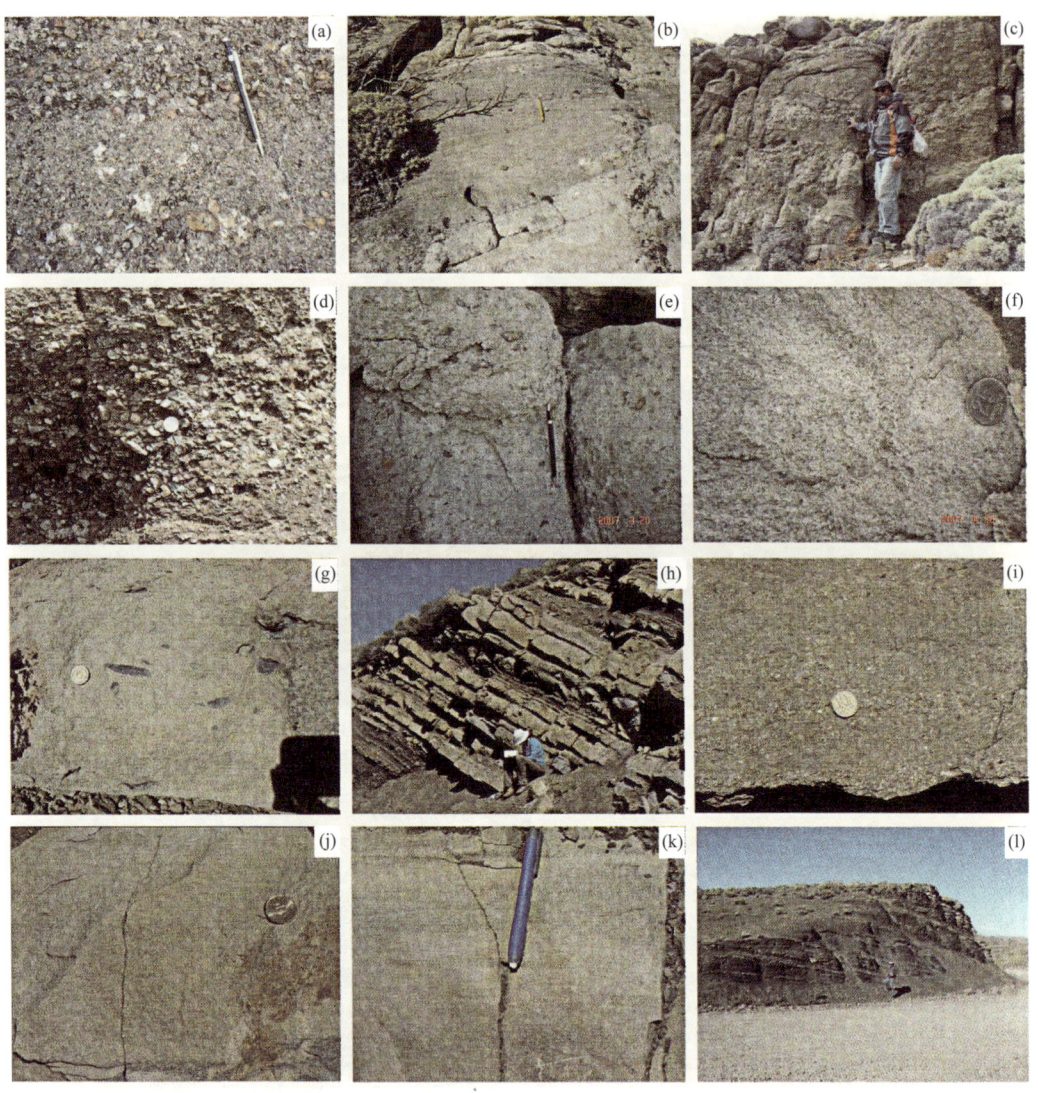

图 5.7 成因相类型

（a）下切河道充填沉积中的颗粒支撑砾岩；（b）板状和槽状交错层理砂岩；（c）零星分布的树干碎块化石；（d）浊积水道充填沉积中的碎屑支撑砾岩；（e）基质支撑砾岩；（f）块状砂岩；（g）常见的撕裂屑；（h）浊积朵叶体侧翼分布广阔的地层；（i）块状粗砂岩；（j）块状细砂岩；（k）零星分布的模糊纹层（牵引流开始作用时形成的纹层）；（l）朵叶体边缘异粒岩相

总之，GF1 的形成与持续时间短、具双层结构的浊流有关，湍流是其粗砂级悬移质从陆架边缘长距离搬运至深海的主要支撑机制。但是，浊积岩大多呈块状表明，沉积物中最后的沉积构造由非湍流形成。该流体被认为是一种过渡的非牛顿流体（伪塑性流），分布仅局限于双层密度流的底层，且存在于发生摩阻冻结沉积作用之前。

5.2.4 古流向

河流沉积（下切河道）中的槽状交错层理指示古流向为东北东（均值为 83°，数据点数 $n=24$）。浊积岩中的槽模指示了相似的古流向（均值为 67°，数据点数 $n=60$）。综合分析得出 GF1 的古流向为北东（均值为 72°，数据点数 $n=72$），这与 Burguess 等（2000）推测的沉积

图 5.8　涌浪型密度流证据

(a), (b) 浊积水道 (a) 和浊积朵叶体 (b), 可见间隔分布的中等规模沉积层; (c), (d) 浊积水道 (c) 和朵叶体中的沉积层 (d), 均可见指示经过湍流长距离搬运的碎片, 包括撕裂屑; (e) 浊积水道底部广泛分布的槽模; (f), (g) 浊积朵叶体中的正粒序结构 (f) 和平行层理 (g); (h), (i) 浊积水道 (h) 和浊积朵叶体 (i) 中广泛分布的炭化植物碎屑, 表明 GF1 靠近河口

物搬运路径相似。古流向大致垂直（87°）于浪成交错层理指示的沿岸流流向（均值为 159°，数据点数 $n=126$）（图 5.9）。分析表明，GF1 和近滨沉积体系的古流向并没有随着时间推移发生明显的变化（图 5.10）。这些古流向数据进一步证实河流卸载与浊流之间存在成因联系。河流和浊流两种沉积物输送体系均含有多个小型的沉积物输入点（图 5.6c），都流向盆地的沉积中心，沿岸流的沉积物搬运方向则平行于盆地边界（图 5.9，图 5.10）。

5.2.5　高频层序

Cuyo 群可划分成 J1 和 J2 两个二级层序，对应时间跨度分别约为 7Ma 和 12Ma（图 5.4）。两者之间的层序界面 SB2 为突变面，之上为厚层砂质浊积岩，之下主要为厚层深海页岩（图 5.3，图 5.4）。J1 层序对应 Los Molles 组下段，是一套海侵—海退沉积单元。J2 层序包含 Los Molles 组（中部和上部）、Lajas 组和 Challac 组，是一套海退沉积单元（图 5.4），可进一步划分成 7 个 3 级层序（J21—J27）。每个 3 级层序时间跨度为 1~3Ma（图 5.3，图 5.4），最多含两个古地理单元（图 5.3）。古地理单元和层序内部相序分析表明，地质记录中存在高频的 4~5 级层序，详细描述见后文（图 5.11，图 5.12）。Mutti（1992）曾以出露于研究区的叠置浊积岩地层，作为相序尺度的高频沉积旋回实例。

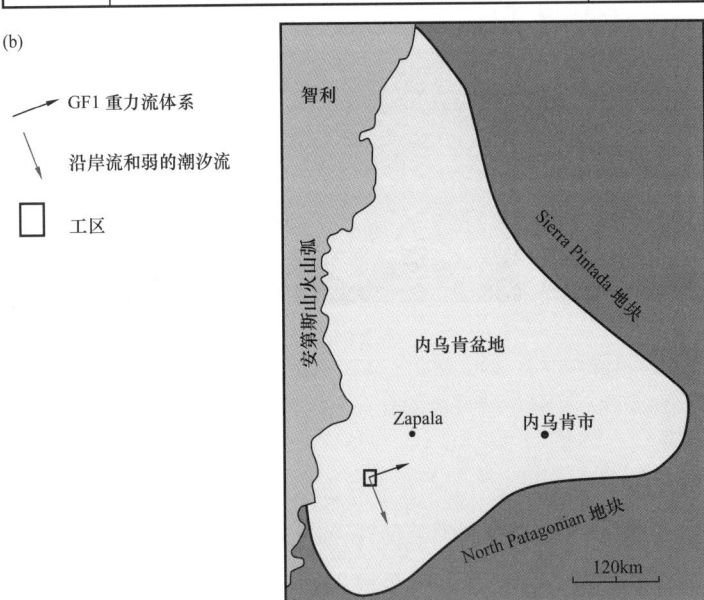

图 5.9 （a）研究区重力流体系古流向（GF1 河流和浊流）与近滨洋流（多数为沿岸流）古流向相互垂直；（b）沿岸流平行于推测的盆地边缘（北北西—南南东向），GF1 河流和浊流流向指向北东向盆地的沉积中心（n—实测古流向数据个数）

在外陆架—中陆架地层中，海侵体系域和高位体系域泥岩与上覆海退体系域的浪成和潮汐成因近滨沉积呈突变接触（海退侵蚀面）（图 5.5g，图 5.11a，d）。这些近滨沉积又被后期海退体系域的小型河道下切（图 5.6b，c），并进一步发展成暴露于地表的不整合面。在后续的相对海平面上升初期，下切河道会被河流沉积充填（图 5.5h；图 5.6a，b；图 5.7a—c；图 5.11b，d），但局部仍有潮汐影响。随着相对海平面加速上升，该环境进入下一个海侵体系域，陆架广泛沉积粉砂岩。总之，在外陆架—中陆架地层中，海退体系域（海退侵蚀面及随后的河道下切）、低位体系域（河道充填沉积）和海侵体系域（最大海退面之上的陆架粉砂）共同记录了高频的相对海平面变化。

在斜坡地层中，广泛分布且连接前期体系域（海侵体系域、高位体系域和海退体系域）的泥岩在海退末期会被点状物源控制的浊流侵蚀（图 5.6d，e；图 5.11d）。浊积水道经历低位期后，将充填相互叠置、具正粒序、沿下游方向变细的砾质或砂质浊积岩透镜体（图 5.6c；图 5.7d—f；图 5.11c）。废弃水道及其上方广泛分布的泥岩预示着新一轮海侵开始。因此，在斜坡地层中，浊积水道的形成（低位体系域早期）和充填（低位体系域晚期），以及其上方广泛分布的泥岩（海侵体系域、高位体系域和海退体系域）共同记录了 4~5 级相对海平面的变化。

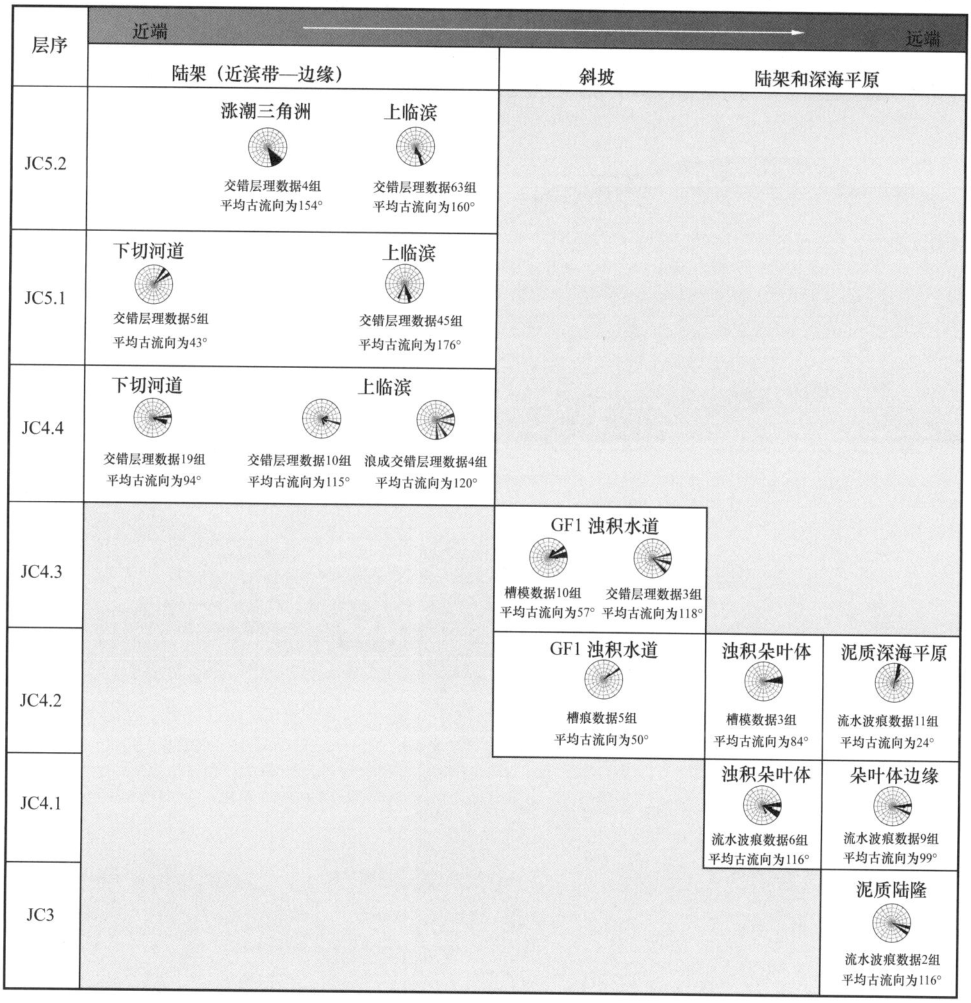

层序	陆架（近滨带—边缘）			斜坡	陆架和深海平原	
	近端 → 远端					
JC5.2	涨潮三角洲 交错层理数据4组 平均古流向为154°	上临滨 交错层理数据63组 平均古流向为160°				
JC5.1	下切河道 交错层理数据5组 平均古流向为43°	上临滨 交错层理数据45组 平均古流向为176°				
JC4.4	下切河道 交错层理数据19组 平均古流向为94°	上临滨 交错层理数据10组 平均古流向为115°	浪成交错层理数据4组 平均古流向为120°			
JC4.3				GF1 浊积水道 槽模数据10组 交错层理数据3组 平均古流向为57° 平均古流向为118°		
JC4.2				GF1 浊积水道 槽痕数据5组 平均古流向为50°	浊积朵叶体 槽模数据3组 平均古流向为84°	泥质深海平原 流水波痕数据11组 平均古流向为24°
JC4.1					浊积朵叶体 流水波痕数据6组 平均古流向为116°	朵叶体边缘 流水波痕数据9组 平均古流向为99°
JC3						泥质陆隆 流水波痕数据2组 平均古流向为116°

图 5.10 重力流体系（GF1）古流向在时间和空间上的分布，
以及与其大致垂直的沿岸流、波浪和潮汐流流向
古流向分析表明 GF1 持续从陆架延伸至盆地平原，其古流向稳定，即便经历了多个三级层序的演化

在陆隆和盆地平原近端沉积中，可见富砂（图 5.6g；图 5.7i—k）的板状浊积岩（图 5.5c；图 5.6f；图 5.11e）上覆于先存的高频沉积旋回泥岩（图 5.11g；低位体系域、海侵体系域、高位体系域和海退体系域）。其中，板状浊积岩沉积于低位体系域，单层厚度通常为数分米（图 5.7h；图 5.8b）。随着相对海平面加速上升，其上方沉积了广泛分布的泥岩（图 5.11e，f）。该细粒泥岩沉积单元厚度为几米至几十米，所含地层包含低位体系域上段、海侵体系域、高位体系域和海退体系域。

图 5.11 高频层序露头特征

(a)泥质陆架背景沉积中底部为突变面的潮汐沙坝(低位体系域);(b)下切河道充填沉积(低位体系域);(c)夹于斜坡泥质背景沉积中的砂质浊积水道(砂层厚 5~15m)(低位体系域);(d)(a)、(b)和(c)的相对位置;(e)陆隆至盆地平原的高频层序宏观照片,可见多期浊积朵叶体;(f)低位体系域砂质浊积朵叶体与海进体系域泥质层界面近照;(g)高位体系域泥质层与低位体系域砂质浊积朵叶体界面近照

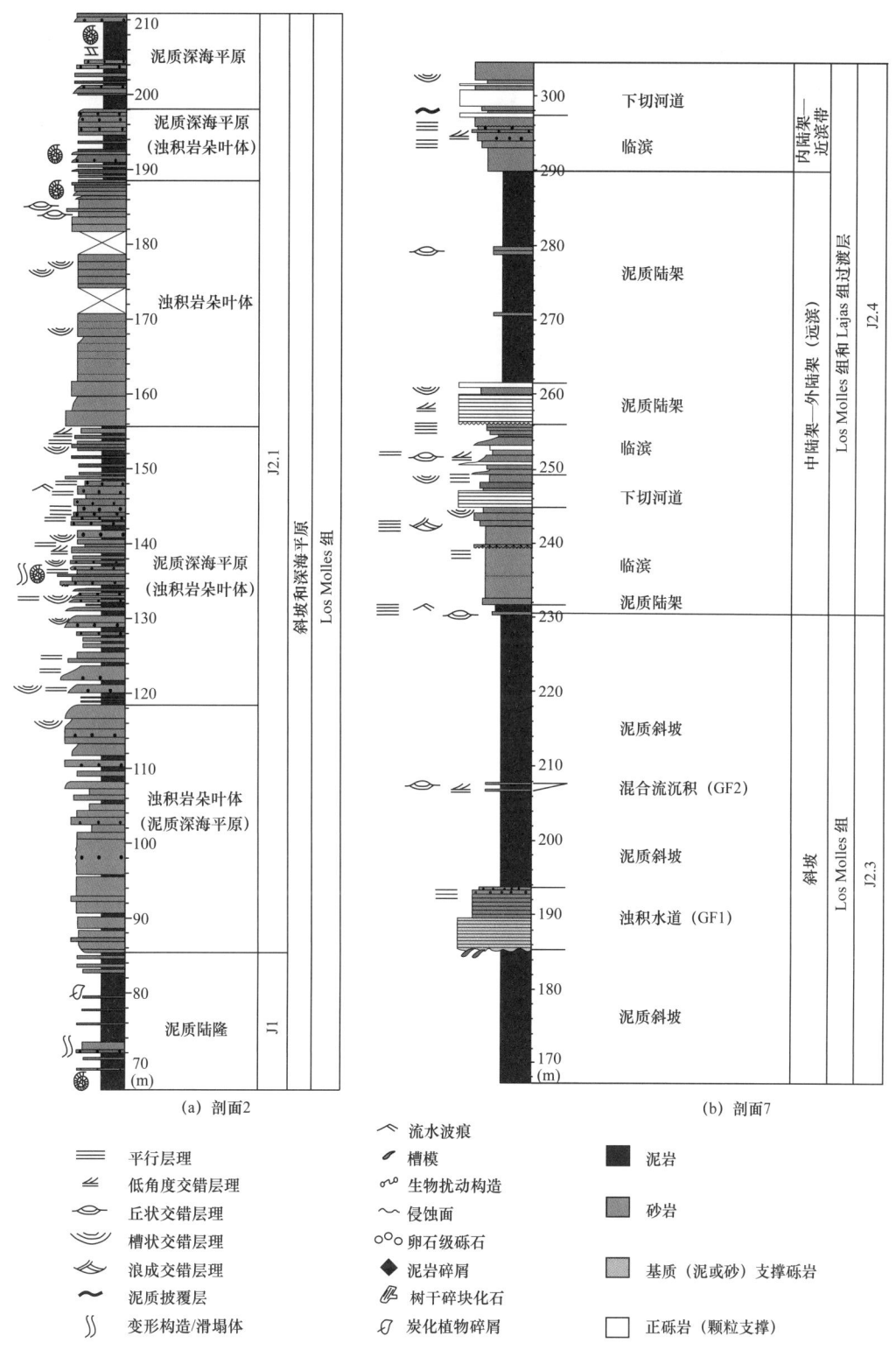

图 5.12 剖面 2 和剖面 7 沉积剖面图

地层格架内可见高频层序,剖面位置如图 5.3 所示;J1—二级层序,J2.1—J2.4—三级层序

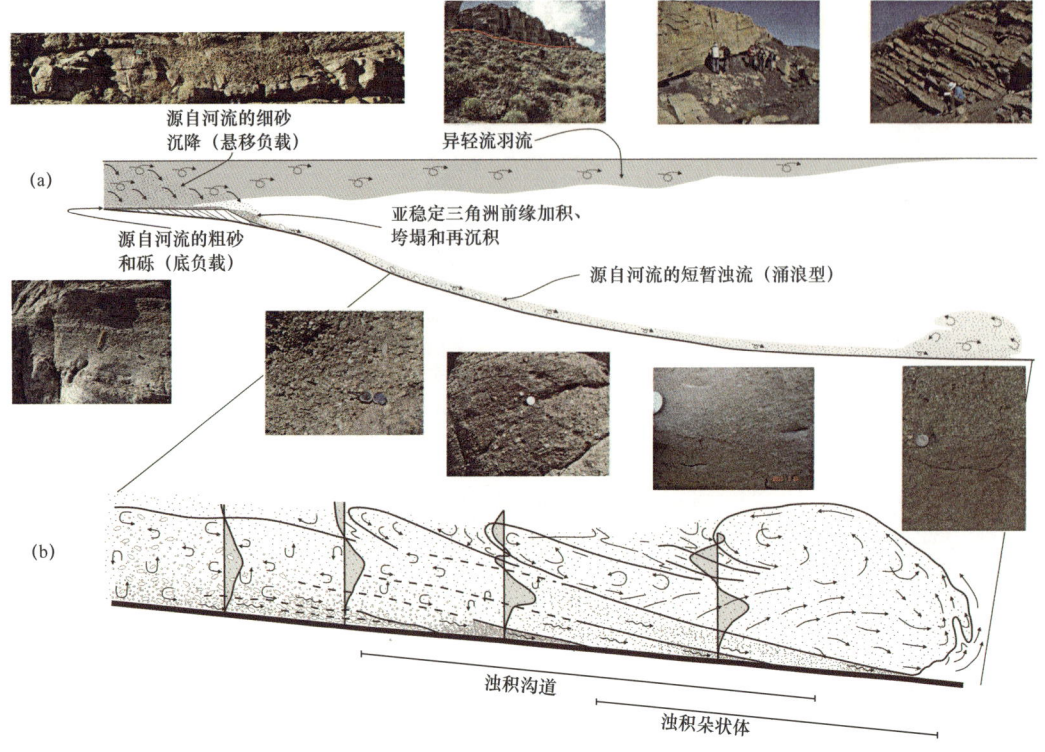

图 5.13 河流成因的涌浪型浊积岩概念模型

(a)触发机制;(a),(b)展示了沉积物的搬运和沉积过程。顶部照片展示了该沉积体系主要的构型要素,包括下切河道、砾质和砂质浊积水道,以及浊积朵叶体;中部照片展示了不同的成因相。(b)据 Postma 等(1998)

5.3 讨论

5.3.1 沉积物重力流持续时间的长短

工区三分的盆地地理格局和低位体系域高频的层序有利于异重流向浊流转变(Steel 等,2000;Plink-Björklund 和 Steel,2004)。一些特征表明,河流卸载与沉积物重力流之间存在密切联系。岩相分析表明,GF1 沿下游方向可见河流沉积首先过渡为砾质重力流沉积,然后再过渡为砂质重力流沉积。河流沉积和 GF1 均具有大的粒级范围(砾—细砂)、丰富的炭化植物碎屑(图 5.8h,i),以及相互平行的古流向,这表明河流卸载与 GF1 存在联系,是河流向陆架边缘和 GF1 输送了砂砾。但是,河流沉积仅见正常的辫状河砾质坝和沙坝,却未见高能河流卸载可直接输送至斜坡的证据。相对低能的河流沉积与结构相对简单、内部无沉积构造的薄层重力流沉积伴生,说明 GF1 由能量逐渐下降的短暂性涌流形成,而非流量上升至消退的持续性异重流(Mulder 等,2003)。表 5.1 简要地总结了其他地区异重流沉积的识别标志,并对比分析了 GF1。

这两种解释方案(持续性或短暂性流体)看似不兼容,但综合两方面的特征,可将 GF1 的重力流解释成受河流间接影响的涌浪型浊流。其触发机制是幕式的河口坝和三角洲前缘垮塌。GF1 中干净的(基质为极细粒砂质)砂质和砾质沉积也表明,大部分的河流悬移质(粉砂和黏土)并没有跟随该涌浪型浊流搬运。

表 5.1 GF1 与异重流沉积特征差异（据 Paim 等，2008）

异重流判识标志	参考文献	GF1 是否有此特征
陆架边缘的浊积水道与河道直接相连	Plink-Björklund 和 Steel（2004）	是。通过小型下切河道相连
层内可见块状亚段与发育层理的亚段交替分布	Plink-Björklund 和 Steel（2004）；Bhattacharya 和 MacEachern（2008）；Arcuri 和 Zavala（2008）；Bourget 等，（2008）；Vesely（2008）	否。岩层呈块状或发育层理；块状层顶部或可见层理丰富的夹层
成因单元下段向上变粗、变厚，上段则相反		否。成因单元为薄层，在地层中呈间隔分布，呈块状或具粒序结构
层内可见大量的侵蚀充填构造		否。未见
横向上粒级变化不规则		否。未见
岩性以砂质为主，可见大量厚度为米级的岩层	Piper 和 Savoye（1993）；Mulder 等（1998）；Kneller 和 Buckee（2000）；Mulder 和 Alexander（2001）；Plink-Björklund 和 Steel（2004）；Arcuri 和 Zavala（2008）；Vesely（2008）	否。仅见厚度为分米级的砂岩层和砾岩层与细粒沉积间隔分布
沉积于陆架并与浊积岩伴生	Plink-Björklund 和 Steel（2004）	是
含大量的炭化陆源植物碎屑（树叶、植物碎屑）	Mulder 和 Alexander（2001）；Johnson 等（2001）；Plink-Björklund 和 Steel（2004）	是
浊积岩层可见炭化植物碎屑构成的纹层	Zavala（2008）	是。但 GF2 更常见
可见少量的滑塌、滑移和碎屑流沉积	Plink-Björklund 和 Steel（2004）	否。仅 GF3 可见大量的块体流和碎屑流沉积
厚层砂质浊积岩沿下游方向尖灭	Plink-Björklund 和 Steel（2004）	是。但仅见于 GF2
可见磨圆的泥砾及泥砾定向排列构造		是。通常为定向排列构造
粉砂—黏土递变层可见收缩缝	Bhattacharya 和 MacEachern（2008）	否。未见
遗迹化石多样性低—中等，生物扰动强度低，遗迹化石大小正常；造迹生物行为对策简单，主要为食悬浮造迹生物	Bhattacharya 和 MacEachern（2008）；Carmona 等（2008）	是。遗迹化石多样性和生物扰动强度通常偏低，造迹生物行为对策简单

根据 Bates（1953）和 Wright（1977）的异重流定义，以及前述重力流沉积的特征，综合认为河流卸载分离成两层：上层悬移质并没有以惯性流（真正的异重流）冲入海底，而是以异轻流羽状流搬运至更远；以摩阻作用为主的下层底负载（砾和砂）则卸载于三角洲前缘。本文实例类似于 McLeod 等（1999）模拟实验的中等密度地表径流，但不完全相同。该地表径流主要受盆内水体分层影响，上层富细粒悬移质的流体在盆内转变成悬浮的羽状流，下层富颗粒的流体则冲入盆底，形成密度流，而本文实例中富含沉积物的下层重力流主要卸载于三角洲前缘，并以牵引流不断加积。

5.3.2　流体类型（砂质碎屑流或浊流）

重力流沉积以块状砂岩为主表明，GF1主要的颗粒支撑机制不是湍流，而是其他机制（如泄水作用、干扰沉降和浮力），如非黏性的砂质碎屑流（Shanmugam，2000）。但是，沿下游方向上明显的粒级分异表明，湍流（即浊流）是砂、砾长距离搬运的主要机制。

为了解释这种矛盾，笔者提出了与分层密度流（Kuenen，1951；Bagnold，1956；Sanders，1965；Postma等，1988；Mutti等，1999）相似的双层浊流概念，用于解释长距离搬运（湍流引起的粒级分异）和短距离搬运（冻结沉积前短暂存在于流体底部的惯性流）并存的沉积机制。笔者强调的是长距离搬运机制及沉积相，而非密度流底层在短距离内的流体类型变化现象及块状沉积，因此称之为浊流，而非非黏性碎屑流。

5.3.3　影响因素（内因和外因）

内因和外因共同控制了浊流的形成。如前所述，浊流的形成与洪水期河口坝高的砂、砾沉积速率相关。高的砂、砾沉积速率使得三角洲前缘反复垮塌，从而形成浊流。但是，前述陆架、斜坡和盆地平原沉积的地层年代（Gulisano和Gutierrez Pleimling，1995）和沉积学特征（相序和相组合）也表明，GF1中的涌浪浊流与低位体系域的高频层序（4~5级）及存在时间短暂的陆架边缘三角洲密切相关。故认为，相对海平面下降是引发浊流的外部主控因素，即在海平面下降期被快速输送至较陡斜坡的砂、砾沉积物（低位体系域陆架边缘三角洲）为浊流的触发创造了条件。

5.4　结论

GF1的构型要素和地理格局是：河道分布于陆架边缘，浊积水道分布于斜坡，浊积朵叶体—朵叶体边缘分布于陆隆和盆地平原。外陆架至斜坡过渡带坡度的增大，有利于重力流的自加速和下切；斜坡至陆隆和盆地平原过渡带坡度的减小，则有利于浊流从受限程度低的水道至开阔的浊积朵叶体环境沉积大规模的砂体。高频的低位三角洲呈点状向陆架边缘输送沉积物，这使得该区具有很高的沉积速率。

图5.13所示概念模型认为：河流洪水形成的亚稳定流将底负载（砂和砾）输送至三角洲前缘缓坡的同时，将悬移质（粉砂和黏土）以异轻流羽状流输入盆地。该三角洲前缘缓坡极不稳定，在持续加积的同时不断向更深的水域进积。沉积于这些不稳定区河口坝的沉积物经历短暂的储存之后，将发生幕式的失稳和再搬运作用，进而形成碎屑流。由于在斜坡上会发生自加速作用，碎屑流将完全转变成湍流（浊流涌浪），并对斜坡造成侵蚀。在随后的流速下降过程中，伴随着脉动的加积作用，沉积物粒级将沿下游方向发生分异。这种脉动的加积作用由重力流发生重力转变形成，使得重力流分离成上下两层，下层发生摩阻冻结，并形成粒度不断变细的块状颗粒流沉积。洪水在河口处的分离通常导致浊流缺少细颗粒，这使得浊流的沉积物搬运效率降低，故GF1很少沉积真正的浊积朵叶体板状层和朵叶体边缘相。

参 考 文 献

Arcuri M., and C.Zavala, 2008, Hyperpycnal shelfal lobes: Some examples from the Lotena and Lajas formations, Neuquén Basin, Argentina (abs.), in J.J.Ponce and E.B.Olivero, conveners, Sediment transfer from shelf to deepwater-Revisiting the delivery mechanisms : Conference Proceedings, AAPG Hedberg Research Conference, Ushuaia-Patagonia, Argentina, 4 p.

Bagnold R.A., 1956, The flow of cohesionless grains in fluids : Philosophical Transactions of the Royal Society of London, Series A : Mathematical and Physical Sciences, v.249, p.235–297, doi : 10.1098/rsta.1956.0020.

Bates C.C., 1953, Rational theory of delta formation : AAPG Bulletin, v.37, p.2119–2162.

Bhattacharya J.P., and J.A.MacEachern, 2008, Hyperpycnal rivers and prodeltaic shelves in the Cretaceous seaway of North America (abs.), in J.J.Ponce and E.B.Olivero, conveners, Sediment transfer from shelf to deepwater-Revisiting the delivery mechanisms : Conference Proceedings, AAPG Hedberg Research Conference, Ushuaia-Patagonia, Argentina, 4 p.

Bourget J., S.Zaragosi, T.Mulder, T.Garlan, N.Ellouz-Zimmermann, A.Vantoer, and J.-L.Schneider, 2008, Monsoon-induced hyperpycnal flows recorded in the Gulf of Oman (NW Indian Ocean) (abs.), in J.J.Ponce and E.B.Olivero, conveners, Sediment transfer from shelf to deepwater-Revisiting the delivery mechanisms : Conference Proceedings, AAPG Hedberg Research Conference, Ushuaia-Patagonia, Argentina, 2 p.

Burguess P.M., S.Flint, and S.Johnson, 2000, Sequence stratigraphic interpretation of the turbidítica strata : An example fromJurassic strata of the Neuquén Basin, Argentina : Geological Society ofAmerica Bulletin, v.112, no.11, p.1650–1666, doi : 10.1130/0016-7606 (2000) 112<1650: SSIOTS>2.0.CO ; 2.

Carmona N., J.J.Ponce, M.I.Lopez-Cabrera, and E.Olivero, 2008, Trace fossil diversity in hyperpycnites : Ethologic implications and comparison to trace fossil in episodic gravity flows (abs.), in J.J.Ponce and E.B.Olivero, conveners, Sediment transfer from shelf to deepwater-Revisiting the delivery mechanisms : Conference Proceedings, AAPG Hedberg Research Conference, Ushuaia-Patagonia, Argentina, 2 p.

Fisher R.V., 1983, Flow transformations in sediment gravity flows : Geology, v.11, p.273–274, doi : 10.1130/0091-7613 (1983) 11<273: FTISGF>2.0.CO ; 2.

Gómez Omil R.G., J.Schmithalter, A.Cangini, L.Albariño, and A.Corsi, 2002, El Grupo Cuyo en la Dorsal de Huincul : Consideraciones estratigráficas, tectónicas y petroleras, Cuenca Neuquina.Actas 58 Congreso de Exploración y Desarrollo de Hidrocarburos, Mar del Plata Actas (CD-ROM).

Gradstein F.M., J.G.Ogg, and A.G.Smith, 2004, A geologic time scale : Cambridge, Cambridge University Press, 589p.

Gulisano C.A., and A.R.Gutierrez Pleimling, 1995, Field guide : The Jurassic of the Neuquén Basin, Neuquén Province, Secretaria de Minería de la Nación (Publicación no.158) y Asociación Geológica Argentina, Serie E (2), 111 p.

Helland-Hansen W., and J.G.Gjelberg, 1994, Conceptual basis and variability in sequence stratigraphy : A different perspective : Sedimentary Geology, v.92, p.31–52, doi : 10.1016/0037-0738 (94) 90053-1.

Heller P.L., and W.R.Dickinson, 1985, Submarine ramp facies model for delta-fed, sand-rich turbidite systems : AAPG Bulletin, v.69, no.6, p.960–976.

Hunt D., and M.E.Tucker, 1992, Stranded parasequences and the forced regressive wedge systems tract : Deposition during base-level fall : Sedimentary Geology, v.81, p.1–9, doi : 10.1016/0037-0738 (92) 90052-S.

Johnson K., C.K.Paull, J.P.Barry, and F.P.Chavez, 2001, A decal record of underflows from a coastal river into the deep sea : Geology, v.29, p.1019–1022, doi : 10.1130/0091-7613（2001）029＜1019: ADROUF＞2.0.CO ; 2.

Kneller B., and C.Buckee, 2000, The structure and fluid mechanics of turbidity currents : A review of some recent studies and their geological implications : Sedimentology, v.47, no.1, p.62–94, doi : 10.1046/j.1365-3091.2000.047s1062.x.

Kochhann K.G.D., S.Baecker-Fauth, G.Fauth, A.S.Silveira, 2009, Aalenian（middle Jurassic）radiolarian fauna from Los Molles Formation, Argentina, and its paleobiogeographic affinities, in Congresso Brasileiro de Paleontologia, 2009, Livro de Resumos, v.1, p.39.

Kuenen Ph.H., 1951, Properties of turbidity currents of high density, in J.L.Hough, ed., Turbidity currents and the transportation of coarse sediments to deepwater : A symposium : SEPM Special Publication 2, p.14–33.

Leanza H.A., and C.A.Hugo, 1997, Hoja Geológica 3969-III, Picún Leufú , provincias del Neuquén y Río Negro, Programa Nacional de Cartas Geoló gicas de la República Argentina, escala 1: 250.000: Boletín Instituto de Geología y Recursos Naturales, v.218, p.1–135.

Legarreta L., and C.A.Gulisano, 1989, Análisis estratigráfico secuencial de la Cuenca Neuquina（Triásico superior-Terciario inferior, Argentina）, in G.Chebli and L.Spalletti, eds., Cuencas sedimentarias Argentinas, Instituto Miguel Lillo, Universidad Nacional de Tucumán, San Miguel de Tucumán, Serie Correlación Geológica 6, p.221–243.

Legarreta L., and M.A.Uliana, 1991, Jurassic/Cretaceous marine oscillations and geometry of a back-arc basin fill, central Argentine Andes, in D.I.M.McDonald, ed., Sedimentation, tectonics and eustasy : Oxford, International Association of Sedimentologists Special Publication 12, p.429–450.

McLeod P., S.Carey, and R.S.J.Sparks, 1999, Behavior of particle-laden flows into the ocean : Experimental simulationandgeological implications : Sedimentology, v.46, p.523–536, doi : 10.1046/j.1365-3091.1999.00229.x.

Mulder T., and J.Alexander, 2001, The physical character of subaqueous sedimentary density flows and their deposits : Sedimentology, v.48, p.269–299, doi : 10.1046/j.1365-3091.2001.00360.x.

Mulder T., J.P.M.Syvitski, and K.I.Skene, 1998, Modeling of erosion and deposition of turbidity currents generated at river mouths : Journal of Sedimentary Research, v.68, p.124–137.

Mulder T., J.P.M. Syvitski, S.Nigeon, J.C.Faugeres, and B.Savoye, 2003, Marine hyperpycnal flows : Initiation, behavior and related deposits–A review : Marine and Petroleum Geology, v.20, p.861–882, doi : 10.1016/j.marpetgeo.2003.01.003.

Mutti E., 1992, Turbidite sandstones San Donato Milanese : Parma, Italy, AziendaGenerale Italiana Petroli- Instituto di Geologia, Università di Parma, p.275.

Mutti E., R.Tinterri, E.Remacha, N.Mavilla, S.Angela, and L.Fava, 1999, Anintroduction to the analysis of ancient turbidite basins from an outcrop perspective, AAPG Continuing Education Course Note Series 39, p.61.

Mutti E., R.Tinterri, G.Benevelli, D.Di Biase, and G.Cavanna, 2003, Detaic, mixed and turbidite sedimentation of ancient foreland basins : Marine and Petroleum Geology, v.20, p.733–755, doi : 10.1016/

j.marpetgeo.2003.09.001.

Paim P.S.G., A.S.Silveira, E.L.C.Lavina, U.F.Faccini, H.A.Leanza, J.M.M.Teixeira de Oliveira, and R.S.F.d'Á vila, 2008, High resolution stratigraphy and gravity flowdeposits in the LosMolles Formation(Cuyo Group-Jurassic) at La Jardinera region, Neuquén Basin, Argentina : Revista de la Asociación Geológica Argentina, v.63, no.4, p.728–753.

Pierson T.C., and J.E.Costa, 1987, A rheologic classification of subaerial sediment-water flows, in J.E.Costa and G.F.Wieczorek, eds., Debris flows/avalanches : Process, recognition, and mitigation : Geological Society of America Reviews in Engineering Geology, v.VII, p.1–12.

Piper D.J.W., and B.Savoye, 1993, Processes of Late Quaternary turbidity current flow and deposition on the Var fan, north-west Mediterranean Sea : Sedimentology, v.40, p.557–582, doi : 10.1111/j.1365-3091.1993.tb01350.x.

Plink-Björklund P., and R.J.Steel, 2004, Initiation of turbidity currents : Outcrop evidence for Eocene hyperpycnal flow turbidites : Sedimentary Geology, v.165, p.29–52, doi : 10.1016/j.sedgeo.2003.10.013.

Postma G., W.Nemec, and K.L.Kleinspehn, 1988, Large floating clasts in turbidites : A mechanism for their emplacement : Sedimentary Geology, v.58, p.47–61, doi : 10.1016/0037-0738 (88) 90005-X.

Ramos V.A., 1998, Estructura del sector occidental de la Faja Plegada y Corrida del Agrio, Cuenca Neuquina, Argentina, Actas 108 Congreso Latinoamericano Geología y 68 Congreso Nacional Geología Económica 2, Buenos Aires, Argentina, p.105–110.

Sanders J.E., 1965, Primary sedimentary structures formed by turbidity currents and related sedimentation mechanisms, in G.V.Middleton, ed., Primary sedimentary structures and their hydrodynamic interpretations : SEPM Special Publication 12, p.192–219.

Shanmugam G., 2000, 50 Years of the turbidite paradigm (1950s–1990s) : Deep-water processes and facies models-A critical perspective : Marine and Petroleum Geology, v.17, p.285–342, doi : 10.1016/S0264-8172 (99) 00011-2.

Steel R.J., J.Crabaugh, M.Schellpeper, D.Mellere, P.Plink-Björklund, J.Deibert, and T.Loeseth, 2000, Deltas vs.river on the shelf edge : Their relative contributions to the growth of the shelf-margin and basin-floor fans (Barreminan to Eocene, Spitsbergen), in P.Weimer, ed., Deep-water reservoirs of the world : Gulf Coast Section-Society of Sedimentary Geology (GC-SEPM) Research Conference (CD-ROM), p.981–1009.

Van Wagoner J.C., H.W.Posamentier, R.M.Mitchum Jr., P.R.Vail, J.F.Sarg, T.S.Loutit, and J.Hardenbol, 1988, An overview of the fundamentals of sequence stratigraphy and key definitions, inC.K.Wilgus, B.S.Hastings, C.G.St.C.Kendall, H.W.Posamentier, C.A.Ross, and J.C.Van Wagoner, eds., Sea level changes : An integrated approach : SEPM Special Publication 42, p.40–45.

Van Wagoner J.C., R.M.Mitchum Jr., K.M.Campion, and V.D.Rahmanian, 1990, Siliciclastic sequence stratigraphy in well logs, cores, and outcrops : Concepts for high-resolution correlation of time and facies : AAPG Methods in Exploration Series 50, 10, p.2150–2175.

Vergani G.D., 2005, Control estructural de la sedimentación jurásica (Grupo Cuyo) en la Dorsal de Huincul, Cuenca Neuquina, Argentina, Modelo de falla lístrica rampa-plano, invertida : Boletín de Informaciones Petroleras, v.1, no.1, p.32–42.

Vergani G.D., A.J.Tankard, H.J.Belotti, and H.J.Welsink, 1995, Tectonic evolution and paleogeography of the Neuquén Basin, Argentina, in A.J.Tankard, R.Suárez Soruco, and H.J.Welsink, eds., Memoir petroleum basins of SouthAmerica : AAPGBulletin, v.62, p.383–402.

Verzi H., M.F.Raggio, and M.Suarez, 2005, Volume interpretation of a turbidite system, LosMolles Formation, Neuquén Basin, Argentina, in D.Soubies, M.Arteaga, and F.Fantín, eds., La Sísmica de Reflexión, más allá de la Imagen Estructural, Buenos Aires, Instituto Argentino del Petroleo y del Gas, 2005, p.219–226.

Vesely F.F., 2008, Subaqueous sandstones deposited by melt water-fed density flows in a late Paleozoic glaciomarine succession, eastern Paraná Basin, Brazil (abs.), in J.J.Ponce and E.B.Olivero, conveners, Sediment transfer from shelf to deepwater-Revisiting the delivery mechanisms : Conference Proceedings, AAPG Hedberg Research Conference, Ushuaia-Patagonia, Argentina, 1 p.

Vicente J.C., 2005, Dynamic paleogeography of the Jurassic Andean Basin : Pattern of regression and general considerations of the main features : Revista de la Asociación Geológica Argentina, v.61, no.3, p.408–437.

Wright L.D., 1977, Sediment transport and deposition at river mouths : A synthesis : Geological Society of America Bulletin, v.88, p.857–868, doi : 10.1130/0016-7606 (1977) 88<857: STADAR>2.0.CO ; 2.

Zavala C., 1993, Estratigrafía y análisis de facies de la Formación Lajas (Jurásico medio) en el sector sur occidental de laCuencaNeuquina.Provincia delNeuquén, Repú blica Argentina, Tesis Doctoral Departamento de Geología, Universidad Nacional del Sur, Bahía Blanca, Buenos Aires, Argentina, 260 p.

Zavala C., 2008, Toward a genetic facies tract for the analysis of hyperpycnal deposits (abs.), in J.J.Ponce and E.B.Olivero, conveners, Sediment transfer fromshelf to deepwater-Revisiting the delivery mechanisms : Conference Proceedings, AAPG Hedberg Research Conference, Ushuaia-Patagonia, Argentina, 3 p.

6 委内瑞拉安第斯山 Rio Guache 组砾质和砂质沉积相：深海重力流搬运证据

Corina Campos   Oswaldo Guzmán   Andrés Pilloud
Redescal Uzcátegui   Ana Cabrera   Manuel Toro

摘要：Rio Guache 组为前陆背景的深海沉积。该前陆盆地由古近纪加勒比板块转换褶皱带前锋与南美板块北部白垩系—古近系被动陆缘沉积，发生斜向碰撞形成。本文首次对 Guaramacal 地区的 Rio Guache 组开展了全面的沉积学研究。根据露头和样品分析，在 Rio Guache 组识别出五类砾质沉积相和三类砂质沉积相。沉积相、搬运机制和沉积过程分析表明，这些沉积相是重力流在盆地内边搬运边沉积的产物。沉积相组合特征独特、粗碎屑含量高、岩石组构分异程度低、沉积构造几乎不发育等特征说明，该重力流持续时间短，沉积物输送效率低。这些沉积相或由幕式块体流和滑移块体形成，由古近纪晚期委内瑞拉西部强烈的构造活动引发。没有直接的证据表明这些粗粒岩层为异重流沉积。

古新世—中新世，伴随着前陆冲断褶皱带东移，南美板块北部前陆盆地沉积了一套以深海沉积为主的地层。该前陆盆地形成于古新世—全新世，由加勒比板块转换褶皱带前锋与南美板块北部的白垩系—古近系被动陆缘沉积，发生斜向碰撞形成（Speed，1985；Lugo 和 Mann，1995；Colletta 等，1997；Avé Lallemant 和 Sisson，2005；Ostos 等，2005；Pindell 等，2005）。这些深海沉积地层绝大多数沉积于前陆盆地，受加勒比冲断褶皱带影响都有强烈的变形。因此，对这些沉积岩开展研究，有助于了解南美板块北部的地质演化和油气潜力。

分布于委内瑞拉段安第斯山东南侧的 Rio Guache 组即属于该套深海地层（图 6.1）。该地层主要分布于 Lara 州、Portuguesa 州和 Trujillo 州，被认为是沉积于斜坡的重力流沉积和浊流沉积，岩性包括砾岩、砂岩、粉砂岩、泥岩和外来岩石（变质岩和石灰岩）。其时代仍未确定，但 Von Der Osten 和 Zozaya（1957）、Ramírez（1968）、Blin（1989）认为介于马斯特里赫特期与中始新世之间。这些作者并未对该地层开展详细的沉积学研究，因此并不了解其沉积过程。本文首次对出露于 Trujillo 州 Guaramacal 地区（图 6.1）的 Rio Guache 组开展沉积学研究。

笔者开展了详细的沉积相分析，解释了每类沉积相的搬运和沉积过程，建立了沉积模式。研究结果既有助于深入认识南美板块北部的前陆盆地演化，也有助于了解这些深海沉积在区域含油气系统中的意义。

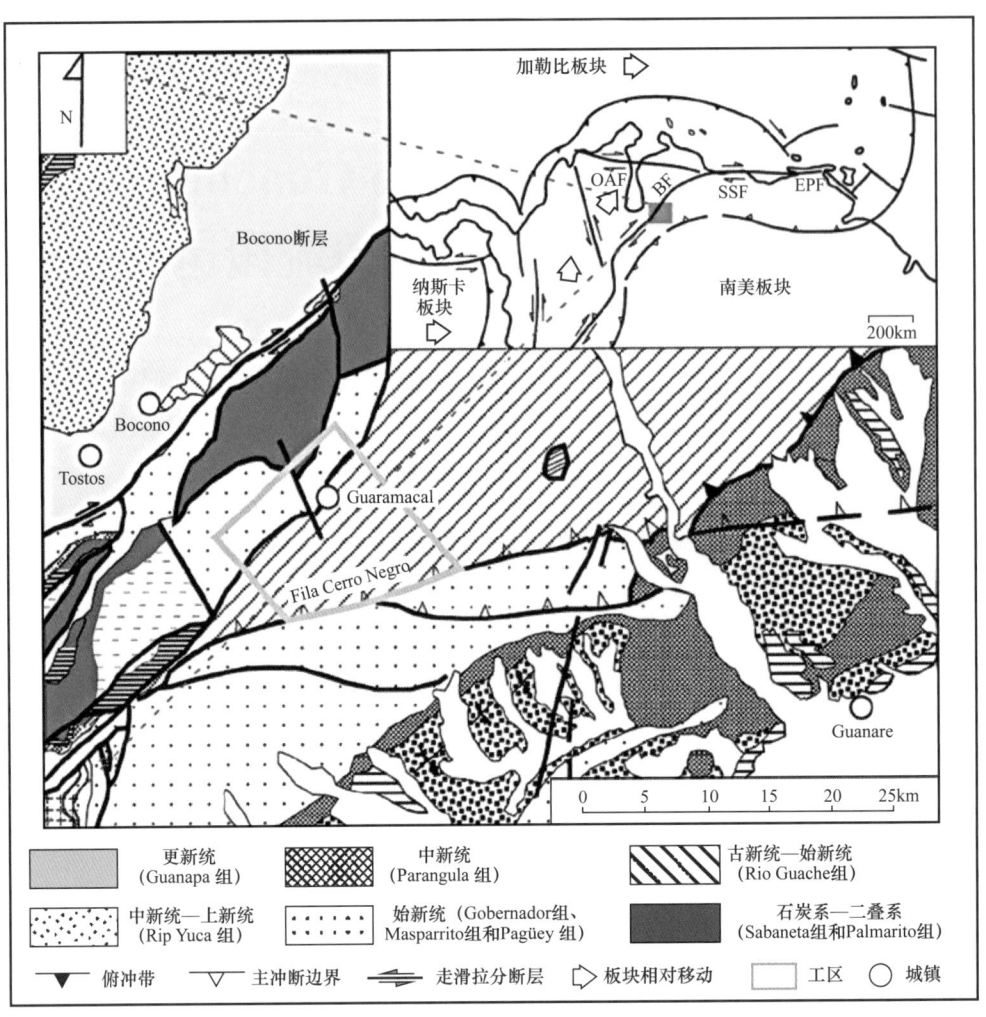

图 6.1 委内瑞拉西北部构造纲要图及工区位置（修改自 Stephan，1982；Bellizia 等，1976）

OAF—Oca-Ancon 断层，SSF—San Sebastian 断层，BF—Bocono 断层，EPF—El Pilar 断层

6.1 区域背景

自新生代以后，加勒比板块和南美板块之间的斜向碰撞，控制了委内瑞拉北部的构造演化（Mann 等，1990）。其中，加勒比板块南缘是一个非常复杂的变形带，其西紧邻哥伦比亚，往东包含 Bocono 地区、San Sebastian 地区，以及 El Pilar 走滑断裂带等构造单元（Hung，2005）。该区地貌主要受委内瑞拉段安第斯山、Serrania del Interior Central、Cordillera de la Costa、Serrania del Interior Oriental 和 Cordillera de Araya-Paria 五条山脉控制。委内瑞拉段安第斯山位于委内瑞拉西部，长约 400km，宽约 80km，是南美安第斯山北侧最高峰之一（图 6.1），走向为 N50°E，被 Bocono 断层沿延伸方向断开成几乎对称的两部分。Bocono 断层及其成因仍有争议：Stephan（1982）将其解释成巨型的正向花状构造；Colletta 等（1997）认为是俯冲形成的冲断带；Audemard（1997）认为是逆冲推覆构造，具基底卷入特征，由根部为陆壳的断片推覆于西北侧的构造之上形成。委内瑞拉段安第斯山以 Bocono 断层为界，分为北段和南段。研究区位于南段的北部（图 6.1），区内

加勒比板块变形前锋将始新统推覆于古生界原位地层之上（Stephan 等，1990；Colletta 等，1997）。委内瑞拉西部构造演化可分为 6 个主要阶段（图 6.2），每个阶段至少对应于一个构造层序：（1）古生代裂谷前期；（2）侏罗纪裂谷期和漂移期；（3）白垩纪被动陆缘期；（4）晚白垩世—古新世早期的过渡期至挤压期，挤压作用由太平洋火山弧向南美板块边碰撞边逆冲产生；（5）古新世早期—始新世中期的弧前前陆期，该期伴随着 Lara 推覆体侵位；（6）始新世—更新世 Panama 弧与南美板块西部碰撞引起的前陆盆地调整期，该碰撞导致 Serrania de Perija、Macizo de Santander 和委内瑞拉段安第斯山隆升，形成了现今的构造格局（Parnaud 等，1995）。

研究区仅识别出裂谷前和前陆（古近系）两期沉积（图 6.1），两者为断层接触。裂谷前沉积地层包括古生界 Sabaneta 组—Palmarito 组，主要为火山岩和海相沉积（Arnold，1966）。前陆沉积地层包括 Gobernador 组、Pagüey 组和 Rio Guache 组，主要为深海沉积及海陆过渡沉积。本文重点研究 Rio Guache 组的沉积学特征。

安第斯山南翼复杂的构造阻碍了 Rio Guache 组地层格架的建立，仅见 Blin（1989）在总结前人资料的基础上，建立了该组厚达 4830m 的综合地层格架。

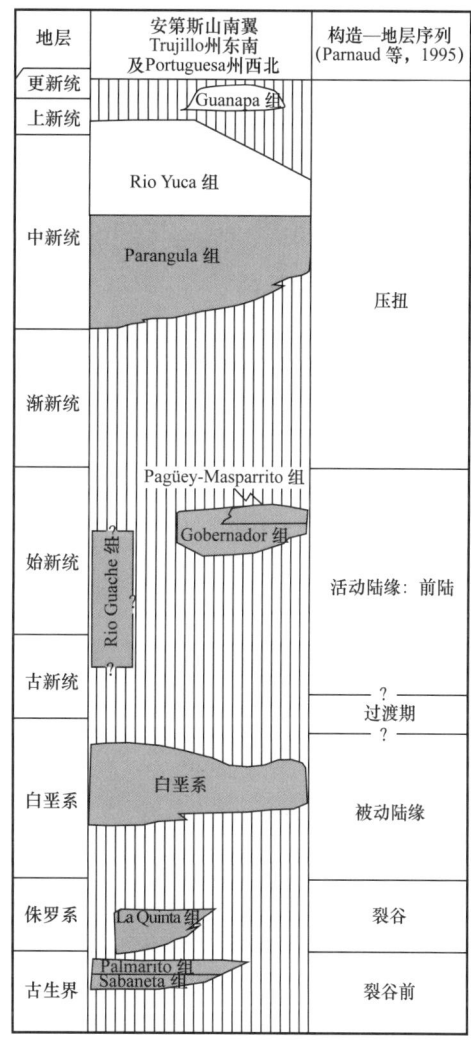

图 6.2　南安第斯山南翼 Trukillo 州东南和 Portuguesa 州西北地区等时地层格架
（修改自 Kiser，1989；Parnaud 等，1995）

6.2　沉积相分析

本文使用的数据来自 188 个露头点的观察，以及 44 个样品的岩矿分析。根据岩石类型和沉积构造，将 Rio Guache 组砂砾岩分成五类砾质沉积相和三类砂质沉积相，并对其搬运机制和沉积过程进行了解释，在此基础上分析了重力流在盆内搬运过程中的流体类型变化。沉积相的详细描述见表 6.1。

6.2.1　沉积相 Df1

该沉积相岩性为块状砾质泥岩和泥质支撑砾岩，局部杂基为砂质或钙质。其典型特征是颗粒分选差，岩层的中—上部可见巨大的漂浮状碎屑（图 6.3a）。碎屑的特征是粒级为细砾—漂石（<3m），圆度为棱角状—圆状，球度低，在泥质杂基中呈漂浮状。该沉积相构成的岩层厚 1~10m，普遍与沉积相 Df2 和 G1 交互产出。

表 6.1 始新统 Rio Guache 组沉积相类型

沉积相	厚度	岩性	沉积构造
Df1	1～10m	砾质泥岩和泥质支撑砾岩	块状
Df2	1～5m	颗粒支撑砾岩，含泥质杂基	块状
Gs	1～5m	砂质支撑砾岩—颗粒支撑砾岩，含泥质杂基	块状或可见模糊的粒序结构，底部为侵蚀面
Gc	1～4m	颗粒支撑砾岩，含钙质胶结	块状
Gl	1～50cm	砾岩或小型砾岩透镜体	块状或可见正粒序、反粒序结构，底部为侵蚀面
S1	20cm～4m	细砂—粗砂岩	块状或可见正粒序、平行纹层，底部为侵蚀面
S2	30cm～1.7m	极细砂—中砂岩	块状或含沙纹、平行纹层、交错纹层和包卷纹层
T	1～30cm	含泥岩夹层的砂岩（细—极细砂岩）与粉砂岩	块状或含平行纹层、交错纹层、沙纹和爬升沙纹，可见似 *Paleodictyon*（古网迹）

图 6.3 委内瑞拉西北部 Guaramacal 地区 Rio Guache 组砾质沉积相
（a）沉积相 Df1，即泥质支撑砾岩，可见碎屑漂浮于泥质杂基中，为黏性碎屑流沉积。（b）沉积相 Df2，即颗粒支撑砾岩，含泥质杂基，为黏性碎屑流沉积。（c）沉积相 Gs，即颗粒支撑砾岩，含砂质杂基，为超密度浊流沉积。（d）沉积相 Gc，即颗粒支撑砾岩，含方解石胶结（箭头），为黏性碎屑流能量下降过程中的滞留沉积

该沉积相碎屑类型丰富，既有石灰岩碎屑，也有片麻岩、板岩、片岩、石英岩、深成岩和火山岩、海绿石质和钙质砂岩，以及泥岩等碎屑。其中，石灰岩碎屑来自白垩系和古新统—始新统生屑灰岩。前者如含有孔虫（*Hedbergella* 属和 *Heterohelix* 属）和双壳（*Inoceramus* 属）的黑色生屑微晶灰岩（可能是 La Luna 组）、含厚壳蛤和棘皮类的生屑微晶灰岩（可能是 Maraca 组、Aguardiente 组或 Lisure 组）、含软体动物和双壳类的生屑微

晶灰岩（与 Guayacán 段岩性相似）；后者如含核形石、有孔虫（货币虫 Nummulites 种）、红藻、双壳类、腹足类和苔藓虫的生屑微晶灰岩。

杂基为泥质、颗粒分选差、岩层中—上部可见巨大的漂浮状碎屑等特征表明，该沉积相为块状的黏性碎屑流沉积（Lowe，1982；Mutti，1992；Mulder 和 Alexander，2001；Gani，2004）。底部无显著侵蚀面，说明存在滑水现象（Mulder 和 Alexander，2001；Sohn 等，2002）。

6.2.2 沉积相 Df2

该沉积相岩性为颗粒支撑砾岩，含泥质杂基，杂基含量为 10%～40%（图 6.3b）。碎屑类型与 Df1 相似，主要粒级为细砾—漂石（<50cm），圆度为棱角状—圆状，球度和分选变化大。该沉积相构成的岩层厚度小于 5m，普遍与沉积相 Df1 交互产出。

杂基为泥质、颗粒分选差、底部无明显侵蚀面等特征表明，该沉积相也为块状的黏性碎屑流沉积（Lowe，1982；Mutti，1992；Mulder 和 Alexander，2001；Gani，2004）。碎屑粒径小于 Df1，说明该碎屑流无法搬运大的碎屑，属于经过稀释、尚未转变成超密度浊流的碎屑流（Mulder 和 Alexander，2001；Sohn 等，2002）。

6.2.3 沉积相 Gs

该沉积相岩性为砂质—颗粒支撑砾岩，含砂质杂基。碎屑主要粒级为细砾—栗石（<50cm），与前述沉积相比，圆度更高，球度更低（图 6.3c）。该沉积相构成的岩层厚度小于 5m，呈块状、具模糊的粒序结构或可见少量叠瓦状构造，底部可见侵蚀面。该沉积相普遍与沉积相 S1 交互产出。

杂基为砂质、粒序结构模糊、底部可见侵蚀面等特征表明，该沉积相为超密度浊流沉积。摩阻力作用下的冻结作用是其沉积机制，即流体因无法汲取更多的水分而失去搬运大碎屑的能力，并在颗粒相互作用下发生沉积（Mulder 和 Alexander，2001；Sohn 等，2002）。

6.2.4 沉积相 Gc

该沉积相岩性为块状的颗粒支撑砾岩，含方解石胶结物（图 6.3d），粒间基本不含泥质杂基，但可见假基质。碎屑类型与 Df1 相似，粒级为栗石—漂石（<50cm），圆度为棱角状—次圆状，球度低。该沉积相构成的岩层呈不规则状，厚度小于 4m。

碎屑粒度粗、岩层呈不规则状、颗粒分选差等特征表明，该沉积相由逐渐稀释、失去搬运大碎屑能力的碎屑流形成（Mutti，1992），粗碎屑通常局限于底部。

6.2.5 沉积相 Gl

该沉积相岩性为砾岩或为小型砾岩透镜体，颗粒支撑，含泥质和砂质杂基。碎屑类型与 Df1 相似，粒级为细砾—栗石，圆度为次棱角状—圆状，球度低。该沉积相构成的岩层厚度小于 50cm，延伸长度小于 5m，呈块状或具正粒序、反粒序结构，可见长条状碎屑定向排列，底部为侵蚀面（图 6.4a）。该沉积相与沉积相 Df1 和 Df2 交互产出。

该沉积相底部侵蚀面由湍流形成，其上为超密度浊流沉积（Sohn 等，2002）。颗粒定向排列表明长条状碎屑在浊流中能够独立移动。摩阻力作用下的冻结作用是该浊流的沉积机制（Mulder 和 Alexander，2001；Gani，2004）。

图 6.4 委内瑞拉西北部 Guaramacal 地区 Rio Guache 组砂质沉积相
(a) 沉积相 Gl, 即小型砾岩透镜体, 底部为侵蚀面 (箭头), 为超密度浊流沉积。(b) 沉积相 S1, 即细砂—粗砂岩, 常与沉积相 T 和 S2 交互产出, 底部为侵蚀面。(c) 沉积相 S2, 即无内部沉积构造的板状砂岩, 由密度流受摩阻力作用发生冻结形成。(d) 沉积相 T, 即含泥岩夹层的砂岩 (细砂—极细砂岩) 与粉砂岩, 其中砂岩发育沙纹和交错纹层

6.2.6 沉积相 S1

该沉积相岩性为细砂—粗砂岩, 底部可见侵蚀面及滞留沉积的砾石 (卵石、栗石级)。碎屑类型与 Df1 相似, 圆度为次棱角状—次圆状, 球度低, 多呈杂乱堆积。砂岩定名为岩屑砂岩, 分选差—中等, 通常呈块状, 但岩层中—上部可见正粒序结构和平行纹层 (图 6.4b)。该沉积相构成的岩层厚 20cm~4m, 常与沉积相 Gs、S2 和 T 交互产出。

碎屑粒度细、可见正粒序结构、底部可见侵蚀面、岩层中—上部可见平行纹层等特征说明, 该沉积相由密度流受拖曳力和沉降作用形成 (Mulder 和 Alexander, 2001)。笔者认为该密度流发生了分层：底部的侵蚀面及滞留沉积的砾石 (卵石、栗石级) 说明近底部流体主要搬运粗颗粒, 或为超密度浊流 (Mulder 和 Alexander, 2001); 岩层中—上部的平行纹层说明上层流体含砂量偏低, 或为湍流 (Mulder 和 Alexander, 2001)。

6.2.7 沉积相 S2

该沉积相岩性为中粒—极细粒岩屑和亚岩屑砂岩。碎屑为棱角状—次棱角状, 球度变化大, 分选中等。该沉积相构成的岩层厚 30cm~1.7m, 多呈板状 (图 6.4c) 和块状, 岩层中—上部可能发育平行纹层、交错纹层、沙纹和包卷纹层。该沉积相常与泥质岩及沉积相 S1、T 交互产出。

碎屑粒度细、岩层厚度偏薄、沉积构造匮乏等特征表明, 该沉积相由密度流发生冻结形成 (Mulder 和 Alexander, 2001)。岩层中—上部的沉积构造则表明, 该密度流的上层含砂量偏低, 可能为湍流 (Mulder 和 Alexander, 2001)。

6.2.8 沉积相 T

该沉积相岩性为含泥岩夹层的砂岩（细—极细砂岩）与粉砂岩。砂/泥比为 10%～50%。砂岩和粉砂岩呈块状或在中—上部发育平行纹层、交错纹层、沙纹和爬升沙纹（图6.4d）。砂岩层厚 1～30cm，底面可见遗迹化石 *Paleodictyon*（古网迹）。泥岩层厚 10cm～3m，呈灰色—深灰色，含黄铁矿和云母，呈块状或发育平行纹层，无生物扰动构造。

该沉积相为经典的浊积岩（Bouma,1962），可见鲍马序列 Tb—Te、Tc—Te 和 Td—Te 亚段。内部沉积构造总体不发育，表明其由幕式、短暂的涌浪型浊流（Mulder 和 Alexander，2001）在拖曳力和沉降作用下快速沉积形成（Lowe，1982；Mutti，1992）。泥岩为静水沉降沉积。砂岩底面的 *Paleodictyon*（古网迹）说明沉积环境为低能的半深海—深海（Boggs，1995）。

6.3 沉积相模式

沉积相序列和沉积模式的解释参考 Mutti（1992）和 Mutti 等（1999）。他们认为，在同一地层序列内，沉积相总是分布于各自可预测的位置。这样的沉积相序列被称为 Mutti 沉积相序列，其内部具有成因联系的沉积相展示了海底重力流在盆内的演化过程。

露头观察表明，目的层沉积相由重力流沿下游方向逐渐变化沉积形成（图6.5）。该重力流持续时间短，由幕式块体流或滑移块体形成，可能与古近纪晚期委内瑞拉西部加勒比冲断褶皱带逆冲于南美板块之上产生的强烈构造活动有关（Speed，1985；Stephan 等，1990；Lugo 和 Mann，1995；Colletta 等，1997；Avé Lallemant 和 Sisson，2005；Pindell 等，2005；Ostos 等，2005）。沉积相 T 中的 *Paleodictyon*（古网迹）说明，工区目的层沉积环境为半深海—深海，或为古近纪加勒比冲断褶皱带前方前陆盆地的前渊带（Parnaud 等，1995；Villamil，1999；Pindell 等，2005）。

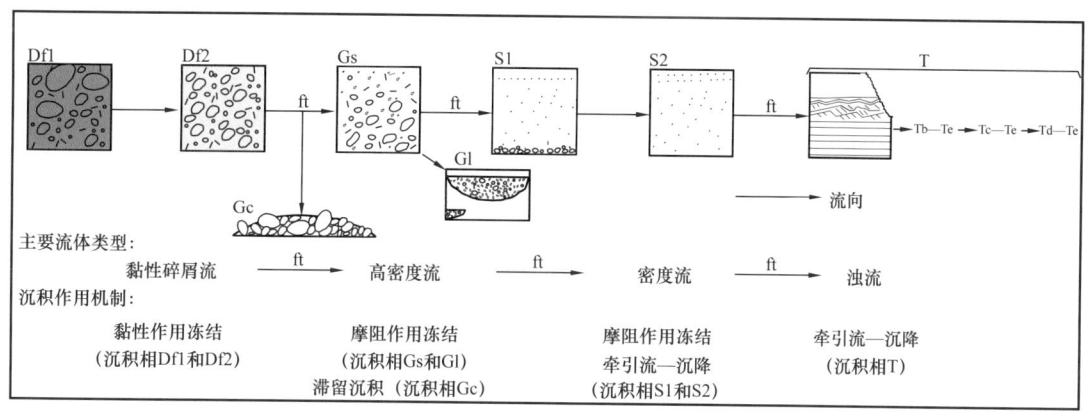

图 6.5　Rio Guache 组沉积相、流体类型和沉积机制（据 Mutti，1992，修改）
ft—流体类型转变

砂砾质沉积相的碎屑来自变质岩、火成岩，以及白垩系和古新统—始新统石灰岩，说明工区目的层至少存在三个简单的物源区或存在一个含有此三类母岩的复杂物源区，如加勒比冲断褶皱带。沙纹古流向数据表明，Rio Guache 组物源应位于研究区的西北部，相当于始新世中期岩相古地理图（Villamil，1999）中的加勒比冲断褶皱带（图6.6）。

其中，白垩系石灰岩碎屑来自委内瑞拉西部被动陆缘沉积；古新统—始新统石灰岩碎屑或来自加勒比冲断带外围的碳酸盐岩陆棚沉积。这些不同来源的碎屑或在加勒比冲断带向南—南东方向推进过程中，被从西北向东南搬运，最终以重力流沉积于前陆盆地前渊带。

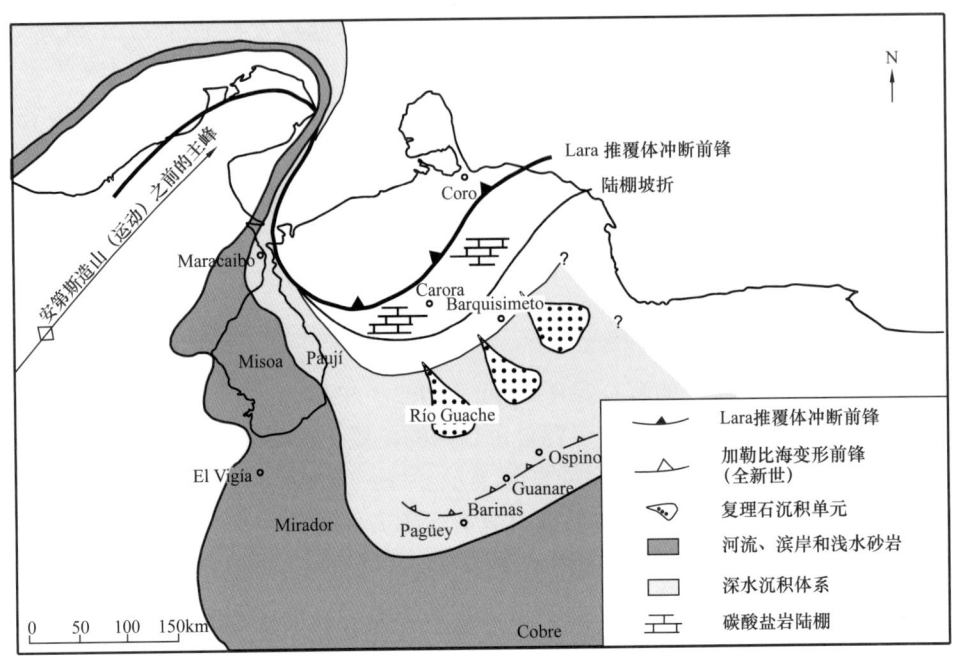

图 6.6　委内瑞拉西部始新统中段岩相古地理图（据 Villamil，1999）
加勒比逆冲褶皱带的冲断前锋位于 Falcon 州和 Lara 州。复理石沉积单元或为幕式块体流和滑移块体沉积，物源来自委内瑞拉北部和西北部

目的层沉积相序列和沉积模式主要根据沉积相与物源区的距离解释：

最近端的沉积相是砾质泥岩、泥质支撑的块状砾岩（Df1）和含泥质杂基的颗粒支撑砾岩（Df2），它们是黏性碎屑流沉积，呈块状（图 6.5）；随着迁移过程中水体掺混，黏性碎屑流会转变成超密度浊流（Hampton，1972；Mutti，1992；Mulder 和 Alexander，2001；Sohn 等，2002），并在颗粒摩阻力作用下发生冻结沉积，形成砂质支撑砾岩、含砂质杂基的颗粒支撑砾岩（Gs），以及砾岩或小型砾岩透镜体（Gl）。

伴随着能量逐渐减弱，粗碎屑将从重力流底部脱离，形成滞留沉积，如随后被方解石胶结物充填、颗粒支撑的砾岩（Gc）。在向密度流转变过程中，超密度浊流在沉降作用、摩阻力和拖曳力共同作用下，沿近端—中部相继沉积底部可见侵蚀面的细砂—粗砂岩（S1）、中砂—极细砂岩（S2）（图 6.5）。

由于水体的不断掺混及沉积物质量浓度稀释，重力流在盆内最终转变为湍流。同时，因流速下降迅速，该湍流在拖曳力和沉降作用下快速沉积为远端沉积（图 6.5），主要是含泥岩夹层的砂岩（细砂—极细砂岩）与粉砂岩（T）。沉积相 T 属于经典浊积岩，因沉积过程中流速下降过快，发育极少的沉积构造（Mutti，1992）。

粗碎屑含量高、颗粒分选差、沉积构造极少等特征说明，该重力流沉积物输运效率低（图 6.7）。流体沉积物输运效率指流体向盆内输运沉积负载，并使其多数在较远距离内分异形成特征各异的沉积相的能力（Mutti，1992；Mutti 等，1994，1999）。持续时间短、缺乏淡水化石和陆生有机质、沉积构造（如爬升沙纹）几乎不发育等特征，说明 Rio Guache 组为幕式重力流沉积。此外，笔者也没有在研究区发现亚稳定异重流的沉积证据。

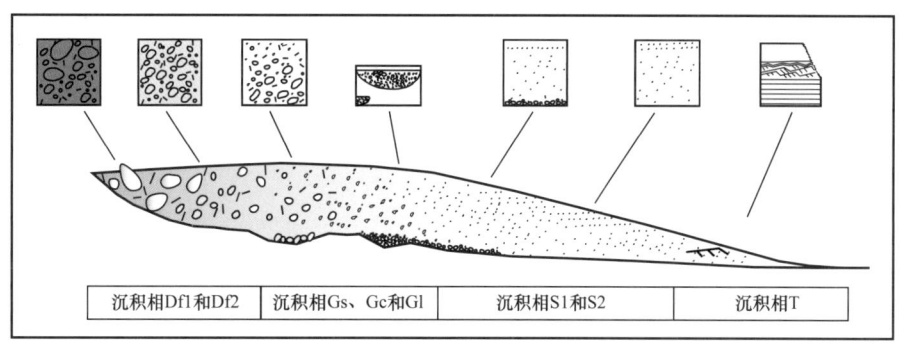

图 6.7 沉积物输运效率低的重力流沉积相模式图

展示了侧向上沉积相的过渡关系，沉积相的典型特征是粗碎屑组分含量高、岩石组构分异程度差、几乎不发育沉积构造

6.4 结论

南美板块北部古近系主体为前陆盆地深海沉积，受控于东移的加勒比冲断褶皱带。目的层 Rio Guache 组即属于该套深海沉积，其形成与前陆盆地活跃的构造活动密切相关。构造活动是幕式块体流和滑移块体形成的触发机制，逆冲作用导致的挠曲沉降则创造了可容纳空间。

研究表明，目的层沉积序列是重力流在盆内发生流体类型变化过程中，边迁移边沉积形成。其近端沉积相为块状的泥质杂基支撑砾岩（Df1）、含泥质杂基的颗粒支撑砾岩（Df2）、砂质支撑的砾岩和含砂质杂基的颗粒支撑砾岩（Gs），以及砾岩和小型砾岩透镜体（Gl）；中部沉积相为底部可见侵蚀面的细砂—粗砂岩（S1），以及中砂—极细砂岩（S2）；远端沉积相（T）为含泥岩夹层的砂岩（细砂—极细砂岩）与粉砂岩。

粗碎屑含量高、颗粒分选差、沉积构造极少等特征说明，沉积 Rio Guache 组的重力流持续时间短、沉积物输运效率低。淡水化石和陆生有机质缺乏、沉积构造（如爬升沙纹）几乎不发育，说明该重力流为幕式涌浪。此外，笔者也没有在研究区发现亚稳定异重流的沉积证据。

参 考 文 献

Arnold H. C., 1966, Upper Paleozoic Sabaneta–Palmarito sequence of Mérida Andes, Venezuela : AAPG Bulletin, v. 50, p. 2366–2387.

Audemard F. A., 1997, Holocene and historical earthquakes on the Bocono fault system, southern Venezuelan Andes : Trench confirmation : Journal of Geodynamics, v. 24, p. 155–167, doi : 10.1016/S0264–3707（96）00037–3.

Avé Lallemant H. G., and V. B. Sisson, 2005, Prologue, in H. Avé Lallemant and V. B. Sisson, eds., Caribbean–South American plate interactions, Venezuela : Geological Society of America Special Paper 394, p. 1–5.

Bellizia A., W. Pimentel, and R. Bajo, 1976, Mapa geológico estructural de Venezuela. Hoja NC-1-DC: Caracas, Venezuela, Ministerio de Minas e Hidrocarburos, Foninves, scale 1: 500, 000, 30 sheets.

Blin B., 1989, Le front de la chaîne caraïbe vénézuélienne entre la serranía de Portuguesa et la région de Tiznados (surface et subsurface): Ph.D. dissertation, Université de Bretagne Occidentale, Brest, France, 359 p.

Boggs Jr. S., 1995, Principles of sedimentology and stratigraphy: Columbus, Ohio, Merrill Publishing Co., 774 p.

Bouma A. H., 1962, Sedimentology of some flysch deposits: A graphic approach to facies interpretation: Amsterdam, Netherlands, Elsevier, 168 p.

Colletta B., F. Roure, B. De Toni, D. Loureiro, H. Passalacqua, and Y. Gou, 1997, Tectonic inheritance, crustal architecture, and contrasting structural styles in the Venezuela Andes: Tectonics, v. 16, p. 777–794, doi: 10.1029/97TC01659.

Gani M., 2004, From turbid to lucid: A straightforward approach to sediment gravity flows and their deposits: The Sedimentary Record, SEPM, v. 2, p. 4–8.

Hampton M. A., 1972, The role of subaqueous debris flow in the generating turbidity current: Journal of Sedimentary Petrology, v. 42, p. 775–793.

Hung E., 2005, Thrust belt interpretation of the Serranía del Interior and Maturín subbasin, eastern Venezuela, in H. Avé Lallement and V. B. Sisson, eds., Caribbean–South American plate interactions, Venezuela: Geological Society of America Special Paper 394, p. 251–270.

Kiser G. D., 1989, Relaciones estratigráficas de la Cuenca Apure/Los Llanos y áreas adyacentes. Venezuela Suroeste y Colombia Orienta: Caracas, Venezuela, Monografías Sociedad Venezolana de Geólogos, 71 p.

Lowe D. R., 1982, Sediment gravity flows: II. Depositional models with special reference to the deposits of highdensity turbidity currents: Journal of Sedimentary Petrology, v. 52, p. 279–297.

Lugo J., and P. Mann, 1995, Jurassic–Eocene tectonic evolution of Maracaibo basin, Venezuela, in A. J. Tankard, R. S. Suárez, and H. J.Welsink, eds., Petroleumbasins of South America: AAPG Memoir 62, p. 699–725.

Mann P., C. Schubert, and K. Burke, 1990, Review of Caribbean neotectonics, in G. Dengo and J. E. Case, eds., The Caribbean region: The Geology of North America: Geological Society of America, v. H, p. 307–338.

Mulder T., and J. Alexander, 2001, The physical character of subaqueous sedimentary density flows and their deposits: Sedimentology, v. 48, p. 269–299, doi: 10.1046/j.1365-3091.2001.00360.x.

Mutti E., 1992, Turbidite sandstones: Milan, Italy, Agip, Instituto di Geologia, Università di Parma, San Donato Milanese, 275 p.

Mutti E., G. Davoli, S. Mora, and L. Papani, 1994, Internal stacking patterns of ancient turbidite systems from collisional basins, in P.Weimer, A. H. Bouma, and B. Perkins, eds., Submarine fans and turbidite systems, SEPM 15th Research Conference, p. 257–268.

Mutti E., R. Tinterri, E. Remacha, N. Mavilla, S. Angella, and L. Fava, 1999, An introduction to the analysis of ancient turbidite basins from an outcrop perspective: AAPG Continuing Education Course Note Series 39, 95 p.

Ostos M., F. Yoris, and H. G. Avé Lallemant, 2005, Overview of the southeast Caribbean– South American plate boundary zone, in H. Avé Lallemant and V. B. Sisson, eds., Caribbean– South American plate interactions, Venezuela : Geological Society of America Special Paper 394, p. 53–89.

Parnaud F., Y. Gou, J. Pascual, M. A. Capello, I. Truskowski, andH. Passalacqua, 1995, Stratigraphic synthesis of western Venezuela, in A. J. Tankard, R. S. Suárez, and H. J. Welsink, eds., Petroleumbasins of SouthAmerica : AAPG Memoir 62, p. 681–698.

Pindell J. L., L. Kennan, W. V. Maresch, K.-P. Stanek, G. Draper, and R. Higgs, 2005, Plate-kinematics and crustal dynamics of circum–Caribbean arc–continent interactions : Tectonic controls on basin development in Proto-Caribbean margins, in H. Avé Lallemant and V. B. Sisson, eds., Caribbean–South American plate interactions, Venezuela : Geological Society of America Special Paper 394, p. 7–52.

Ramírez C., 1968, Definición de la Formación Río Guache : Boletín Geología, v. 9, p. 565–567.

Sohn Y. K., M. Y. Choe, and H. R. Jo, 2002, Transition from debris flow to hyperconcentrated flow in a submarine channel (the Cretaceous Cerro Toro Formation, southern Chile): Terra Nova, v. 14, p. 405–415, doi : 10.1046/j.1365-3121.2002.00440.x.

Speed R. C., 1985, Cenozoic collision of the lesser Antilles arc and continental South America : The origin of the El Pilar fault : Tectonics, v. 4, p. 41–69, doi : 10.1029/TC004i001p00041.

Stephan J.-F., 1982, Evolution géodinamique du domaine Caraïbe, Andes et chaîne Caraibe sur la transversal de Barquisimeto (Vénézuéla): Ph.D. dissertation, Université Pierre et Marie Curie, Paris, France, 512 p.

Stephan J.-F., et al., 1990, Paleogeodynamic maps of the Caribbean : 14 Steps from Lias to present : Bulletin de la Societe Geologique de France, v. 6, p. 915–919.

Villamil T., 1999, Campanean–Miocene tectonostratigraphy : Depocenter evolution and basin development of Colombia and western Venezuela : Paleogeography, Paleoclimatology, Paleoecology, v. 153, p. 239–275, doi : 10.1016/S0031-0182（99）00075-9.

Von Der Osten E., and D. Zozaya, 1957, Geología de la parte suroeste del Edo. Lara, región de Quibor (carta 2.308): Boletín Geología, v. 4, p. 3–52.

7 异重流体系沉积物供给的重要性及层序叠加样式

Sverre Henriksen   Anna Pontén   Nils Janbu   Britta Paasch

摘要： Spitsbergen 岛始新世 Central（后称中央）盆地、委内瑞拉东部新近纪近海，以及库页岛北部渐新世—上新世近海都属于高沉积物供给沉积体系，它们的沉积过程有别于层序地层学的标准规律。研究表明，这类沉积体系高的沉积速率足以充填海进期、高位期形成的可容纳空间。这些体系可见含河流、河口湾沉积的厚层海岸平原沉积层序，成因与河流体系快速增加—终止的沉积物供给周期变化有关，主要受幕式的构造活动和气候旋回控制。

笔者认为，沿陆缘分布的河流汇入点会改变陆架的几何形态。河控的陆架或同时受波浪和潮汐影响。受波浪、潮汐和众多河口共同作用，陆架可形成侧向变化的层序格架。因此，受地震剖面在陆缘所处的位置限制，基于二维地震剖面的研究，或将层序格架错误地认为由海平面变化引起。

持续或周期出现的高沉积速率，可使河流—三角洲体系朝陆架边缘前积。在高沉积速率条件下，进积至陆架边缘的沉积物极易发生垮塌，后退式垮塌甚至可退至滨线。这些垮塌槽可成为流体通道，使得河流体系能够延伸至陆架边缘，并将沉积物以异重流形式搬运至深水。

本文通过解剖 Spitsbergen 岛中央盆地露头，以及委内瑞拉东部近海新近系和俄罗斯库页岛北部渐新统—上新统滨岸沉积地震剖面，全面介绍了充填厚层河流—三角洲沉积的一类盆地。此外，介绍了一个现代三角洲实例，用于展示高沉积速率体系的沉积过程。

上述厚层充填沉积可见高频沉积旋回（受构造和水系变化控制）。由于输入这些盆地的河流径流量大、高效、可见幕式洪水形成的异重流，笔者将它们归为供给驱动的沉积体系，以区别于海平面变化驱动的（Porpbksi 和 Steel，2006）。洪水能够越过陆架边缘，并以异重流进入深盆区。对于委内瑞拉和库叶岛两个实例，这样的过程甚至发生于海平面相对高的时期。这种解释符合异重流最原始的定义，即异重流由密度相对高的河流洪水，冲入水体密度相对低的盆地形成（Bares，1953）。河流异重流对于沉积盆地的重要性已被 Mutti 等（1996）证实，一些刊物也进行了讨论（Mulder 和 Syvitski，1995；Mulder 等，2003；Bhattacharya 和 MacEachern，2009）。

分析表明，Vail 等（1977）、Posamentier 和 Allen（1999）提出的层序地层模型及工作流程并不适用于此类沉积体系。因此，本文的目的是阐述河流—三角洲沉积物供给对于这些盆地的重要性，证明高沉积速率对其层序结构有影响，探讨洪水注入海盆后形成异重流的可能性。这将产生一些关键的问题：纯异重流（由河流直接输入形成）将沉积物搬运至斜坡、盆地的效率有多高？产生陆架下切或使沉积物有效地过路至深海，是否要求海平面必须降至陆架边缘之下？

7.1　Spitsbergen 岛

Spitsbergen 岛中央盆地是一个小型前陆盆地，由古新世—始新世的冲断作用形成（图7.1）（Steel 等，1985），其充填沉积呈非对称分布，主要为来自西侧流域的河流沉积（图7.1）。由于沉积物供给速度通常大于可容纳空间的增加，该盆地充填迅速，地震剖面常见前积层（Steel，1981；Helland-Hansen，1992）。据推测每个前积层沉积时间大约300ka，相当于4级层序（Van Wagoner 等，1990）。Steel 和 Olsen（2002）曾对沿 Van Keulen 海峡横断面出露的前积层进行编号（1~20），本文沿用这些层号。这些前积层分布于陆架近端者富砂，分布于外陆架至盆地者富页岩（Plink-Biorklund 等，2001；Mellere 等，2002），但横跨陆架并将泥砂搬运至斜坡者也富砂，分布于斜坡与海底平原之间者也有少数富砂（图7.1）（Mellere 等，2002）。

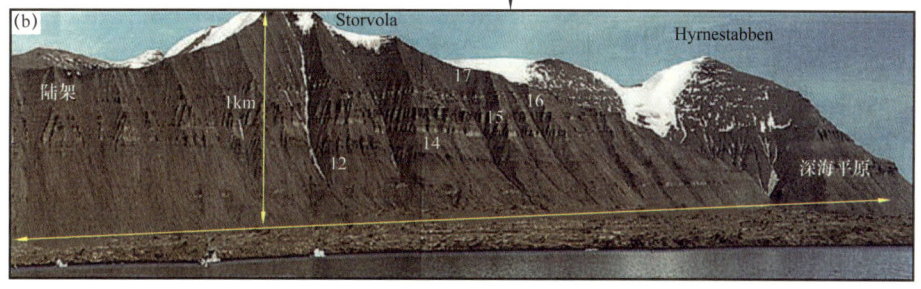

图 7.1　沿 Van Keulen 海峡分布的研究区
（a）始新世 Spitsbergen 岛中央盆地属于前陆盆地或背驼盆地，由 Hornsund 断裂带发生走滑并伴随海侵形成，沉积物由河流搬运自 Spitsbergen 岛西部的造山带。（b）出露于斯瓦尔巴群岛的 Storvola 山和 Hyrnestabben 山的盆地充填沉积，可见向东南方向进积的陆架边缘前积层，并有海底扇伴生；前积层编号沿用前人研究成果（据 Steel 等，2000；Plink-Björklund 和 Steel，2002）

7.1.1　海岸平原（或陆架边缘）沉积学特征和相序

对于中央盆地 Van Keulen 海峡沿线露头的沉积学和相序，前人已开展过详细的描述和解释（Mellere 等，2002；Muto 和 Steel，2002；Plink-Björklund 和 Steel，2004；Pontén

· 125 ·

和 Plink-Björklund，2009）。对此，本文不作文献综述或进一步解释，仅对前人研究最多的沉积单元作简要概述。对于研究区内的前积层 15，笔者将在适当的地方，结合新的工作补充前人认识。

中央盆地陆架边缘沉积露头特征明显（图 7.1），可见分流河道，河道宽 20~100m，深 5m（图 7.2）（Plink-Björklund 和 Steel，2005）。因此，前人的研究都曾提及一套含低位河流和海侵河口湾沉积的厚层海岸平原沉积，并认为其由一系列的下切谷充填沉积构成（Plink-Björklund，2005）。考虑到中央盆地的规模，该厚层沉积中起伏达 16m 的区域不整合面应为大型下切谷。在陆架边缘沉积露头中，可见下切谷下延至斜坡水道，主沉积物搬运方向指向东北（图 7.2；Pontén 和 Plink-Björklund，2009）。Plink-Björklund（2005）推测下切谷由河流侵蚀、强烈的潮汐和河口湾共同作用形成，分布于河口湾向海一侧。Pontén 和 Plink-Björklund（2009）认为，分流河道靠海一侧发育平行平直纹层和爬升沙纹的厚层沉积序列为河口坝沉积，由持续的异重流形成。

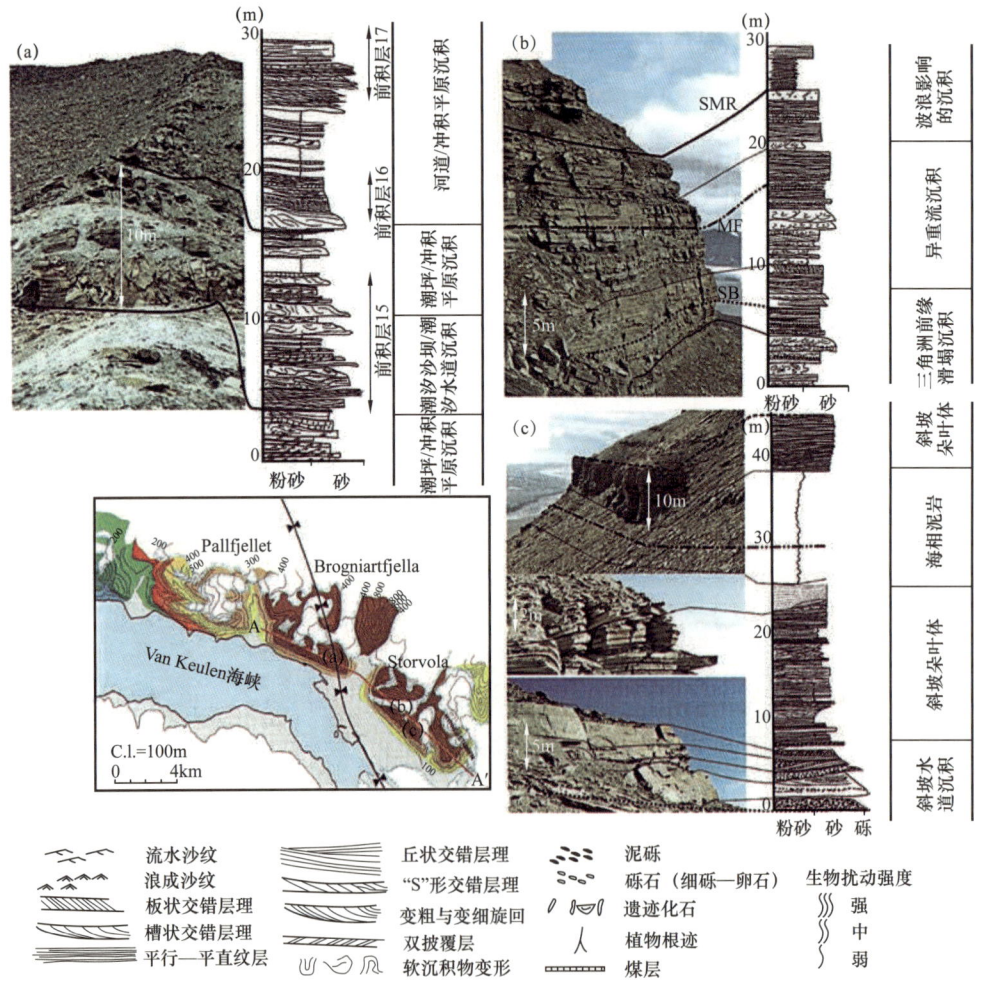

图 7.2 地层几何形态及沉积环境解释剖面图（据 Pontén 和 Plink-Björklund，2009，修改）
（a）海岸平原沉积；（b）陆架边缘沉积；（c）斜坡上部沉积。SB—层序界面，
MF—海泛面，SMR—海侵面。图例适用于下文所有图件

前人描述了前积层14（Petter 和 Steel，2006）和前积层15（Pontén 和 Plink-Björklund，2009）中可反映异重流的沉积构造，但并未提及更年轻的前积层中有类似的沉积构造（Uroza 和 Steel，2009）。侧向上与较年轻前积层同时代的地层，或沿 Nathorst Land 半岛北部 Van Mijen 海峡的横断剖面出露（图7.3）（Olsen，2008）。因沉积于盆地地形起伏已趋缓的充填晚期，较年轻的前积层通常没有明显的陆架边缘沉积特征。但是，高的沉积速率和狭窄的陆架（Uroza 和 Steel，2008），或有利于在三角洲前缘斜坡形成与临滨沉积伴生的浊积岩（图7.3）。这些推测的浊积岩普遍可见正粒序或反粒序结构（图7.3）。有观点认为单层内的这种粒序可能由异重流形成（Mulder 等，2003）。

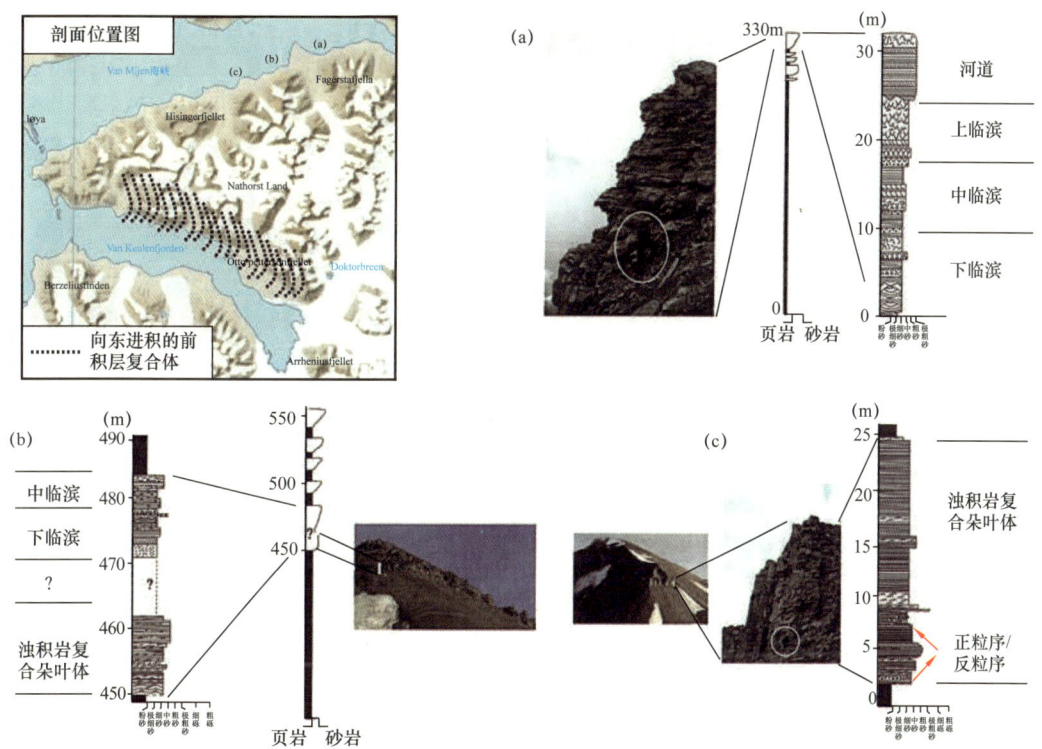

图7.3 沿 Nathorst Land 半岛北侧 Van Mijen 海峡分布的露头点

（a）横断剖面主要出露前积的临滨沉积，局部可见河道（形成于海平面下降期）切入下伏临滨沉积；（b）,（c）浊积岩的分布没有脱离陆架沉积体系，可见其常与三角洲斜坡和临滨沉积伴生，单层可见正粒序和反粒序结构。图例如图7.2所示

7.1.2 深海沉积学特征和相序

7.1.2.1 研究现状

前积至陆架边缘的三角洲，有利于形成向盆内推进的陆架边缘和斜坡建造。前人研究表明，中央盆地的此类三角洲前缘，或发育有由持续性异重流形成的席状浊积岩及水道（图7.2）（Plink-Björklund 和 Steel，2005）。砂质浊积岩能否沉积于海底平原取决于陆架边缘的类型，这方面的研究已相当深入（Mellere 等，2002；Johannessen 和 Steel，2005；Porobski 和 Steel，2006）。在中央盆地内，海底扇在南部比北部多，由前积层供源的海底扇则西部比东部密集（Plink-Björklund，2005；Johannessen 和 Steel，2005）。

出露于 Hyrnestabben 山南部的前积层14和15可见海底扇浊积复合朵叶体（图7.1；

Crabaugh 和 Steel，2004；Johannessen 和 Steel，2005；Petter 和 Steel，2004）。该复合朵叶体存在两个主要的迁移方向，下段显示向东迁移，上段显示向北东迁移（Crabaugh 和 Steel，2004）。前积层 15 中的海底扇沉积厚 1～5m，由薄层状细砂—极细砂岩组成，局部可见厚 2～3m、由细砂—中砂岩构成的叠置水道。

7.1.2.2 新发现与认识

7.1.2.2.1 砂质深海水道沉积

在 Hyrnestabben 山北东侧新开展的野外工作表明，前积层 15 中的海底扇与叠置的深海水道群相连（图 7.4）。其中，水道沉积序列可见大量的内部侵蚀面（图 7.4，图 7.5a）、丰富的软沉积物变形和泄水构造（图 7.5b），以及广泛分布的炭化植物碎屑（图 7.5c）。水道沉积内生物扰动构造稀少，但水道之下和水道之间的泥质异粒岩相可见小型 *Skolithos*（针管迹）（图 7.5d）。出露于图 7.4 山谷另一侧的该套地层，可见叠置程度偏低的水道沉积（图 7.6），底部为发育爬升沙纹的薄层状细砂—极细砂岩，向上依次过渡为块状的细砂—中砂岩、发育爬升沙纹的薄层状细砂—极细砂岩（图 7.6）。其中，爬升沙纹由能量减弱的流体形成，说明沉积量大于侵蚀量；略粗的块状砂岩由能量增强的流体形成，说明或存在过路不沉积现象；上部爬升沙纹砂岩底部沟模、槽模指示的古流向，大致垂直于爬升沙纹指示的流向（图 7.6），说明水道中存在由持续性流体（异重流）在弯曲的水道内持续流动（几天或几周）形成的反向螺旋流（Elliot，2000；Mutti 等，2003）。在露头中，虽然很难观察到弯曲形态的水道，但越来越多的实例详细描述了水道弯曲的识别标志——可见侧向加积的点坝（Elliot，2000；Peakall 等，2007），其成因或是源于河流的持续性低密度浊流（或异重流），尽管可见水动力变化产生的侵蚀和沉积事件交替出现（Mutti 等，2003；Peakall 等，2007；Wynn 等，2007；Kane 等，2008）。

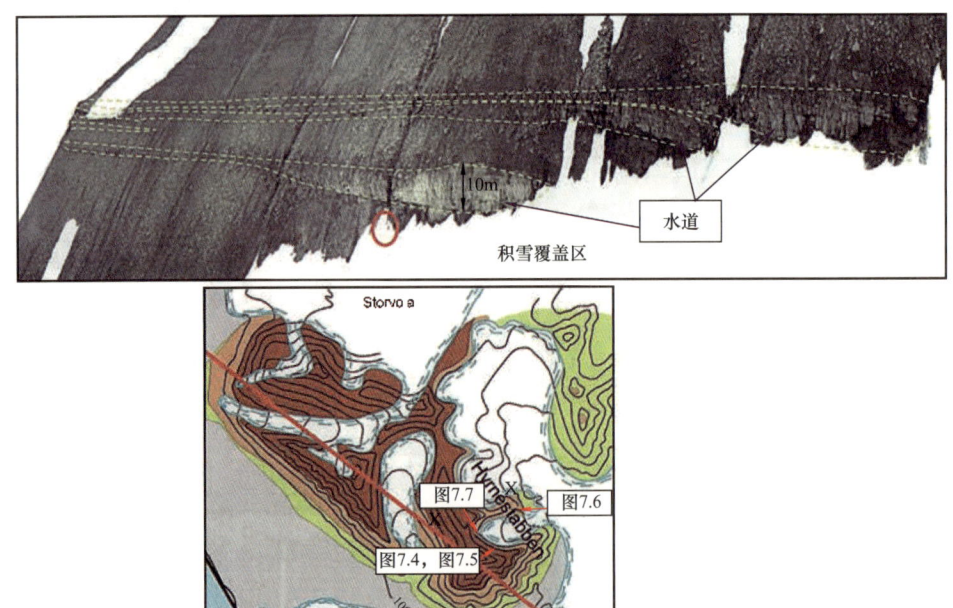

图 7.4 Hyrnestabben 山北东侧航拍拼接图

可见出露良好、侧向叠置的水道。下方插图图号指示露头点和剖面位置，符号 X 为用于沉积体系对比的其他露头位置。红色圆圈内地质工作者为比例尺广泛分布的炭化植物碎屑，表明水道沉积物直接来源于河流（图7.5，图7.6）。水道内强烈叠置的砂体含大量侧向加积层，说明浊积水道内流体持续流动（图7.5，图7.6）。这些特征与盆地内多处已被详细描述、由持续性流体形成的浊积岩（Plink-Björklund和Steel，2005）相似。

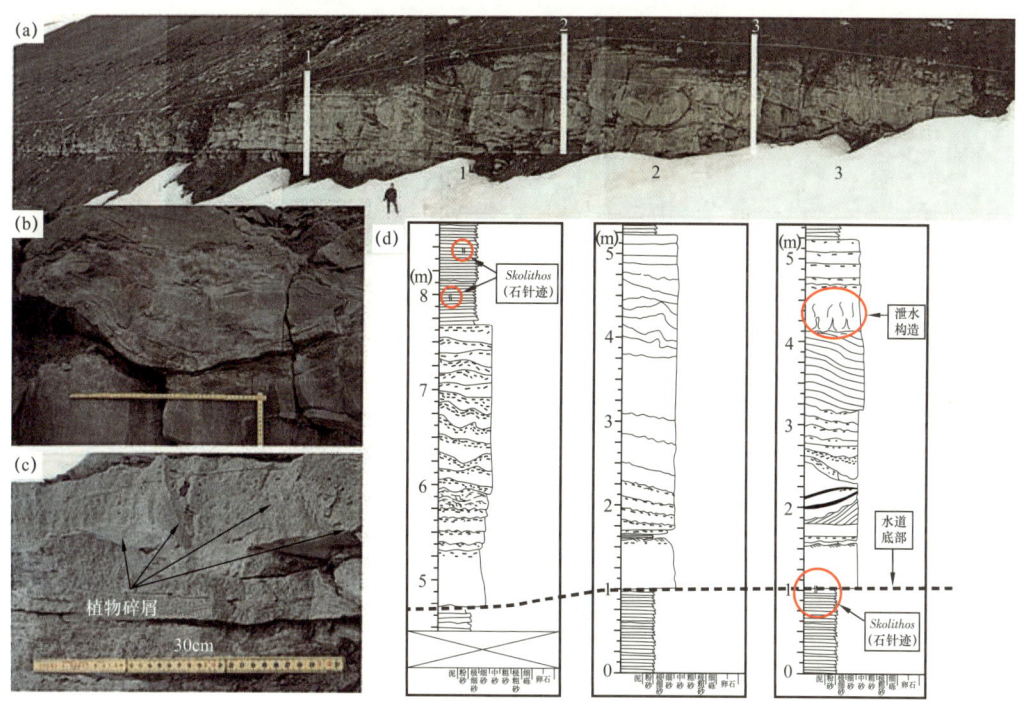

图7.5 Hyenestabben山东侧推测的斜坡水道
（a）垂向和侧向高度叠置的砂体；（b），（d）大量的炭化植物碎屑；（c）软沉积物变形和泄水构造。剖面位置如图7.4所示

令人困惑的是，Hyrnestabben山东侧推测的斜坡水道位于斜坡下部，并且在Hyrnestabben山西侧即可见其在侧向上常叠置于异重流形成的席状浊积岩之上。这可能因中央盆地为高度不对称的盆地，在形成前积层15的盆地充填晚期，或不具备形成深水盆地扇的条件。随着盆地逐渐变窄，浊流或沿着盆地轴线朝低处流动，沉积物的搬运方向和侧向相组合随之发生变化。

7.1.2.2.2 泥质背景沉积

前人关于中央盆地的研究，很少关注砂质沉积单元之间的厚层页岩，尽管输入盆地的沉积物以泥为主。这种偏见在其他文献中也很常见（Bhattacharya和MacEachern，2009）。造成这种失衡的部分原因是页岩易受物理风化、露头质量差。中央盆地冰川消融区新露头的出露，为详细研究此类厚层页岩创造了条件。

上覆于前积层15的地层单元，通常被解释成页岩或泥质异粒岩相（图7.2）（Pontén和Plink-Björklund，2009）。Hyrnestabben山东侧新的露头区也可见类似的泥质异粒岩相，内部可见厚1～10cm的泥岩和极细砂岩交替分布（图7.7）。其中，一些极细砂层与经典的涌浪型浊积岩（Tc—Td亚段）相似，底部为突变面，具正粒序结构（图7.7）（Bouma，1962），其余的可见持续性流体上涨—消退形成的复合粒序（向上变粗—变细）（图7.7）

图 7.6　斜坡水道沉积

（a）底部的沙丘或侧向加积体；（b）沙丘上部的爬升沙纹；（c）爬升沙纹指示的流向垂直于岩层底部沟模指示的古流向；（d）大量炭化植物碎屑大致呈层分布。（b）—（d）黄色尺子最小刻度为厘米，剖面位置如图 7.4 所示

图 7.7　（a）上覆于叠置水道复合体的泥质异粒岩相。（b）由砂岩和泥岩交替构成的泥质异粒岩相，中部为泥渍斑斑的不整合面。（c）露头素描，可见由极细砂岩和泥岩构成的韵律层。（d）实测剖面，突显了韵律层，表明输入盆内的沉积物持续变化，或由季节变化引起。剖面位置如图 7.4 所示

（Bhattacharya 和 MacEachern，2009）。泥质层通常呈块状，含粉砂和极细砂脉体，向上过渡为砂质层（图 7.7）。整个剖面均可见 *Skolithos*（石针迹）切穿纹层，但并不普遍（图 7.7）。*Phycosiphon*（藻管迹）沿层面分布，表明环境胁迫程度高。笔者未准确计算该地层的生物扰动指数，但若按低、中和高来区分，生物扰动强度应属于低—中等。

该泥质异粒岩相可见起伏约为 0.5m 的小型不整合削截面（图 7.7）。延伸距离有限、沿中心向两侧起伏趋缓且地层渐趋整合、底部可见变形的泥质衬垫、无过路不沉积现象（如粗粒滞留沉积）等特征表明，该不整合面由局部的滑移、滑塌形成，而非区域不整合面。

只有有限的生物能在高的沉积速率条件下拓殖，故生物扰动构造匮乏表明，出露于 Hyrnestabben 山东侧的该套泥质层为快速沉积。笔者认为其由絮状黏土（来自细颗粒过饱和的河流）快速沉积形成，而非缓慢悬浮沉积。丰富的炭化植物碎屑也说明，其沉积物来源于河口的持续供给，而非远洋的悬浮黏土。分布局限的不整合面和泥斑可能由絮状黏土软沉积物受重力负荷和干扰发生滑塌形成，其存在也说明该套泥质层沉积速率高、沉积物供给近于连续。

Storvola 山的东侧也可见与该套泥质层层位相当且相似的薄层状页岩分布（Pontén 和 Plink-Björklund，2009）。其遗迹化石以 *Phycosiphon*（藻管迹）为主，生物扰动指数向上变大，沉积环境最有可能是斜坡异重流朵叶体环境（Pontén 和 Plink-Björklund，2009）。虽然无法将两者进行对比，但推测 Hyrnestabben 山东侧的泥质异粒岩相应为异重流体系的远端。

7.2 库页岛

7.2.1 地震分析

古近—新近纪早期的转换拉伸作用，为渐新世—上新世发育于太平洋西北部的古 Amur 河进积三角洲提供了可容纳空间（Lindquist，2000；Davies 等，2005）。因极高的沉积速率（500～800m/Ma）超过了可容纳空间的增量，该三角洲体系进积快速（图 7.8）。受中新世—上新世的构造隆升影响，该三角洲沉积被抬升并出露于现今的库页岛，Amur 流域的流向也逐渐改道向北（Davies 等，2005）。极少文献提及库页岛地区该套地层的地震沉积相（Wong 等，2003；Dacies，2005）。本文基于高品质二维地震数据而非露头，开展了这方面的研究，为了解世界最大河流体系之一的 Amur 河及其三角洲提供了新见解。

以 2000m/s 的地震波速计算，该三角洲前积层的进积距离可达数十米至大约两百米（图 7.8a）。这与前人总结的三角洲、海岸线和陆架边缘的前积规模一致（Steel 和 Olsen，2002）。图 7.8a 地震剖面可见幕式进积、退积三角洲相互叠置于陆架边缘之上，并构成了陆架边缘继续生长的建造单元，使得陆架边缘在垂向和盆地方向不断生长。

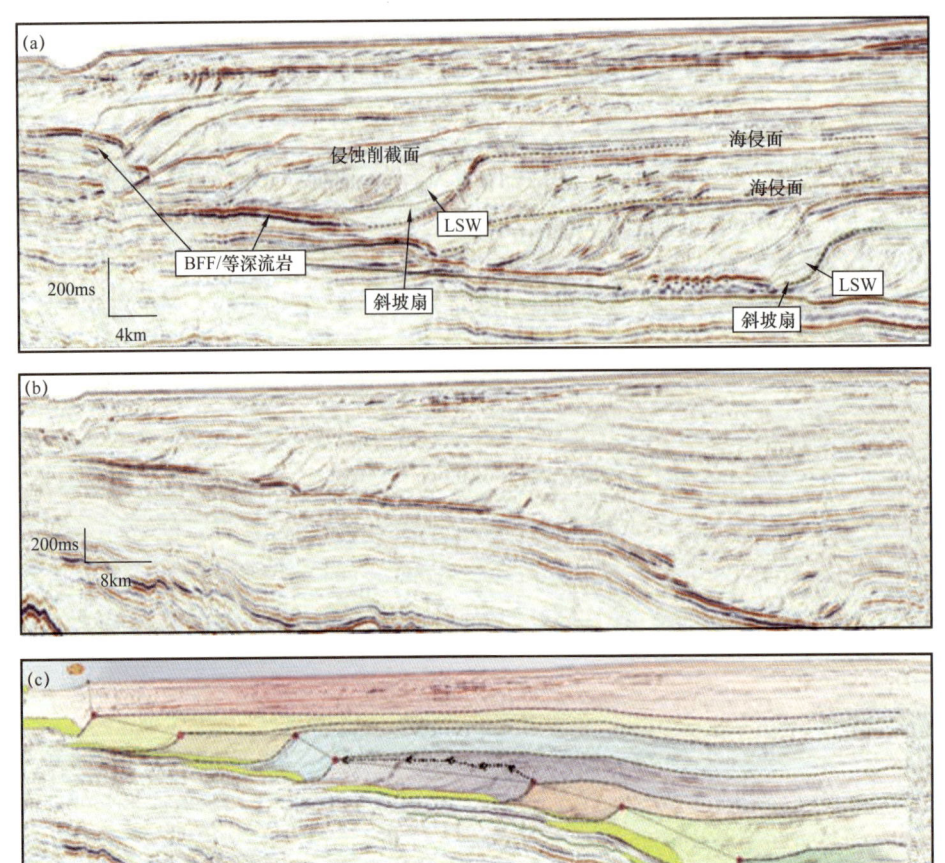

图 7.8 太平洋西北部库页岛东北侧地震横剖面（a），可见多个叠置的斜坡沉积体，以及总体上升的陆架边缘迁移轨迹（b，c）。黄色区—推测的深水盆地扇（BFF），LSW—斜坡低位沉积楔

分析表明，层序剖面揭示的陆架边缘类型取决于横剖面所处的位置：图 7.8a 显示斜坡沉积体在走向上倾角变化明显；图 7.9 显示陆架边缘迁移轨迹总体不断上升，斜坡可见上超现象（图 7.9a），但只要横剖面切过前积至陆架边缘的三角洲，就能在前积层的坡脚观察到大量似深水盆地扇（图 7.9b）。

7.2.2 解释

多种尺度的前积层相互叠置，表明相对海平面变化迅速，且沉积物的供给足以填充新生代中期走滑作用增加的可容纳空间。大量的沉积物供给可能与物源区大规模的构造抬升或调整有关，也可能由北半球气候恶化所致。Davies 等（2005）也注意到该体系近端相可向盆内进积极远，认为这是强制海退现象。但前积层坡脚存在似深水盆地扇、陆架边缘迁移轨迹不断上升等现象表明，该盆地在新近纪多数时间都属于沉积物供给驱动体系。Lindquist（2000）通过地层叠置样式分析和沉积物体积计算，也证实该体系沉积物供给量巨大。Davies 等（2005）的野外工作也证实如此，他们认为新近纪 Amur 河三角洲为辫状河三角洲。沿走向上的层序结构变化表明，该三角洲仅受高能河流控制且径流量大的部分可抵达陆架边缘。因此，该三角洲的侧向区域或受波浪、潮汐和陆架水流共同作用，这与该区更古老的三角洲沉积层序相似（Davies 等，2005）。

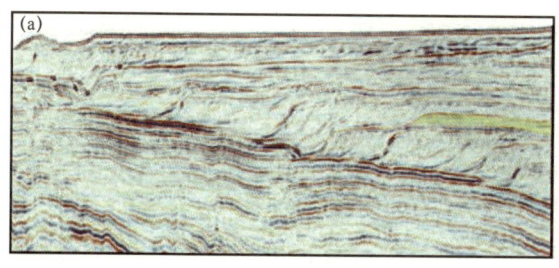
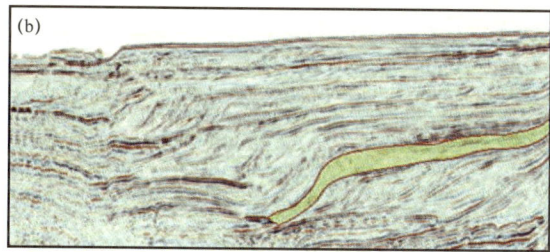
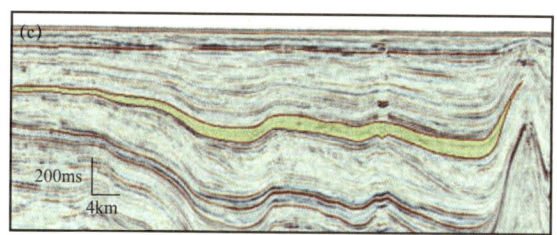
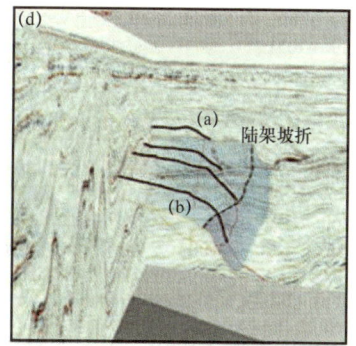
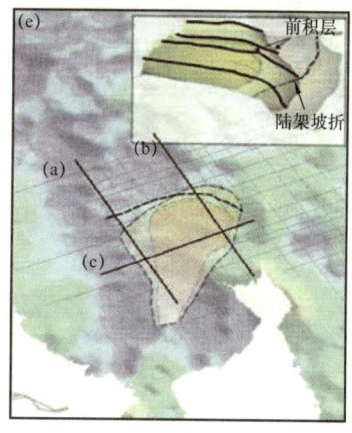

图 7.9 三条切过古 Amur 河三角洲的地震剖面

清楚地展示了三角洲在陆架上的变化特征。剖面（a）、（b）平行于前积层的下倾方向，（c）平行于走向。（d）展示了 4 条剖面和陆架（浅蓝色）的空间分布，可见三角洲前积在陆架不同位置的差异：（b）显示三角洲已越过陆架边缘，前积层坡脚可见似深水盆地扇；（a）显示三角洲仍位于陆架之上。（e）展示了三角洲与陆架边缘的关系，可见多期三角洲的叠置关系。地震数据据 TNGS-Nopec 公司

三角洲前积至陆架边缘表明，斜坡沉积物的搬运过程与河流体系密切联系。坡脚似深水盆地扇可见向斜坡上部上超的地震反射特征，这可能是等深流筏沉积（Henriksen 等，2005）。Wong 等（2003）也得出相同的结论，认为这种地震反射由逆时针旋转的等深流形成。Davie 等（2005）认为这种等深流格局或早在渐新世就已形成。

7.3 委内瑞拉

7.3.1 地震分析

位于现今委内瑞拉东部近海的古 Orinoco（后称奥里诺科）河三角洲，也属于高沉积物供给体系。其沉积速率在整个新近纪达 5～6m/ka，一些沉积中心甚至高达 8m/ka（Wood，2000），这足以充填中新世晚期或上新世早期巨型下切谷构成的可容纳空间（DiCroce 等，1999；Sydow 等，2003）。高的沉积速率使得该体系不断进积，相应陆架边缘迁移轨迹总体不断上升（图 7.10）（Sydow 等，2003）。该体系地层地震反射特征显著：总体呈近平行状，顶积层常见截切的小型水道，靠陆一侧（西侧）水道化地震相分布普遍，向海一侧条带状地震相增多（图 7.10，图 7.11）。根据井震对比和层序格架内地震相的分布，认为研究区沉积环境为三角洲—边缘海。

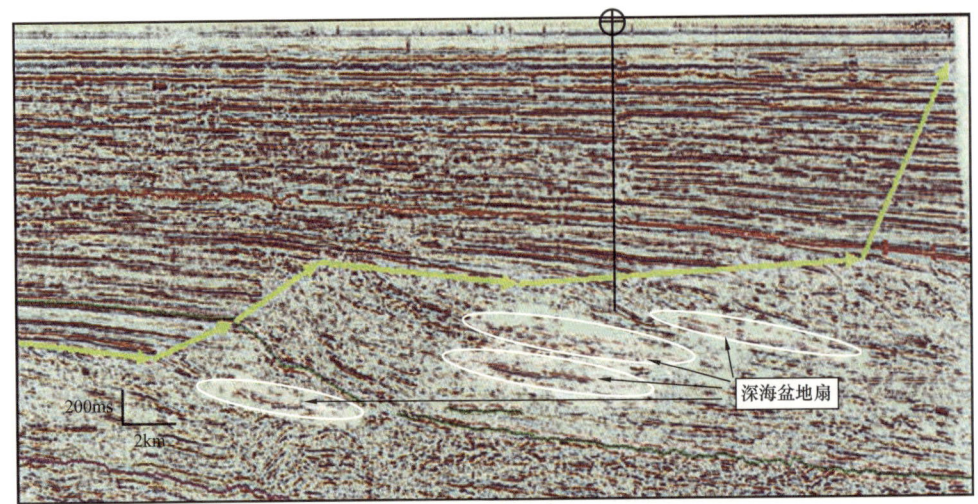

图 7.10 委内瑞拉东部近海（古奥里诺科河三角洲）地震剖面（据 Henriksen 等，2011，修改）
可见上新世—更新世高沉积速率期形成的层序结构，无论陆架边缘迁移轨迹处于上升或下降期，都可见似深水盆地扇发育。黄色箭头标出了陆架边缘轨迹的迁移方向；井符号所示为随机虚拟井，用于说明地震相与井的关系

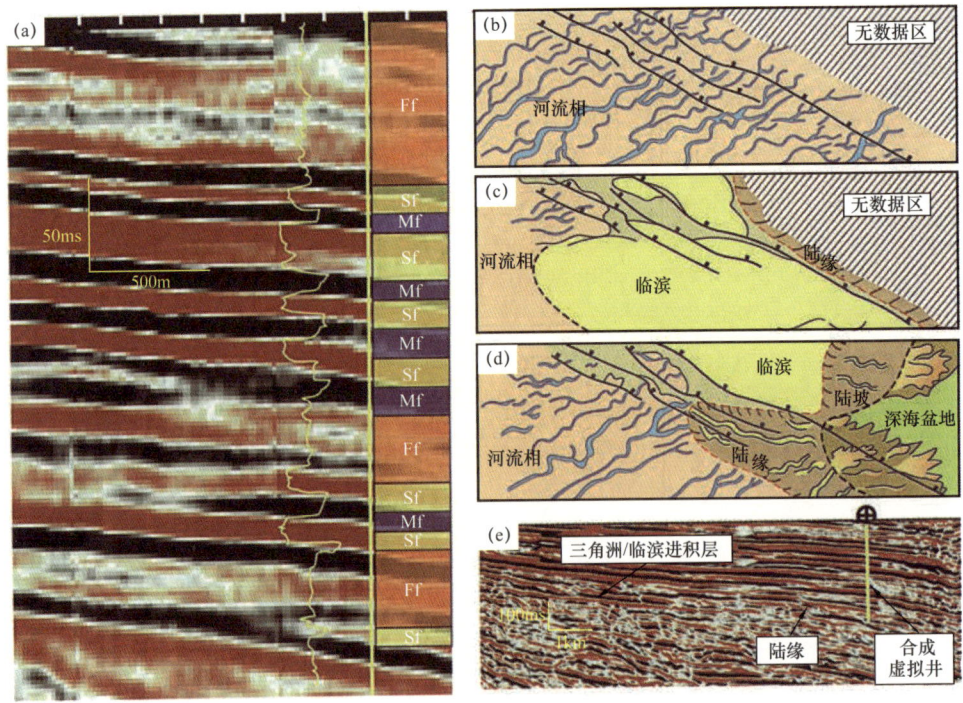

图 7.11 （a）随机虚拟井（位置见图 7.10）中的河流沉积地震相（Ff）和浅海沉积地震相（Sf）及差异：单层浅海沉积地震相双程时间厚度为 30～60ms（厚 30～60m），相应伽马曲线呈箱形或向上递减，与高伽马值层段（Mf 海相页岩）呈突变接触；单层河流沉积地震相双程时间厚度约 100 ms（厚约 100 m），相应伽马值向上先递减后递增。(b)—(d)为根据地震瞬时振幅解释的沉积相图：(b)河流相；(c)浅海沉积相，亮黄色代表临滨相；(d)顶积层中的河流相，截然终止于红色虚线所示的陆架边缘。(e)横切临滨相（三角洲）的地震剖面，右端接近陆架边缘。(b)—(d)平面图中黑线所示为断穿目的层的断层（据 Helle，2008，修改）

单层浅海沉积地震相双程时间厚度为30～60ms，相应伽马曲线呈箱形或向上递减，与高伽马值层段呈突变接触（图7.11），综合解释为沉积于临滨的准层序。单层河流沉积地震相双程时间厚度约100 ms，相应伽马值向上先递减后递增，综合解释为进积至退积的三角洲河道沉积，其中伽马曲线的低值段对应于前积最远的前积层（图7.11）。

地震剖面靠近陆架边缘一侧可见双程时间厚度为200～300ms的前积反射结构，它们构成了陆架边缘向海进积的前积层（单程时间为几十毫秒；图7.11）。当陆架边缘迁移轨迹上升时，可见顶积层终止于坡折，古斜坡呈弯曲状（图7.10）；当轨迹下降时，可见坡折处不整合面削截前期顶积层，斜坡呈直线状（图7.10）。需要特别注意的是，层序结构沿走向变化明显，两种陆架边缘迁移轨迹在几千米内交替分布，但无论迁移轨迹如何变化，前积层斜坡坡脚均可见强振幅的丘状地震反射结构。

7.3.2 解释

顶积层厚度巨大，说明该体系高的沉积物输入与高的构造沉降速率始终维持平衡。Wood（2000）和Sydow等（2003）也得出类似的结论，并认为陆架边缘存在垂向叠置的三角洲沉积。顶积层中高频的地震相变化进一步表明，陆架上的古奥里诺科河三角洲进积和退积转换快速。因陆架可容纳空间持续被高沉积速率充填，海侵作用几乎未使可容纳空间出现净增加（Wood, 2000）。前积层斜坡坡脚强振幅丘状体可能是深水盆地扇，或为滑塌槽和块体沉积复合体，由沉积物块体沿古陆架边缘斜坡搬运沉积形成。

无论在陆架边缘迁移轨迹的上升或下降期，沉积物都可被搬运至海底平原，这表明即便在高位期，高的沉积速率也足以使该体系跨过陆架边缘。

陆架边缘迁移轨迹上升期，弯曲状的斜坡坡脚可见内部结构杂乱的丘状反射体，表明堆积于陆架、陆架边缘的沉积物发生了垮塌。垮塌可在陆架上形成地形凹地，并成为汇聚河流径流的优势通道。因此，深水盆地扇可能由垮塌形成，而与下切谷无关；相反，垮塌触发了下切谷的形成。在陆架边缘迁移轨迹下降期，侵蚀作用最有可能由低位河流下切形成。源自陆架的沉积物，或沿这些下切谷被搬运至海底平原。

7.4 讨论

本文三个研究实例均可见多级次、与经典层序地层模型相似的层序叠加样式，即三角洲在相对海平面下降期前积至陆架边缘，并将沉积物从陆架搬运至深海（Mitchum等，1977；Miall，1991；Posamentier等，1991；Posamentier等，1992；Schumm，1993；Bullimore等，2005）。事实上，沉积速率再高，相对海平面下降期最有可能发生的通常也是这种情形。但是，要很好地理解本文三个高沉积物供给体系的一些特殊现象，需要考虑各自盆地的极端条件。例如，库页岛和委内瑞拉近海两个实例，均可见同一层序的陆架边缘类型随走向变化而变化（图7.9）。中央盆地也有类似现象，离Van Keulen海峡横剖面20km之外的其他区域（图7.3），就没有深水盆地扇分布（Helland-Hansen，1990；Plink-Björklund和Steel，2002；Olsen，2008；Stnen，2009）。正如Wood（2000）和Anderson（2005）所述，在三角洲沉积体系中，不能机械地应用层序地层模型。

7.4.1 现代高沉积物供给三角洲

中央盆地陆架三角洲被认为分布广、含无数的水道、具有与辫状河三角洲相似的特征（Muto 和 Steel，2002），这与位于 Spitsbergen 岛 Van Keulen 海峡的一个现代辫状河三角洲相似。后者清晰地显示，多种沉积环境可共存于一个有限的地理区域（图7.12）。因此，笔者认为 Spitsbergen 岛陆架边缘类型的差异（Mellere 等，2002；Plink-Björklund 和 Steel，2004），或由沉积体系沿走向变化造成（图7.13，图7.14），这可合理地解释多种沉积作用的共存，以及走向上沉积相的变化（Yoshida 等，2007；Pontén 和 Plink-Björklund，2009）。

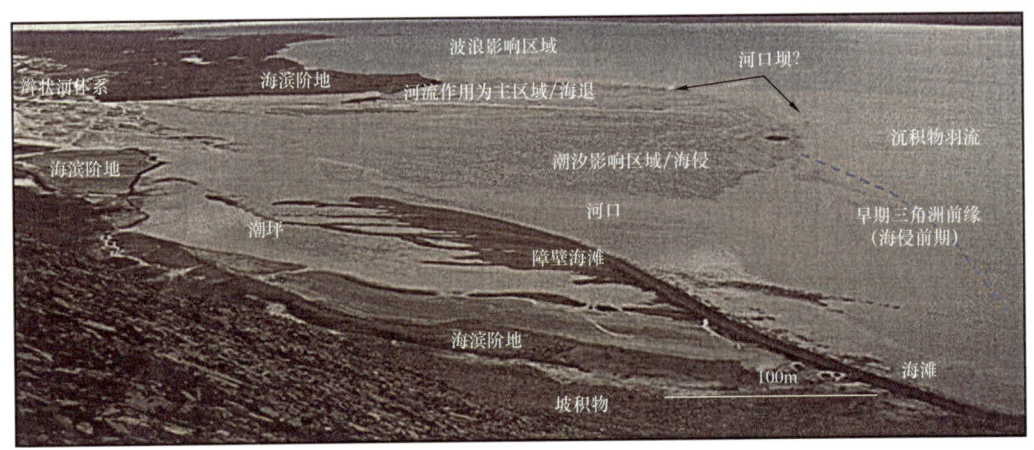

图7.12 位于 Spitsbergen 岛 Van Keulen 海峡的现代辫状河三角洲
可见多种沉积环境和沉积作用共存，三角洲平原还可见多种沉积相在垂向上相互叠置

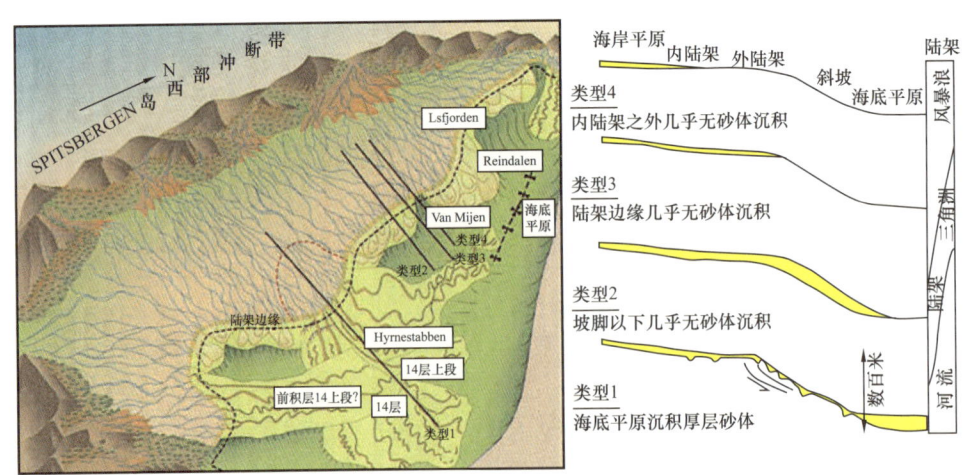

图7.13 斯瓦尔巴特群岛 Spitsbergen 岛中央盆地始新统 Battfjellet 组沉积模式图
1—4 类陆架边缘类型参考 Mellere 等（2002），展示了沉积体系沿走向的变化。四类陆架边缘可同时存在，具体类型取决于地震剖面所处的位置。红色虚线所示区域因沉积速率高，易发生垮塌

7.4.2 高沉积速率体系演化过程

中央盆地前积层15（陆架沉积）中深达16m的下切谷可能并非低位下切谷，其形成或包括三个阶段（图7.14）：

首先，高沉积物供给体系即便在相对海平面上升期，仍然继续向陆架和斜坡输送沉积

物。这些沉积物多数堆积于陆架，形成厚层沉积，其余则被持续活跃的浊流搬运至斜坡和海底平原，沉积为泥和细砂交替构成的异粒岩相。陆架上此类厚层沉积物及坡度趋陡的斜坡都会引发垮塌。此外，因通常富含泥质（Bhattacharya 和 MacEachern，2009），异重流体系沉积于斜坡上的异重流泥也会引发斜坡失稳。

其次，陆架斜坡因坡度过陡等原因发生垮塌，自加速浊流形成。垮塌槽将对河流径流起汇聚作用（图7.14），汇聚的河流将对陆架造成下切。高密度河流洪水（灾难事件）不会直接对陆架造成下切，但其携带泥砂的冲刷或足以对陆架产生下切，即便是高位期（图7.14）。据 Mulder 等（2003）描述，一次河流洪水即可下切达3m，下切距离可从河口延伸至向陆一侧2km。前人研究（Mulder 等，2003；Carvajal 和 Steel，2006）也表明，海底峡谷得以形成、维持的主要机制是滑塌产生的涌浪或持续的异重流。其中，异重流是高沉积物供给地区海底峡谷得以形成、维持的重要机制（Hiscott 等，1997；Mulder 等，2001）。

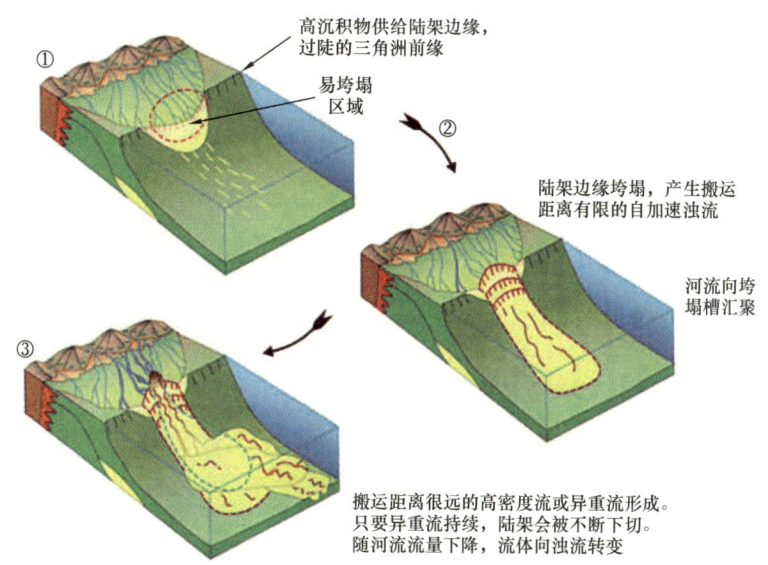

图7.14 斯瓦尔巴特群岛中央盆地高沉积速率体系沉积演化示意图
展示了沉积物供给系统下切谷的形成过程。自加速浊流和异重流浊流或同时存在，不同演化阶段可能还有两者的过渡型流体存在。此类体系的层序结构不受相对海平面变化控制，而受制于高的沉积物供给变化

最后，河流成因的超密度流或异重流汇聚于新形成的滑塌槽，并持续下切陆架，向深海高效输砂的下切谷最终形成（Porobski 和 Steel，2006）。

被限制于下切谷中的异重流将构成沉积物输送通道。受控于基准面而非海平面，该通道在通往海底平原的过程中会不断调整变化。需要注意的是，该模型只适用于有持续性流体存在的盆地（Mutti 等，2009）。

7.4.3 高沉积速率体系影响因素

斯瓦尔巴特群岛在始新世所处的纬度与今天相似，也位于北半球高纬度区，介于65°N 和 75°N 之间（Irwing，1977），但 Spitsbergen 岛古近系被认为是沉积于气候温暖、湿润、海平面变化非常小的温室期（Schweitzer，1980）。尽管推测气候温暖，但该地区古近—新近系页岩发现冰筏沉积碎屑（冰坠石）（Dalland，1977）说明夏季和冬季温差极大。因此，该期高频的层序旋回和灾难式的沉积物供给（Plink-Björklund，2005）可解释成进

积—退积的幕式河流沉积，受构造幕和气候变化共同控制（Spielhagen 和 Tripati，2009）。这些温度和季节性的径流变化，或体现于泥质异粒岩相的韵律变化。

库页岛的渐新统—上新统和委内瑞拉近海的新近系沉积于冰期，相应海平面变化频率高、幅度大，这解释了为什么这两个系统存在快速的海侵和海退。

纯海相盆地（如库页岛和委内瑞拉近海）沉积物供给、相对海平面变化幅度、气候和构造运动之间的关系仍不清楚，中央盆地这样的前陆盆地，情况更加复杂（图7.15）。

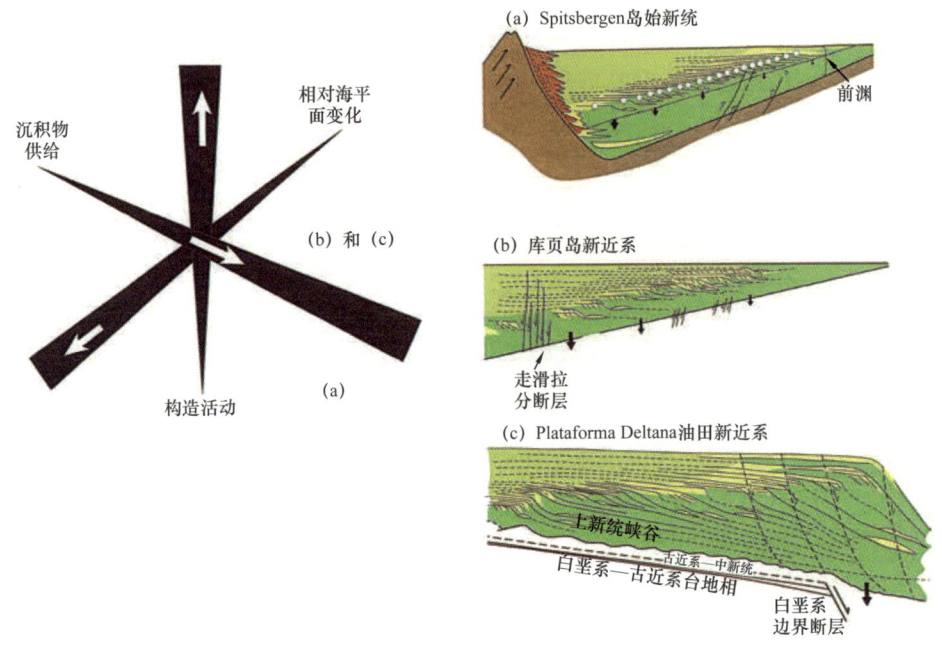

图 7.15　层序结构与沉积物供给、相对水平面变化和构造运动的关系

三元图中（a），（b）和（c）分别代表斯瓦尔巴特群岛、库页岛和 Plataforma Deltana 油田。三者都有高的沉积物供给，但构造背景不同。其中，斯瓦尔巴特群岛中央盆地（a）沉积速率高、相对海平面变化幅度小，盆地充填早期构造影响显著使得盆地早期充填的前积层落差大于晚期

7.5　总结和结论

（1）海平面变化驱动体系的深水盆地扇，通常发育于陆架边缘迁移轨迹下降期。但本文列举的三个沉积物供给驱动体系实例均有别于此，其深水盆地扇的分布与陆架边缘迁移轨迹变化无明显关系。

（2）沉积物驱动体系陆架边缘的层序结构样式和异重流沉积分布，随走向上的空间变化而改变。

（3）只要携带的泥砂足以占据整个高位期的可容纳空间，流量足以将海水驱替，任何河流体系都可形成异重流。

（4）高密度河流洪水（灾难事件）不能汇聚河流并对陆架造成下切，但与之相关的陆架边缘初期滑塌（溯源垮塌）和泥砂的冲刷，或可引发下切和水流汇聚（这种作用易被误解为低位河谷的下切）。

（5）异重流河流的沉积负载有很大一部分是泥，最终沉积为由黏土和细砂交替构成的

异粒岩相。

（6）不发育生物扰动构造的泥质层，或由絮凝黏土快速沉积形成。

（7）局部滑塌体底部可见泥斑，表明异重流软沉积物发生了滑动。

上述总结与前述中央盆地的层序地层模型并不矛盾，只是更强调走向上空间变化和沉积物供给对层序结构的影响。该模型挑战了人们对大陆边缘和海底平原沉积作用发生时间的认识，这很可能会影响根据海平面、气候和沉积物供给对古代岩石记录进行解释（Haq 等，1987；Massari 等，2007），因为深海沉积和相对海平面变化的关系或比预想更加复杂（Anderson，2005）。

因露头更易开展工作、石油工业更关注储层，关于砂岩的研究在文献中占比更大。但事实上，对含页岩的地层进行评价（Bhattacharya 和 MacEachern，2009）并开展系统的遗迹化石研究（MacEachern 等，2005），或是建立盆地准确地层模型的关键一步。

参 考 文 献

Anderson J. B., 2005, Diachronous development of Late Quaternary shelf-margin deltas in the northwestern Gulf of Mexico: Implications for sequence stratigraphy and deep water reservoir occurrence, in L. Giosan and J. Bhattacharya, eds., River deltas: Concepts, models, and examples: SEPM Special Publication 83, p. 257–278.

Bates C. C., 1953, Rational theory of delta formation: AAPG Bulletin, v. 37, no. 9, p. 2119–2162.

Bhattacharya J., and J. A. MacEachern, 2009, Hyperpycnal rivers and prodeltaic shelves in the Cretaceous seaway of North America: Journal of Sedimentary Research, v. 79, p. 184–209, doi: 10.2110/jsr.2009.026.

Bouma A. H., 1962, Sedimentology of some flysch deposits: A graphic approach to facies interpretation: Amsterdam, Netherlands, Elsevier, 168 p.

Bullimore S., S. Henriksen, F. M. Liestøl, and W. Helland-Hansen, 2005, Clinoform stacking patterns, shelf-edge trajectories and facies associations in Tertiary coastal deltas, offshore Norway: Implications for the prediction of lithology in prograding systems: Norwegian Journal of Geology v. 85, p. 169–187.

Carvajal C. R., and R. J. Steel, 2006, Thick turbidite successions from supply-dominated shelves during sea level rise: Geology, v. 8, p. 665–668, doi: 10.1130/G22505.1.

Crabaugh J., and R. Steel, 2004, Basin-floor fans at the Central Tertiary Basin, Spitsbergen: Relationship of basin floor sand-floor sand bodies to prograding clinoforms in structurally active basins, in S. A. Lomas and P. Joseph, eds., Confined turbidite systems, Geological Society (London) Special Publication, v. 222, p. 187–208.

Dalland A., 1977, Erratic clasts in the lower Tertiary deposits of Svalbard: Evidence for transport by winter ice: Norwegian Polar Institute Annual Report 1976, p. 151–166.

Davies C., S. Poynter, D. MacDonald, R. Flecker, L. Voronova, V. Galverson, P. Kovotunovich, L. Fot'yanova, and E. Blanc, 2005, Facies analysis in the Neogene delta of Amur River, Sakhalin, Russian Far East: Controls on sand distribution, in L. Giosan and J. Bhattacharya, eds., River deltas: Concepts, models, and examples: SEPM Special Publication 83, p. 207–229.

DiCroce J., A. W. Bally, and P. Vail, 1999, Sequence stratigraphy of Eastern Venezuela Basin, in P. Mann, ed., Caribbean basins, sedimentary basins of the world: Amsterdam, Netherlands, Elsevier Science B.V., p.

419–476.

Elliot T., 2000, Depositional architecture of a sand-rich, channelized turbidite system : The upper carbinoferous Ross Sandstone Formation, Western Ireland, in P. Weimer, R. M. Slatt, A. H. Bouma, and D. T. Lawrence, eds., Deep-water reservoirs of the world : Gulf Coast SEPM Foundation 20th Annual Research Conference, p. 342–373.

Haq B. U., J. Hardenbol, and P. R. Vail, 1987, Chronology of fluctuating sea level since Triassic (250 million years to present) : Science, v. 235, p. 1156–1166.

Helland-Hansen W., 1990, Sedimentation in Paleogene Foreland Basin, Spitsbergen : AAPG Bulletin, v. 74, no. 3, p. 260–272.

Helland-Hansen W., 1992, Geometry and facies of Tertiary clinothems, Spitsbergen : Sedimentology, v. 39, p. 1013–1029, doi : 10.1111/j.1365-3091.1992.tb01994.x.

Helle K., 2008, The response of prograding wave-dominated delta systems to rising relative sea level : Ph.D. thesis, University of Bergen, Bergen, Norway, 99 p.

Henriksen S., C. Fichler, A. Grønlie, T. Henningsen, I. Laursen, H. Løseth, D. Ottesen, and I. Prince, 2005, The Norwegian Sea during the Cenozoic, in B. Wandås, et al., eds., Onshore-offshore relationships on the North Atlantic Margin : Norwegian Petroleum Society Special Publication 12, p. 111–133.

Henriksen S., W. Helland-Hansen, and S. A. Bullimore, 2011, Relationships between shelf edge and shoreline trajectories and sediment dispersal along dip and strike : A different approach to sequence stratigraphy : Basin Research, v. 23, p. 3–21, doi : 10.1111/j.1365-2117.2010.00463.x.

Hiscott R. N., K. T. Pickering, A. H. Bouma, B. M. Hand, B. C. Kneller, G. Postma, and W. Soh, 1997, Basin-floor fans in the North Sea : Sequence stratigraphic models vs. sedimentary facies (discussion) : AAPG Bulletin, v. 81, p. 662–665.

Irwing E., 1977, Drift of the major continental blocks since the Devonian : Nature, v. 270, p. 304–309, doi : 10.1038/270304a0.

Johannessen E. P., and R. J. Steel, 2005, Shelf-margin clinoforms andprediction of deepwater sands : BasinResearch, v. 17, p. 521–550, doi : 10.1111/j.1365-2117.2005.00278.x.

Kane I. A., W. D. McCaffrey, and J. Peakall, 2008, Controls on sinuosity evolution within submarine channels, Geology, v. 36, no. 4, p. 287–290.

Lindquist S. J., 2000, The North Sakhalin Neogene Total Petroleum System of Eastern Russia : U.S. Department of Interior U.S. Geological Survey Open-File Report 99–50-O. Online Edition.

MacEachern J., J. P. Bhattacharya, and C. D. Howell, 2005, Ichnology of deltas, in L. Giosan and J. Bhattacharya, eds., River deltas : Concepts, models, and examples : SEPM Special Publication 83, p. 49–85.

Massari F., L. Capraro, and D. Rio, 2007, Climatic modulation of timing of systems-tract development with respect to sea level changes (middle Pleistocene of Crotone, Calabria, Southern Italy) : Journal of Sedimentary Research, v. 77, p. 461–468, doi : 10.2110/jsr.2007.047.

Mellere D., P. Plink-Björklund, and R. Steel, 2002, Anatomy of shelf deltas at the edge of a prograding Eocene shelf margin, Spitsbergen : Sedimentology, v. 49, p. 1181–1206, doi : 10.1046/j.1365-3091.2002.00484.x.

Miall A. D., 1991, Stratigraphic sequences and their chronostratigraphic correlation : Journal of Sedimentary

Petrology, v. 61, no. 4, p. 479–505.

Mitchum R. M., P. R. Vail, and S. Thompson, 1977, Seismic stratigraphy and global changes of sea level, Part 2: The depositional sequences as a basic unit for stratigraphic analysis, in C. E. Payton, ed., Seismic stratigraphy : Applications to hydrocarbon exploration : AAPG Memoir 26, p. 56–62.

Mulder T., and J. P. M. Syvitski, 1995, Turbidity currents generated at river mouths during exceptional discharges to the world's oceans : Journal of Geology, v. 103, p. 285–299, doi : 10.1086/629747.

Mulder T., O. Weber, P. Anschutz, F. J. Jorissen, and J.-M. Jouaneau, 2001, A few months-old storm-generated turbidite deposited in the Capbreton Canyon(Bay of Biscay, S-W France): Geo-Marine Letters, v. 21, no. 3, p. 149–156, doi : 10.1007/s003670100077.

Mulder T., J. P. M. Syvitski, S. Migeon, J.-C. Faugeres, and B. Savoy, 2003, Marine hyperpycnal flows : Initiation, behaviour and related deposits : A review : Marine and Petroleum Geology, v. 20, p. 861–882, doi : 10.1016/j.marpetgeo.2003.01.003.

Muto T., and R. J. Steel, 2002, In defense of shelf-edge delta development during falling and lowstand of relative sea level : Journal of Geology, v. 110, p. 421–436, doi : 10.1086/340631.

Mutti E., G. Davoli, R. Tinterri, and C. Zavala, 1996, The importance of ancient fluvio-deltaic systems dominated by catastrophic flooding in tectonically active basins : Memori di ScienzeGeologiche, v. 48, p. 233–291.

Mutti E., R. Tinterri, G. Benevelli, D. di Biase, and G. Cavanna, 2003, Deltaic, mixed and turbidite sedimentation of ancient foreland basins : Marine and Petroleum Geology, v. 20, p. 733–755, doi : 10.1016/j.marpetgeo.2003.09.001.

Mutti E., D. Bernoulli, F. Ricci Lucchi, and R. Tinterri, 2009, Turbidites and turbidity currents from Alpine "flysch" to the continental margins : Sedimentology, v. 56, p. 267–318, doi : 10.1111/j.1365-3091.2008.01019.x.

Olsen A. H., 2008, Sedimentology and paleogeography of the Battfjellet Fm, Southern Van Mijenfjorden, Svalbard : Master's thesis, University of Bergen, Bergen, Norway, 91 p.

Peakall J., K. J. Amos, G. M., Keevil, P. W. Bradbury, and S. Gupta, 2007, Flow processes and sedimentation in submarine channel bends : Marine and Petroleum Geology, v. 24, p. 470–486, doi : 10.1016/j.marpetgeo.2007.01.008.

Petter A. L., and R. J. Steel, 2006, Hyperpycnal flow variability and slope reorganization on an Eocene shelf margin, Central Basin, Spitsbergen : AAPG Bulletin, v. 90, no. 10, p. 1451–1472, doi : 10.1306/04240605144.

Plink-Björklund P., 2005, Stacked fluvial and tide dominated estuarine deposits in high frequency(fourth-order) sequences in the Eocene Central Basin, Spitsbergen : Sedimentology, v. 53, p. 391–428, doi : 10.1111/j.1365-3091.2005.00703.x.

Plink-Björklund P., and R. J. Steel, 2002, Sea level fall below the shelf edge, without basin-floor fan : Geology, v. 30, no. 2, p. 115–118, doi : 10.1130/0091-7613 (2002) 030<0115: SLFBTS>2.0.CO ; 2.

Plink-Björklund P., and R. J. Steel, 2004, Initiation of turbidity currents : Outcrop evidence for Eocene hyperpycnal flow turbidites : Sedimentary Geology, v. 165, p. 29–52, doi : 10.1016/j.sedgeo.2003.10.013.

Plink-Björklund P., and R. J. Steel, 2005, Deltas on falling stage and lowstand shelf margins, Eocene Central

Basin of Spitsbergen : Importance of sediment supply, in L. Giosan and J. Bhattacharya, eds., River deltas : Concepts, models and examples : SEPM Special Publication 83, p. 179–206.

Plink-Björklund P., D. Mellere, and R. J. Steel, 2001, Turbidite variability and architecture of sand-prone, deepwater slopes : Eocene clinoforms in Central Basin, Spitsbergen : Journal of Sedimentary Research, v. 71, p. 895–912, doi : 10.1306/030501710895.

Pontén A., and P. Plink-Björklund, 2009, Process regime changes across a regressive to transgressive turnaround in a shelf-slope basin, Eocene Central Basin of Spitsbergen : Journal of Sedimentary Research, v. 79, p. 2–23.

Porobski S. J., and R. J. Steel, 2006, Deltas and sea level change : Journal of Sedimentary Research v. 76, p. 390–403, doi : 10.2110/jsr.2006.034.

Posamentier H. W., and G. P. Allen, 1999, Siliciclastic sequence stratigraphy : Concepts and applications. SEPM Concepts in Sedimentlogy and Paleontology No. 7, ISBN 15676-070-0, 210 p.

Posamentier H. W., R. D. Erskine, and R. M., Mitchum Jr., 1991, Submarine fan deposits in a sequence-stratigraphic framework, in P. Weimer and M. H. Link, eds., Seismic facies and sedimentary processes of submarine fans and turbidite systems : New York, New York, SpringerVerlag, p. 127–136.

Posamentier H. W., G. P. Allen, D. P. James, and M. Tesson, 1992, Forced regression in a sequence-stratigraphic framework : Concepts, examples, and exploration significance : AAPG Bulletin, v. 76, no. 11, p. 1687–1709.

Schumm S. A., 1993, River response to base level change : Implications for sequence stratigraphy : Journal of Geology, v. 101, p. 279–294, doi : 10.1086/648221.

Schweitzer H.-J., 1980, Environment and climate in the Early Tertiary of Spitsbergen : Paleogeography, Paleoclimatology, Paleoecology, v. 30, p. 297–311, doi : 10.1016/0031-0182（80）90062-0.

Spielhagen R. F., and A. Tripati, 2009, Evidence from Svalbard for near-freezing temperatures and climate oscillations in the Arctic during the Paleocene and Eocene : Paleogeography, Paleoclimatology, Paleoecology, v. 278, p. 48–56, doi : 10.1016/j.palaeo.2009.04.012.

Steel R., and T. Olsen, 2002, Clinoforms, clinoform trajectories and deepwater sands, in J. M. Armentrout and N. C. Rosen, eds., Sequence-stratigraphic models for exploration and production : Evolving methodology, emerging models and application histories : Gulf Coast Section SEPM Special Publication, 22d Annual Research Conference, CD, p. 367–381.

Steel R., J. Crabaugh, M. Schellpeper, D. Mellere, P. PlinkBjorklund, T. Deibert, and T. Leseth, 2000, Deltas versus rivers on the shelf edge : their relative contributions to the growth of shelf margins and basin-floor fans（Barremian and Eocene, Spitsbergen）, in Deep-water reservoirs of the world : Gulf Coast Section SEPM Foundation 20th Annual Research Conference, p. 981–1009.

Steel R. J., A. Dalland, K. Kalgraff, and V. Larsen, 1981, The Central Tertiary Basin on Spitsbergen. Sedimentary development of a sheared margin basin, in J. W. Kerr and A. J. Fergusson, eds., Geology of North Atlantic Borderland : Canadian Society of Petroleum Geologists Memoir 7, p. 647 –664.

Steel R. J., J. Gjelberg, W. Helland-Hansen, K. Kleinspehn, A. Nottvedt, and M. R. Larsen, 1985, The Tertiary strikeslip basins and orogenic belt of Spitsbergen, in K. T. Biddle and N. Christie-Blick, eds., Strike-slip deformation, basin formation and sedimentation : SEPM Special Publication 37, p. 339–359.

Stene S. A. K., 2009, Facies and architecture of the Battfjellet Formation Northern Nathorst Land, Spitsbergen : Master's thesis, University of Bergen, Bergen, Norway, 103 p.

Sydow J., J. Finneran, and A. P. Bowman, 2003, Stacked shelf edge delta reservoirs of the Columbus Basin, Trinidad, West Indies, in H. Roberts, ed., Shelf-margin deltas and linked downslope petroleum systems : Global significance and future exploration potential : Gulf Coast Section SEPM Special Publication, 32d Annual Research Conference, CD, p. 441–465.

Uroza C. A., and R. J. Steel, 2008, A highstand shelfmargin delta system from the Eocene of West Spitsbergen, Norway : Sedimentary Geology, v. 203, p. 229–245, doi : 10.1016/j.sedgeo.2007.12.003.

Vail P. T., R. M. Mitchum, R. G. Todd, J. M. Widmier, S. Thomson, J. B. Sangree, J. N. Bubb, and W. G. Hatlelid, 1977, Seismic stratigraphy and global changes in sea level : Parts I–II. Overview, in C. E. Payton, ed., Seismic stratigraphy : Application to hydrocarbon exploration : AAPG Memoir 26, p. 51–212.

Van Wagoner J. C., R. M. Mitchum Jr., K. M. Campion, and V. D. Rahmanian, 1990, Siliciclastic sequence stratigraphy in well logs, cores, and outcrops : concepts for high resolution correlation of time and facies : AAPG Methods in Exploration Series 7, 55 p.

Wong H. K., T. Ludrnann, B. Baranov, V. Ya, B. Karp, P. Konerding, and G. Ion, 2003, Bottom current-controlled sedimentation and mass wasting in the northwestern Sea of Okhotsk : Marine Geology, v. 201, no. 4, p. 287–305, doi : 10.1016/S0025-3227(03)00221-4.

Wood L. J., 2000, Chronostratigraphy and tectonostratigraphy of the Columbus Basin, eastern offshore Trinidad : AAPG Bulletin, v. 84, p. 1905–1921.

Wynn R. B., B. T. Cronin, and J. Peakall, 2007, Sinuous deep-water channels : Genesis, geometry and architecture : Marine and Petroleum Geology, v. 24, p. 341–387.

Yoshida S., R. J. Steel, and R. W. Dalrymple, 2007, Changes in depositional processes : An ingredient in a new generation of sequence-stratigraphic models : Journal of Sedimentary Research, v. 77, p. 447–460, doi : 10.2110/jsr.2007.048.

8 阿根廷 Austral 盆地白垩系河控三角洲遗迹化石特征

Luis Alberto Buatois　　Luis Lucas Saccavino　　Carlos Zavala

摘要： 依据井下资料，对阿根廷巴塔哥尼亚高原南部 Campo Boleadoras-Estancia Agua Fresca-Puesto Peter 油田上白垩统 Magallanes 组储层中的异重流及伴生沉积相，进行了详细的描述。本文首次对以异重流沉积作用为主的三角洲沉积体系，进行详细的遗迹化石描述。该河流—三角洲体系所属流域流向南—东南，物源区为巴塔哥尼亚高原中部和 Río Chico 高地。综合沉积学和遗迹化石数据，建立了该沉积体系近端—远端的沉积学和遗迹学变化趋势。多数异重流朵叶体砂质相由粗砂至细砂组成，呈块状或可见仅能通过大量炭化植物碎屑识别的模糊平行纹层。其中，粒序反映水动力变化，向上变粗、变细的亚段分别形成于增强、减弱的水动力；植物碎屑的密集程度与洪水的植物碎屑含量有关，受河流流量控制。异重流沉积通常不含或零星可见生物扰动构造，如 *Thalassinoides*（海生迹）。它们记录了机会种生物在低沉积速率时期的拓殖过程，但潜穴管内常见的纹层状充填物，或反映相对高的悬移质沉降速率。强烈的压实现象表明，此类生物潜穴建造于饱含水的软底质，压实作用晚于潜穴的建造。但是，沉积于安静的洪水间歇期，分布于富砂异重流朵叶体边缘区的异粒岩相，可见 *Planolites*（漫游迹）-*Teichichnus*（墙迹）组构；在沉积物供给少、异轻流活跃期，受波浪改造的砂岩，可见 *Thalassinoides*（海生迹）-*Teichichnus*（墙迹）组构；中—低能沉积相生物扰动密集，底栖生物群落多样性可达中等，可见 *Terebellina*（长管迹）-*Phycosiphon*（藻管迹）组构；开阔海远滨相生物再改造彻底，遗迹化石多样性高、分带结构复杂，可见 *Teichichnus*（墙迹）-*Phycosiphon*（藻管迹）组构。

河流洪水成因的异重流作为沉积物从河口输送至陆棚、深海的一种输送机制，受到越来越多的关注（Mulder 和 Syvitski，1995；Mulder 等，2003；Plink-Björklund 和 Steel，2004）。异重流以沉积速率高、淡水含量高和水动力强为特征，对底栖生物群落有显著影响。然而，关于异重流的沉积机制及其沉积物的遗迹学研究还很少。无论深海还是三角洲，异重流都不利于遗迹化石形成，但有必要区分两者。前人对异重流沉积遗迹化石的研究，多集中于深海环境（Ponce 等，2007；Wetzel，2008；Carmona 和 Ponce，2011）。本文重点研究三角洲沉积体系异重流沉积的遗迹化石。

Austral（后称南部）盆地（图 8.1）是阿根廷最重要的含油气盆地之一（Biddle 等，1986；Keeley 和 Light，2008）。笔者对 Campo Boleadoras-Estancia Agua Fresca-Puesto

Peter 油田上白垩统 Magallanes 群下段（属马斯特里赫特阶）储层，开展了综合的遗迹学和沉积学研究，分析了沉积机制、沉积环境和沉积动力学。本文是最早在三角洲沉积体系异重流沉积中，开展精细遗迹学描述的研究之一，关于 Magallanes 群下段沉积动力学的论述，可为其他河控三角洲沉积研究提供借鉴。

8.1 地质概况和含油气系统

南部盆地，又称麦哲伦盆地，位于南美最南端（图 8.1）。盆内沉积地层厚达 8000m，包括三叠系—中上侏罗统的裂谷沉积、上侏罗统—下白垩统的后裂谷沉积，以及上白垩统—新生界的前陆沉积。其中，前陆盆地的前渊带（由褶皱、冲断作用形成）特征明显（图 8.2）。盆地物源来自周边隆起区，包括巴塔哥尼亚高原的中部和 Río Chico 高地的西北段。盆地沉积中心受区域构造控制，逐渐往东南方向迁移，形成内部可见沉积旋回、向沉积中心进积的碎屑岩沉积楔。该碎屑岩沉积楔从北、西北往东南不断进积。

工区坎潘阶—马斯特里赫特阶下段（Anita 组）为临滨—三角洲沉积。其中向东南进积的舌状砂体与 Palermo Aikex 群远滨相泥岩、薄层状砂岩呈指状相交；Anita 组顶界为 D3 不整合面，上覆地层为 Magallanes 群 Calafate 组（含马斯特里赫特阶上段和丹麦阶）（图 8.3）。Calafate 组顶界是古新世中—晚期隆升剥蚀形成的 D4 不整合面。因上覆的始新统（海侵域）海绿石泥质砂岩是良好的盖层，D4 不整合面有

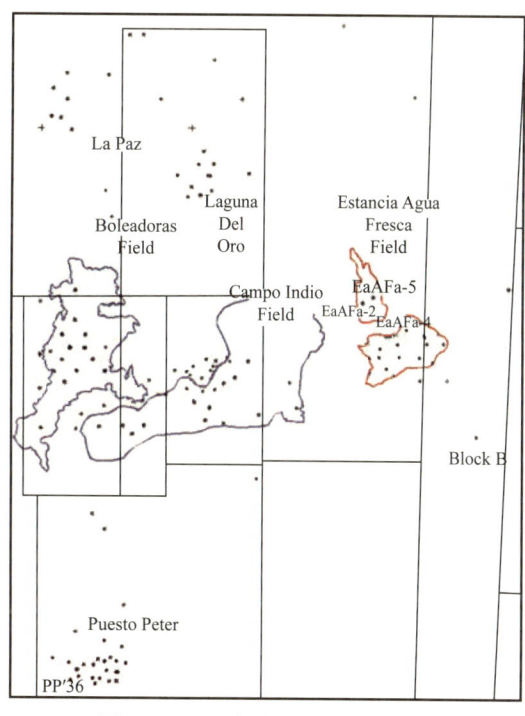

图 8.1 工区内油田和井位分布图
EaAFa-2、EaAFa-4、EaAFa-5 和 PP'36 为取心井

利于地层圈闭形成。

8.2 沉积相和遗迹化石分布

基于工区 200km² 内 156.4m 岩心及 8 口测井曲线的分析，对目的层 Magallanes 群下段开展了详细的沉积学和遗迹学研究。目的层在工区内为向上变粗的高位三角洲进积体系（图 8.2），顶部为相对海平面下降期形成的侵蚀面（可见河口侵蚀形成的下切谷）。以测井曲线分析对比、测井岩心

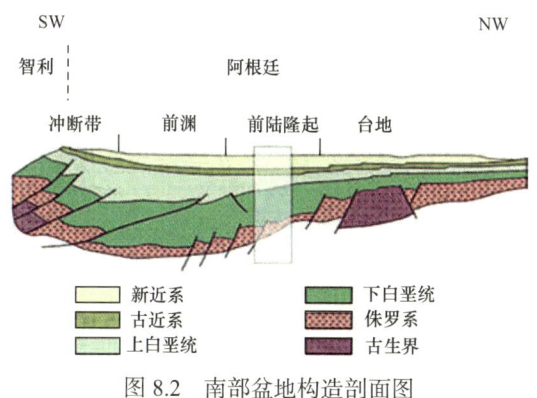

图 8.2 南部盆地构造剖面图
方框所示为工区位置

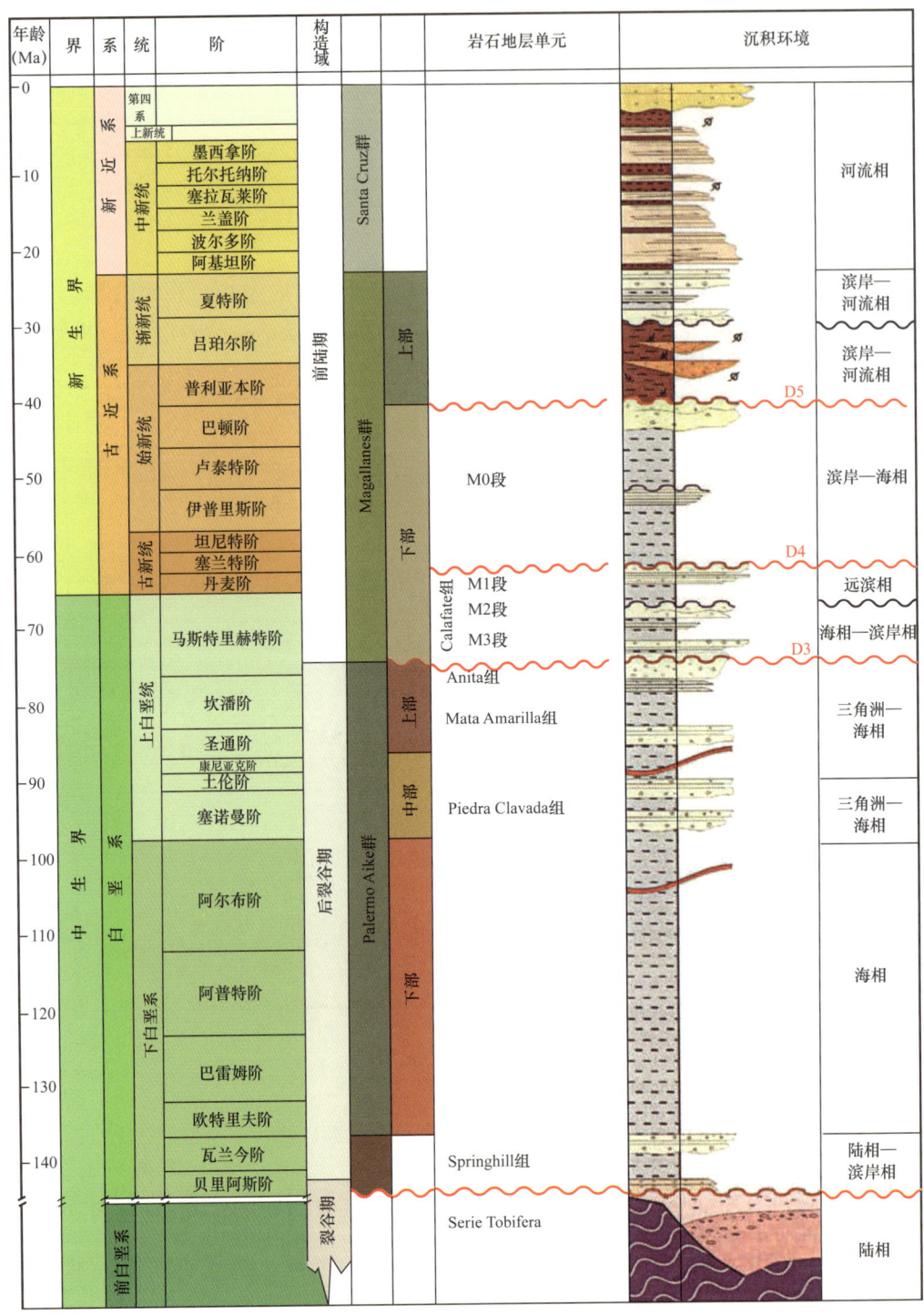

图 8.3 研究区地层年代表
D3、D4、D5 为不整合面

标定为基础,通过岩性、沉积构造和地层接触关系分析,识别出风暴影响的三角洲前缘—前三角洲相、异重流朵叶体砂质相和下远滨相三类主要的沉积相。

根据造迹生物的行为习性、营养类型、种群对策、多样性,遗迹化石的分类学和分带结构，以及生物扰动强度，开展了精细的遗迹学研究，识别出五类遗迹化石组构，并分别描述和解释。遗迹化石组构依据最明显或最典型的组分命名（McIlroy，2004），在古环境中的位置结合遗迹相确定。

生物扰动强度分级参考 Taylor 和 Goldring（1993），从无至彻底对应生物扰动指数（BI）0～6。开阔海浪控环境的相带及遗迹相划分参考 MacEachern 等（1999）。三角洲相带的划分参考 Bhattacharya（2006）。

通过分析对比三类沉积相之间的遗迹化石组构和遗迹相，系统评价了泥砂输运方向上，底栖生物群对环境胁迫因素的反应。

8.2.1 异重流朵叶体砂质相

8.2.1.1 沉积学特征

异重流朵叶体砂质相由粗砂—细砂构成，通常呈块状或发育模糊、含大量炭化植物碎屑的平行纹层，包卷纹层和泄水构造分布普遍，偶见丘状交错层理和混合流沙纹。粒序变化普遍，可见叠置的反—正复合粒序层（图 8.4）。极粗砂—粗砂层底部常见底砾岩及生物碎屑、扁平状和变形的泥岩内碎屑。孤立分布的砂层不易区分，叠置的砂层组厚度可达 9.2m。砂层组之间普遍有深灰色富泥夹层，厚度可达 1.75m，通常呈块状或发育平行纹层，含收缩缝和炭化植物碎屑，层内或含更薄的砂层（0.3～2cm）。此类沉积相在研究区中东部 Agua Fresca 油田 EaAFa-2 井、EaAFa-3 井、EaAFa-4 井和 EaAFa-5 井（图 8.1）的岩心均有分布。

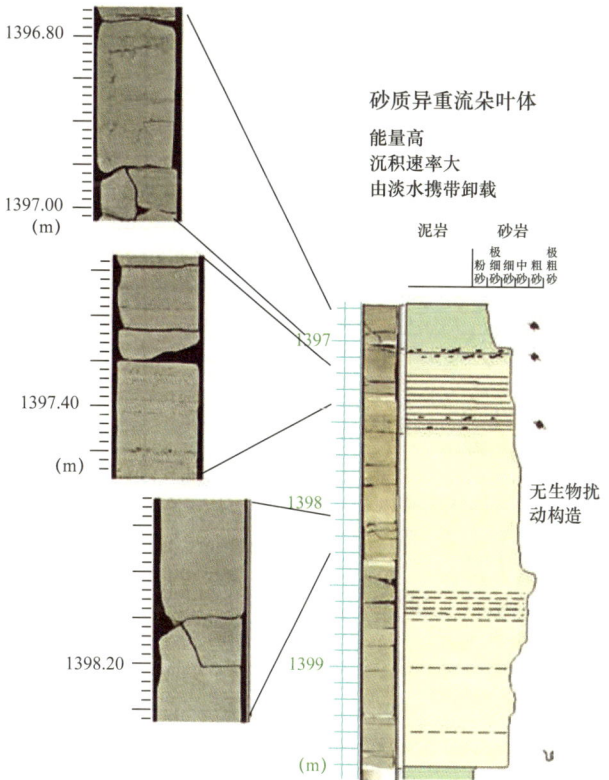

图 8.4 异重流沉积复合体沉积特征（由持续、流速波动的异重流形成）

8.2.1.2 遗迹学特征

该沉积相的富砂亚段通常不含—零星可见生物扰动构造（图8.4），垂向可见含生物扰动构造的亚段与不含生物扰动构造的块状层交替分布，生物扰动指数通常为0～1，局部可达2。生物扰动构造通常分布于砂岩层顶部，含水平和垂直的潜穴系统，以悬浮进食生物的居住建造为主，多为单一的遗迹种［以 *Thalassinoides*（海生迹）为主］，局部可见 *Ophiomorpha*（蛇形迹）、*Skolithos*（石针迹）、*Diplocraterion*（双杯迹）和 *Palaeophycus*（古藻迹）。潜穴管受压实强烈，横截面多呈扁平状，而非原始的圆形或次圆形，仍可见完整的管壁和泥质衬里，管内普遍充填下凹状砂质纹层。

根据遗迹化石组合特征，将该富砂岩相中的遗迹化石组构命名为 *Thalassinoides*（海生迹）组构（图8.5，表8.1），对应于遗迹相原型中的 *Skolithos*（石针迹）遗迹相。该遗迹化石组构的分带结构简单，主要由深层分带构成，可见 *Thalassinoides*（海生迹）、*Thalassinoides*（蛇形迹）、*Thalassinoides*（石针迹）和 *Diplocraterion*（双杯迹），浅层分带仅见 *Palaeophycus*（古藻迹）。

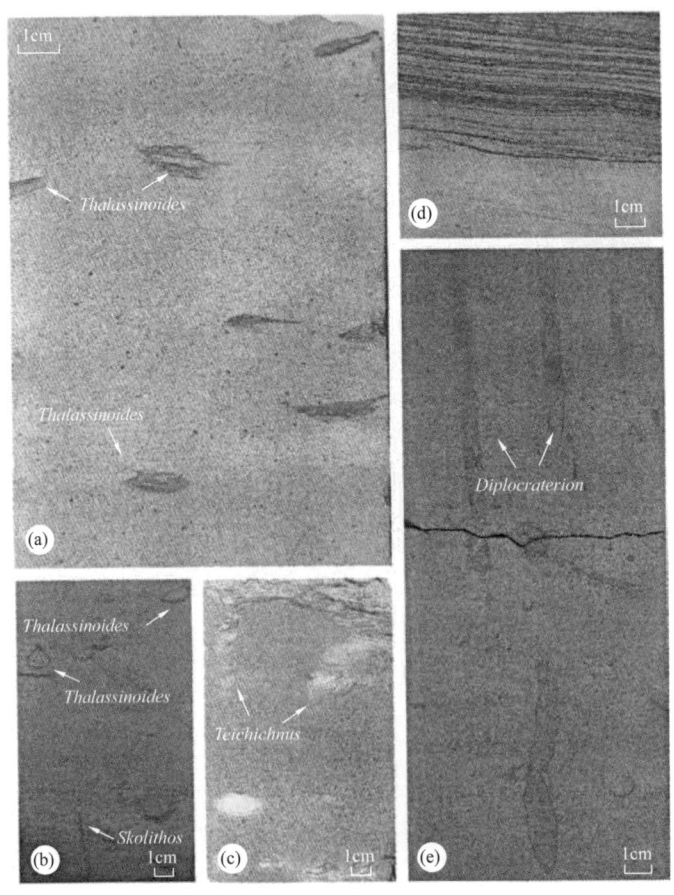

图 8.5　异重流朵叶体砂质相中的 *Thalassinoides*（海生迹）组构
（a）强烈压实、具泥质衬里的 *Thalassinoides*（海生迹），潜穴管内充填下凹的平行纹层；
（b）*Thalassinoides*（海生迹）和 *Skolithos*（石针迹），局部可见碳质纹层，EaAFa-2 井；
（c）后退式 *Teichichnus*（墙迹），EaAFa-4 井；（d）碳质纹层，表明沉积过程植物碎屑含量波动，EaAFa-4 井；（e）长条状"U"形管状双杯迹（*Diplocraterion*），可见蹼状构造，EaAFa-4 井

表 8.1 Magallanes 群下段不同遗迹化石组构的遗迹学和沉积学特征汇总

遗迹化石组构	分类学组分	行为习性和营养类型	分带结构	生物扰动指数（BI）	拓殖生物类型	沉积环境特征	沉积相和古环境
Thalassinoides（海生迹）组构	主要为 Thalassinoides（海生迹），少量 Ophiomorpha（蛇形迹）、Skolithos（石针迹）、Diplocraterion（双杯迹）和 Palaeophycus（古藻迹）	食悬浮生物居住食建造	非常简单	0~1，局部可达 2	沉积速率下降期机会种生物	环境能量高—较高，常有能量逐渐增强或减弱的洪水（异重流），植物碎屑呈脉冲式输入。软底质饱含水，偶有振荡流改造，盐度波动普遍	富砂异重流朵叶体，与三角洲有成因联系，位于三角洲前缘远端—前三角洲近端
Planolites（漫游迹）-Teichichnus（墙迹）组构	主要为 Planolites（漫游迹）和 Teichichnus（墙迹），其次为 Thalassinoides（海生迹）	食悬浮物生物进食建造	非常简单	1~2	间洪水期机会种生物	低能环境，振荡流改造普遍，盐度波动普遍	富砂异重流朵叶体，与三角洲有成因联系，位于三角洲前缘远端—前三角洲远端
Thalassinoides（海生迹）-Teichichnus（墙迹）组构	主要为 Thalassinoides（海生迹）和 Teichichnus（墙迹），其次为 Rhizocorallium（根珊瑚迹）、Planolites（漫游迹）和 Asterosoma（一种呈气泡状发散的星射迹）	食沉积物生物进食建造	简单	0~2	机会种生物，生物种群丰度高	环境能量中等，悬移质浓度高（由异轻流携带），普遍受振荡流改造，偶有盐度波动	以风暴浪作用为主的三角洲前缘远端—前三角洲近端
Terebellina（一种长管迹）-Phycosiphon（藻管迹）组构	主要为 Terebellina（一种长管迹），其次是 Planolites（漫游迹）、Palaeophycus（古藻迹）、Teichichnus（墙迹）、Thalassinoides（海生迹）、Zoophycos（动藻迹）和 Schaubcylindrichnus（一种垂直—近平行的椭圆管状迹）	食沉积物生物进食建造	较复杂	0~1，局部可达 4~5	机会种生物，生物种群丰度高	中低能环境，悬移质浓度高（由异轻流携带），受振荡流反复改造，偶有盐度波动	以风暴浪作用为主的三角洲前缘远端—前三角洲近端
Teichichnus（墙迹）-Phycosiphon（藻管迹）组构	主要为 Teichichnus（墙迹）和 Phycosiphon（藻管迹），其次为 Chondrites（丛藻迹）、Asterosoma（一种呈气泡状发散的星射迹）和 Planolites（漫游迹），还有少量 Terebellina（一种长管迹）、Thalassinoides（海生迹）和 Zoophycos（动藻迹）	食沉积物生物进食建造	复杂	6	生物种群丰度最高	低能环境，几乎无波浪改造，无盐度波动，含氧量高，基底为软沉积物（软底质）	下远滨

· 149 ·

在该沉积相中，与富砂亚段伴生的薄层砂岩、泥岩生物扰动指数略高，通常为1～2，尽管一些深灰色泥岩未见生物扰动。其遗迹化石以食沉积物生物的进食建造为主，通常仅能鉴别出 *Planolites*（漫游迹）和 *Teichichnus*（墙迹），局部或有 *Thalassinoides*（海生迹），遗迹化石组构命名为 *Planolites*（漫游迹）– *Teichichnus*（墙迹）组构（图8.6，表8.1），相当于遗迹相原型中环境更加胁迫的 *Cruziana*（二叶石）遗迹相。该遗迹化石组构分带结构简单，*Planolites*（漫游迹）和 *Teichichnus*（墙迹）占据浅层分带，海生迹占据深层分带。

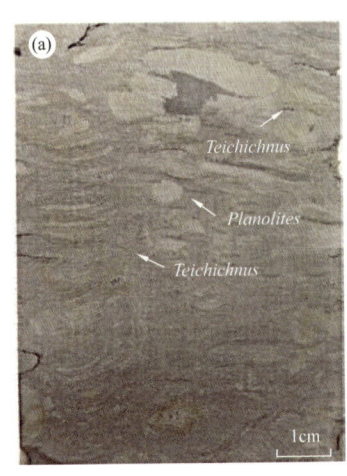 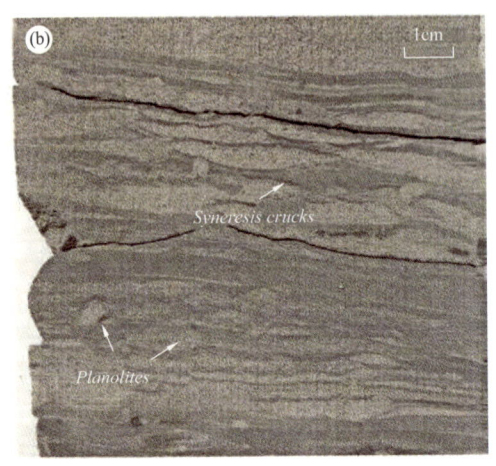

图8.6 异重流朵叶体洪水间歇期沉积

可见 *Planolites*（漫游迹）– *Teichichnus*（墙迹）组构及伴生的收缩缝。（a）生物扰动强度中等，可见宽且深的后退式 *Teichichnus*（墙迹）和孤立的 *Planolites*（漫游迹），泥岩夹层因生物扰动破坏呈断续状，EaAFa-4井。（b）异粒岩相，可见零星的生物扰动构造 [*Planolites*（漫游迹）] 和收缩缝，遗迹化石丰度低、遗迹种单一，泥岩夹层连续性好、保存完整，EaAFa-5井

8.2.1.3 成因及沉积环境解释

粒序变化通常反映水动力波动，反粒序层、正粒序层分别对应于逐渐增强、减弱的水动力，反—正复合粒序对应于依次为持续上升—洪峰—持续下降的河流洪水流量变化（Mulder等，2003；Zavala等，2006；Soyinka和Slatt，2008）。密集的炭化植物碎屑纹层表明，该沉积相与河流径流有直接关系（MacEachern等，2005）。这些沉积都由湍流形成，与水体的能量波动和高的悬移载荷相关。伴生的卵石质砾岩可能由过路不沉积形成。一些收敛交错层理砂岩可能为局部洼地充填沉积。局部发育的丘状交错层理及混合流沙纹说明，砂体遭受过振荡流改造，沉积环境大致位于风暴浪基面之上（Cheel和Leckie，1993；Lamb等，2008）。收缩缝说明存在盐度变化（Foster等，1955；Donovan和Foster，1972）。深灰色块状（或发育平行纹层）泥岩、薄层—极薄层状极细砂—细砂岩可能沉积于水体安静的洪水间歇期。

Thalassinoides（海生迹）组构由机会种生物在富砂的异重流沉积中拓殖形成。多样性低、以居住潜穴为主、分布于块状层的顶部等特征表明，该沉积相的遗迹化石由造迹生物在沉积速率下降期快速拓殖形成。但是，潜穴中广泛分布的纹层状充填物表明，细粒悬移质沉降速率可能仍较高。强烈的压实现象表明，生物潜穴建造于饱含水的软底质，压实作用晚于潜穴的建造。零星的生物扰动构造和简单的遗迹化石分带结构表明，生物拓殖作用的时窗很小。收缩缝和低的遗迹化石多样性与海水被稀释有关，尤其是异重流淡水引起的稀释。

Planolites（漫游迹）-*Teichichnus*（墙迹）组构以食沉积物生物的进食迹为主，由生物在低能沉积物中觅食有机质形成。生物扰动指数低、砂层厚度薄、遗迹化石分带结构简单、生物多样性贫乏等特征表明，该沉积环境胁迫程度高。收缩缝和广泛分布的炭化植物碎块说明，淡水注入造成了海水稀释，这可能是主要的环境胁迫因素，尤其是异重流活跃期。

既未见到紧临风暴浪基面之上的 *Cruziana*（二叶石）遗迹相，也未见到紧临之下的 *Zoophycos*（动藻迹）遗迹相（MacEachern 等，1999），说明该沉积环境为浅海。局部可见振荡流强烈改造的沉积构造，说明沉积环境位于风暴浪基面之上。泥岩夹层广泛分布，表明沉积环境多数时候为低能环境，无波浪和洪水影响，应处于晴天浪基面之下。综合遗迹学和沉积学分析认为，该沉积相所属环境为三角洲前缘远端—前三角洲近端。

8.2.2 风暴流影响的三角洲前缘—前三角洲相

该类沉积相由粉砂质极细砂和浅灰色泥岩构成，与异重流朵叶体砂质相呈互层或指状交互产出。其中，粉砂质极细砂岩发育丘状交错层理、混合流交错纹层，底部为侵蚀或突变界面，顶部为渐变界面；薄砂岩多呈透镜状；异粒岩相可见收缩缝。丘状交错层理砂岩（厚 25~35cm）可相互叠置构成厚度可达 1m 的层系组，也可与富泥层（厚 3~30cm）交替分布。该类沉积相见于研究区中西部 Agua Fresca 油田的 EaAFa-3 井、EaAFa-4 井和 EaAFa-5 井的岩心。

8.2.2.1 遗迹学特征

该沉积相中的中层状砂岩通常不含遗迹化石或仅见于顶部，生物扰动指数为 0~2，局部可达 3，遗迹化石组构为 *Thalassinoides*（海生迹）-*Teichichnus*（墙迹）组构（图 8.7，表 8.1），对应于遗迹相原型中 *Skolithos*（石针迹）遗迹相和 *Cruziana*（二叶石）遗迹相的过渡相。常见的遗迹化石包括 *Thalassinoides*（海生迹）、*Teichichnus*（墙迹）、*Rhizocorallium*（根珊瑚迹）、*Skolithos*（石针迹）、*Planolites*（漫游迹）和 *Asterosoma*（一种呈气泡状发散的星射迹）。其中，*Rhizocorallium*（根珊瑚迹）常被 *Planolites*（漫游迹）改造；*Thalassinoides*（海生迹）潜穴管多呈水平状，少量呈倾斜状，具泥质衬里，充填

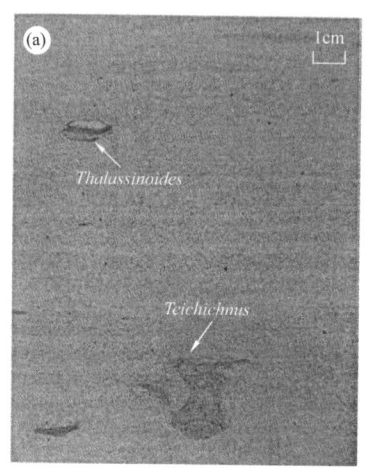 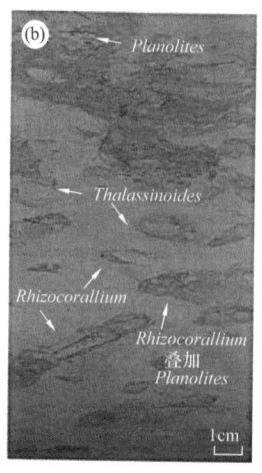

图 8.7 *Thalassinoides*（海生迹）-*Teichichnus*（墙迹）组构

分布于风暴浪影响的三角洲前缘—前三角洲砂岩中。（a）生物扰动构造零星分布，丘状交错层理模糊，后退式 *Teichichnus*（墙迹）和具泥质衬里的 *Thalassinoides*（海生迹）潜穴管被下凹的平行纹层充填，EaAFa-3 井。（b）生物扰动强度中等，向上增强，以 *Thalassinoides*（海生迹）和 *Rhizocorallium*（根珊瑚迹）为主，层面和根珊瑚迹潜穴内可见 *Planolites*（漫游迹），EaAFa-3 井

下凹的砂质纹层。该遗迹化石组构可见简单的浅层和深层分带，*Asterosoma*（一种呈气泡状发散的星射迹）和 *Teichichnus*（墙迹）占据浅层分带，*Ophiomorpha*（蛇形迹）、*Thalassinoides*（海生迹）、*Rhizocorallium*（根珊瑚迹）、*Planolites*（漫游迹）和 *Skolithos*（石针迹）占据深层分带。

该沉积相中含薄层砂岩的泥岩，通常具有高度变化的生物扰动指数，通常为1～3，局部可达4～5，遗迹化石组构为 *Terebellina*（一种长管迹）-*Phycosiphon*（藻管迹）组构（图8.8，表8.1），对应于遗迹相原型中的 *Cruziana*（二叶石迹）遗迹相。遗迹化石以 *Terebellina*（一种长管迹）-*Phycosiphon*（藻管迹）为主，其次是 *Planolites*（漫游迹）、*Palaeophycus*（古藻迹）、*Teichichnus*（墙迹）、*Thalassinoides*（海生迹）、*Zoophycos*（动藻迹）和 *Schaubcylindrichnus*（一种垂直—近平行的椭圆管状迹）。其中，*Terebellina*（一种长管迹）潜穴壁厚实、呈白色、易于观察，Miller（1995）认为它是实体化石，而非遗迹化石；*Phycosiphon*（藻管迹）形成时间较早，大多叠加了分布于深层分带的遗迹化石，如 *Thalassinoides*（海生迹）和 *Zoophycos*（动藻迹）。该遗迹化石组构分带相对复杂，*Terebellina*（一种长管迹）、*Planolites*（漫游迹）、*Palaeophycus*（古藻迹）和 *Teichichnus*（墙迹）占据浅层分带，*Schaubcylindrichnus*（一种垂直—近平行的椭圆管状迹）和 *Phycosiphon*（藻管迹）占据中层分带，*Zoophycos*（动藻迹）和 *Thalassinoides*（海生迹）占据深层分带。

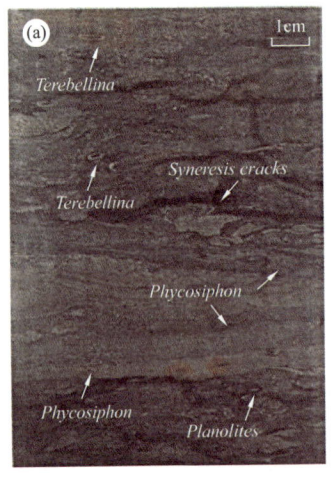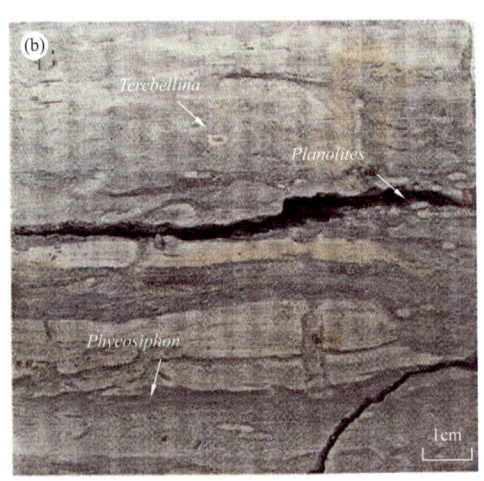

图8.8　*Terebellina*（一种长管迹）-*Phycosiphon*（藻管迹）组构

分布于风暴浪影响的三角洲前缘—前三角洲的砂泥岩互层中，EaAFa-3井。（a）砂岩发育混合流沙纹，局部可见 *Phycosiphon*（藻管迹）；泥岩沉积于晴天浪底之下，生物扰动强烈，以 *Planolites*（漫游迹）和 *Terebellina*（一种长管迹）为主，局部可见收缩缝；泥岩中孤立、变形的砂岩透镜体，或由风暴岩经生物改造形成。（b）砂岩呈断续状分布，发育混合流沙纹；泥岩沉积于晴天浪底之下，生物扰动强烈，以 *Planolites*（漫游迹）、*Terebellina*（一种长管迹）和簇状的 *Phycosiphon*（藻管迹）为主

8.2.2.2　成因和沉积环境解释

与异重流朵叶体砂质相不同，该类沉积相可见丰富的浪成沉积构造，表明振荡流对来自河口系统的大部分沉积物有很强的改造。该类沉积相分布于富砂异重流朵叶体的外围，表明振荡流对异重流朵叶体的改造仅限于外围。从底至顶依次为异重流朵叶体—波浪改造砂岩—悬浮沉降泥岩的过渡关系表明，河口体系在低沉积物供给期以异轻流为主，沉积物

主要受盆地内部水动力改造。零星分布的收缩缝表明存在盐度变化。

Thalassinoides（海生迹）–*Teichichnus*（墙迹）组构由生物在波浪改造的砂岩中拓殖形成。*Thalassinoides*（海生迹）潜穴管内可见纹层状充填物，表明沉积速率较高。遗迹化石丰度低、分带结构简单等特征表明，沉积环境胁迫程度强，洪水是主要的胁迫因素。垂向向上逐渐增大的生物扰动指数表明，稳定和不稳定的环境交替出现，低沉积物供给期环境稳定。

Terebellina（一种长管迹）–*Phycosiphon*（藻管迹）组构由生物在中低能环境拓殖形成。以食沉积物进食建造为主、局部生物扰动指数较高、分带结构较复杂、多样性较丰富等特征表明，该沉积环境相对稳定，生物拓殖时间长。但遗迹化石多样性低于同期的开阔海、底质生物扰动很少达到均一、局部存在收缩缝等特征表明，淡水的注入是主要的环境胁迫因素。此外，风暴也是环境胁迫因素，因其反复侵蚀底质也会影响底栖生物群（Pemberton和Frey，1984；Pemberton和MacEachern，1997；Buatois等，2008）。

广泛分布的浪成沉积构造表明，沉积作用发生于风暴浪基面之上。与异重流朵叶体砂质相相似，泥岩层分布广泛也表明沉积环境多数时候为晴天浪基面之下的低能环境。因此，该沉积相所属环境最有可能是以风暴流作用为主的三角洲前缘远端—前三角洲近端，水深接近或略深于砂质异重流朵叶体。

8.2.3 下远滨相

下远滨沉积相主要为生物扰动构造密集的泥岩，厚度可达6m，原生组构和收缩缝已破坏殆尽。该沉积相见于研究区东南角Puesto Peter油田的PP′36井岩心。

8.2.3.1 遗迹学特征

该沉积相生物扰动指数高达6，遗迹化石以*Teichichnus*（墙迹）和*Phycosiphon*（藻管迹）为主，遗迹化石组构为*Teichichnus*（墙迹）–*Phycosiphon*（藻管迹）组构（图8.9，表8.1），对应于遗迹相原型中*Cruziana*（二叶石迹）遗迹相的远端。与异重流朵叶体砂质相和风暴流影响的三角洲前缘—前三角洲沉积相相比，该遗迹化石组构分带结构更复杂：最浅层的分带可见模糊、斑状的生物扰动构造，由生物在饱含水的底质中活动留下；略深的浅层分带可见*Thalassinoides*（海生迹）、*Phycosiphon*（藻管迹）和*Zoophycos*（动藻迹），其中*Phycosiphon*（藻管迹）分布均匀，*Thalassinoides*（海生迹）和*Zoophycos*（动藻迹）呈斑块状分布。中层分带以*Asterosoma*（一种呈气泡状发散的星射迹）、*Planolites*（漫游迹）和*Terebellina*（墙迹）为主。深层分带多被*Chondrites*（丛藻迹）、*Teichichnus*（墙迹）和后期的*Thalassinoides*（海生迹）占据，其中*Teichichnus*（墙迹）形貌完整，管壁与基质呈突变接触，未见有后期遗迹化叠加，或形成于深度大、黏性的底质层。

8.2.3.2 成因和沉积环境解释

强烈的生物扰动和细的粒度表明，该沉积相由悬移质在低能的晴天浪基面之下缓慢沉积形成，原生的风暴流沉积或已被生物扰动彻底改造。生物扰动强烈、无收缩缝，以及遗迹化石以食沉积物生物进食建造为主、分带结构高度复杂、丰度高、多样性丰富等特征表明，沉积环境十分稳定，海底和底层水富含氧气，生物拓殖时窗极长，应该为开阔海。

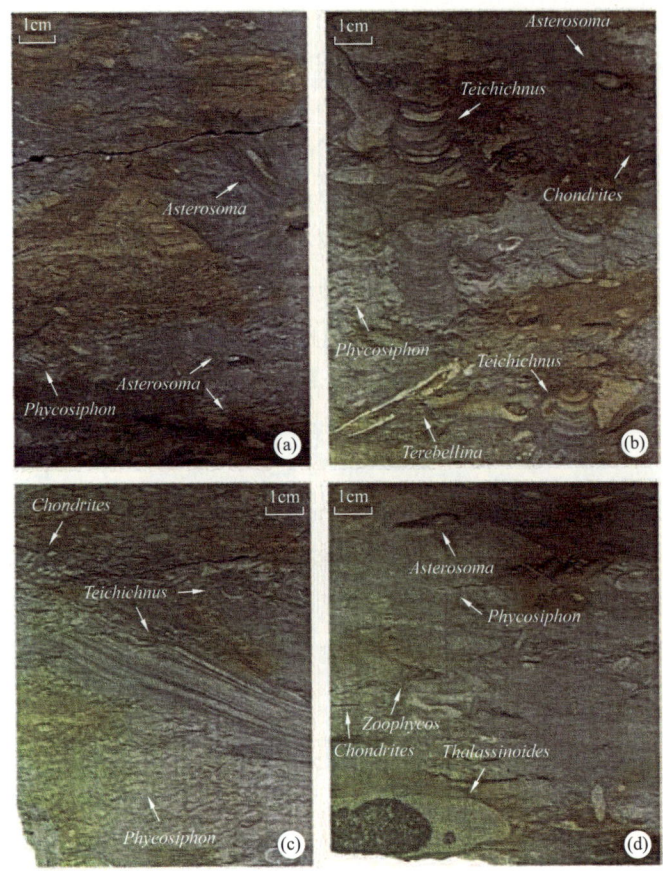

图 8.9 *Teichichnus*（墙迹）–*Phycosiphon*（藻管迹）组构

分布于生物扰动强烈的下远滨泥岩中，PP'36 井。（a）可见 *Asterosoma*（一种呈气泡状发散的星射迹）横切均匀分布的 *Phycosiphon*（藻管迹）。（b）可见 *Asterosoma*（一种呈气泡状发散的星射迹）、*Chondrites*（丛藻迹）和深掘 *Teichichnus*（墙迹）横切均匀分布的 *Phycosiphon*（藻管迹），其中 *Teichichnus*（墙迹）潜穴管壁厚实。（c）可见 *Chondrites*（丛藻迹）和 *Teichichnus*（墙迹）横切均匀分布的 *Phycosiphon*（藻管迹），其中 *Teichichnus*（墙迹）纵剖面的蹼状构造易与原生沉积纹层混淆。（d）形态模糊的 *Phycosiphon*（藻管迹），可见叠加的 *Zoophycos*（动藻迹）、*Asterosoma*（一种呈气泡状发散的星射迹）、*Chondrites*（丛藻迹）和 *Teichichnus*（墙迹）

综合沉积学和遗迹学特征判断，该沉积相所属环境为下远滨。弱的环境胁迫程度和总体稳定的环境表明，沉积作用发生于远离异重流影响的区域。

8.3 讨论

综合分析认为研究区目的层为浅海沉积，主要受分流河口系统持续的湍流影响，但也有波浪影响。该河流—三角洲体系发源于研究区西北方向的巴塔哥尼亚高原中部和 Río Chico 高地，在往南、东南进积的过程中，在 Agua Fresca 油田、La Paz 油田和 Laguna del Oro 油田地区沉积了连片的富砂朵叶体，在 Puesto Peter 油田以南地区过渡为开阔海远滨（图 8.10）。砂质流体多充填于地貌洼地，并堆积形成朵叶状，也有少量过路沉积至更远端的 Boleadoras 油田地区。波浪对该异重流朵叶体的改造主要发生于朵叶体的外围，以及水体安静的洪水间歇期。前人研究也表明，古代（Wright 等，1988）和现代（Pattison，2005a，b）的异重流沉积都有明显的波浪改造痕迹。

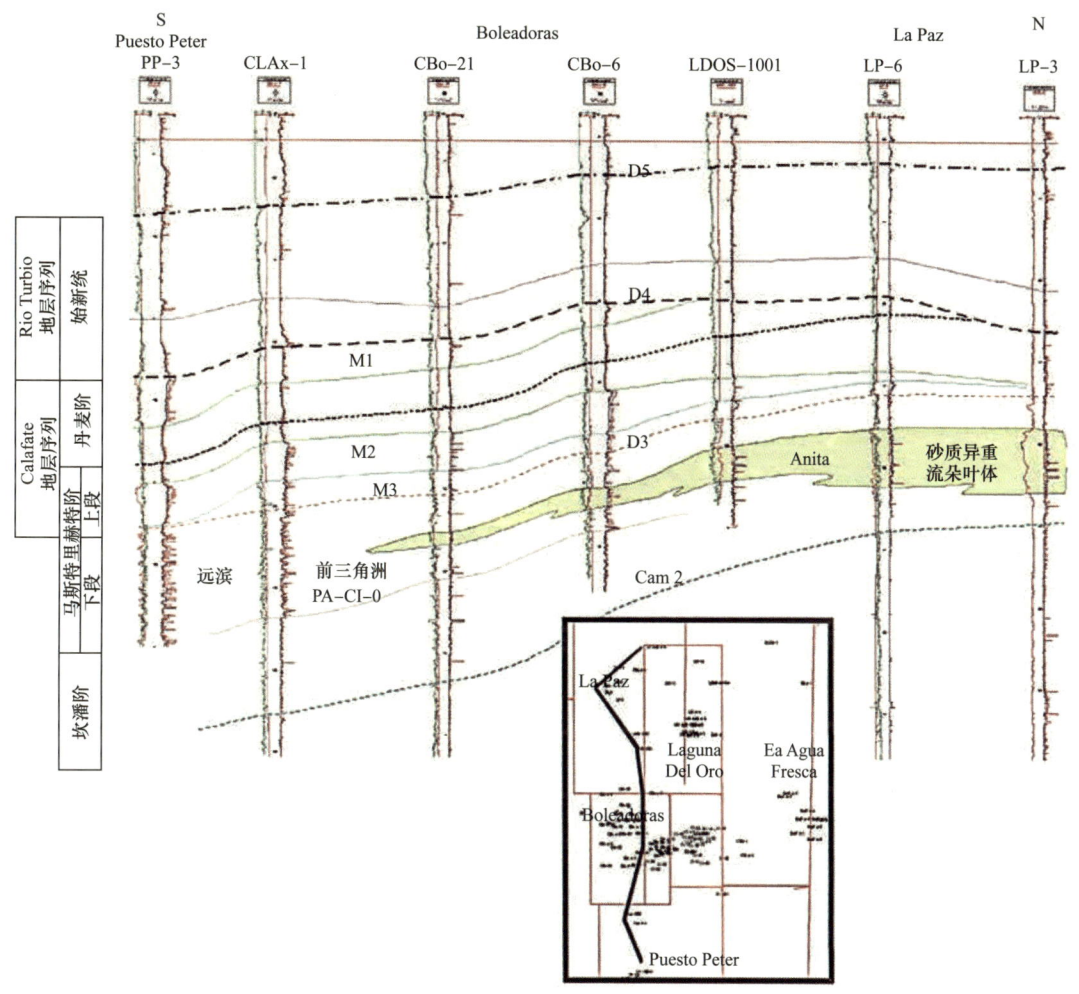

图 8.10 南北向连井剖面

展示了向南进积的碎屑岩沉积楔。La Paz 油田地区广泛分布异重流朵叶体，Boleadoras 油田地区可见过路不沉积的富砂水道，Puesto Peter 油田地区以远滨相为主（D3—D5 为不整合面，PP-3、CLAx-1、Cbo-21、CB0-6、LDOS-1001、LP-6 和 LP-3 为井名）

综合沉积学和遗迹学数据，建立了该泥砂输运系统近端—远端的沉积学、遗迹学变化趋势图（图 8.11）。进积型河控三角洲带来的淡水和高的沉积速率，是底栖生物群最主要的环境胁迫因素。沉积速率下降期，分流河口系统以异轻流为主，波浪是底栖生物群最主要的环境胁迫因素，先存沉积物普遍遭受波浪改造。Thalassinoides（海生迹）组构由机会种生物在异重流朵叶体砂质相中拓殖形成。Planolites（漫游迹）-Teichichnus（墙迹）组构分布于异重流朵叶体的细粒沉积（与富砂亚段伴生的薄层砂岩、泥岩）中，空间上位于异重流朵叶体的边缘，以及洪水间歇期沉积的悬浮沉积中，大的环境属三角洲前缘远端—前三角洲近端。Thalassinoides（海生迹）-Teichichnus（墙迹）组构由生物在波浪改造的异重流朵叶体砂岩中拓殖形成。Terebellina（一种长管迹）-Phycosiphon（藻管迹）组构形成于生物扰动强烈、底栖生物群多样性可达中等的稳定环境。Teichichnus（墙迹）-Phycosiphon（藻管迹）组构分布于生物扰动构造密集的下远滨相中。

沿泥砂输运路径，随着生物对环境胁迫因素作出反应，遗迹化石组构逐渐变化。异重

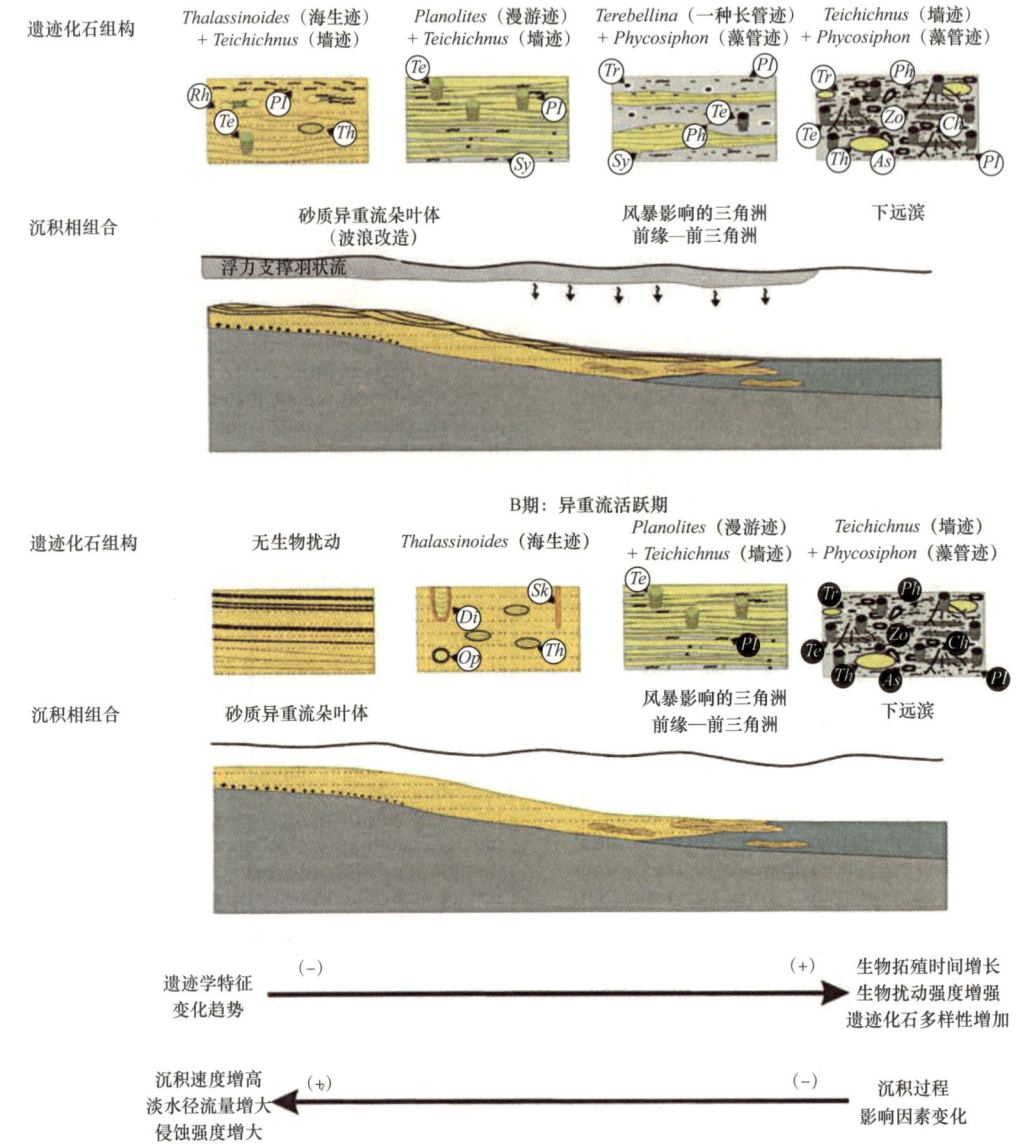

图 8.11 河流—三角洲体系遗迹组构分布,以及遗迹学和沉积学特征变化趋势

既展示了水深的变化,也展示了近端—远端(包括异重流朵叶体径向)遗迹学和沉积学特征的变化。

研究区目的层代表性遗迹属包括 Asterosoma(一种呈气泡状发散的星射迹,As)、Chondrites(丛藻迹,Ch)、Diplocraterion(双杯迹,Di)、Ophiomorpha(蛇形迹,Op)、Phycosiphon(藻管迹,Ph)、Planolites(漫游迹,Pl)、Rhizocorallium(根珊瑚迹,Rh)、Skolithos(石针迹,Sk)、Teichichnus(墙迹,Te)、Terebellina(一种长管迹,Tr)、Thalassinoides(海生迹,Th)和 Zoophycos(动藻迹,Zo)。Planolites(漫游迹)–Teichichnus(墙迹)组构和 Terebellina(一种长管迹)–Phycosiphon(藻管迹)组构常有收缩缝(Sy)伴生

流和异轻流相互消长,也会导致遗迹化石组构发生变化。在上游的近端区域,以及异重流活跃期,因沉积速率高、淡水注入量大,生物拓殖时窗趋短;在下游的远端区域,以及异轻流活跃期,因沉积速率低、海水盐度正常,生物拓殖时窗趋长。因此,沿泥砂输运路径下游方向或随着以异重流为主期向异轻流转变,生物扰动的强度、食沉积物生物进食建造的比例,以及遗迹化石的多样性、分带结构复杂程度、丰度都趋于上升。

淡水的注入会限制生物的活动，导致遗迹化石多样性和生物扰动强度下降（Bhattacharya 和 MacEachern，2009）。高的沉积速率也会限制生物的活动，这可从 *Thalassinoides*（海生迹）潜穴中常见的由细粒悬移质快速沉积形成的纹层状充填物得到体现。在砂质异重流沉积中，植物碎屑纹层有机质的氧化会导致环境缺氧（MacEachern 等，2005），进而抑制生物活动。但目的层植物碎屑纹层似乎并未导致环境缺氧，这或因波浪搅动使得砂质异重流朵叶体的表面和表层沉积物层间水富含氧气。水体的混浊度也是河控三角洲另一个重要的环境胁迫因素，河流带来大量的细粒悬移质会堵塞滤食型食沉积物生物的器官，从而抑制 *Skolithos*（石针迹）遗迹相形成（Gingras 等，1998；MacEachern 等，2005），即便以异轻流为主的三角洲，悬浮羽状流中的黏土会快速絮凝沉积（Bates，1953；Wright，1977；Kineke 等，1996）。三角洲前缘—前三角洲液化泥的聚集会降低泥砂的边界剪切力，从而限制底栖生物建造永久性居所和回填式潜穴（Bhattacharya 和 MacEachern，2009）。羽状流和液化泥在目的层分布不明显，但根据 *Thalassinoides*（海生迹）强烈的压实特征判断，异重流朵叶体沉积时砂质基底或为饱含水的软底质。

8.4 结论

（1）综合沉积学和遗迹学数据，对具异重流沉积特征目的层的沉积相和沉积动力学进行了详细描述，识别出五类遗迹化石组构。

（2）*Thalassinoides*（海生迹）组构由机会种生物在异重流朵叶体砂质相中拓殖形成，空间上位于三角洲前缘远端—前三角洲近端。*Planolites*（漫游迹）-*Teichichnus*（墙迹）组构分布于异重流朵叶体的细粒沉积（与富砂亚段伴生的薄层砂岩、泥岩）中，空间上位于异重流朵叶体的边缘，以及洪水间歇期沉积的悬浮沉积中，大环境属三角洲前缘远端—前三角洲近端。

（3）*Thalassinoides*（海生迹）-*Teichichnus*（墙迹）组构由生物在波浪改造的异重流朵叶体砂岩中拓殖建造，形成于沉积物供给下降期，该期分流河口系统以异轻流为主，先存沉积物普遍遭受波浪改造。*Terebellina*（一种长管迹）-*Phycosiphon*（藻管迹）组构形成于生物扰动强烈、底栖生物群多样性可达中等的稳定环境。

（4）*Teichichnus*（墙迹）-*Phycosiphon*（藻管迹）组构分布于生物扰动构造密集的下远滨相中。遗迹化石多样性丰富、生物扰动强烈等特征表明，下远滨海水盐度正常，水底和表层沉积物层间水富含氧气。

（5）沿泥砂输运路径，随着生物对环境胁迫因素作出反应，遗迹化石组构逐渐变化。异重流和异轻流相互消长，也会导致遗迹化石组构发生变化。在近端和异重流为主期，生物拓殖时窗趋短；在远端和异轻流为主期，生物拓殖时窗趋长。因此，沿泥砂输运路径下游方向或随着异重流为主期向异轻流转变，生物扰动的强度、食沉积物生物建造的比例，以及遗迹化石的多样性、分带结构的复杂程度、丰度都趋于上升。

参 考 文 献

Bates C. C., 1953, Rational theory of delta formation : AAPG Bulletin, v. 37, p. 2119–2162.

Bhattacharya J. P., 2006, Deltas, in H. Posamentier and R. G. Walker, eds., Facies models revisited : SEPM Special Publication 84, p. 237–292.

Bhattacharya J. P., and J. A. MacEachern, 2009, Hyperpycnal rivers and prodeltaic shelves in the Cretaceous seaway of North America : Journal of Sedimentary Research, v. 79, p. 184–209, doi : 10.2110/jsr.2009.026.

Biddle K. T., M. A. Uliana, R. M. Mitchum, M. G. Fitzgerald, and R. C.Wright, 1986, The stratigraphic and structural evolution of the central and eastern Magallanes Basin, southern South America, in P. A. Allen and P. Homewood, eds., Foreland basins : International Association of Sedimentologists Special Publication 8, p. 41–61.

Buatois L. A., N. Santiago, K. Parra, and R. Steel, 2008, Animal–substrate interactions in an EarlyMiocene wavedominated tropical delta : Delineating environmental stresses and depositional dynamics (Tácata field, Eastern Venezuela): Journal of Sedimentary Research, v. 78, p. 458–479, doi : 10.2110/jsr.2008.053.

Carmona N. B., and J. J. Ponce, 2011, Ichnology and sedimentology of Miocene hyperpycnites of the Austral foreland basin (Tierra del Fuego, Argentina): Trace fossil distribution and paleoecological implications : in R. M. Slatt and C. Zavalla, eds., Sediment transfer from shelf to deep water–Revisiting the delivery system : AAPG Studies in Geology 61, p. 171–192.

Cheel R. J., and D. A. Leckie, 1993, Hummocky cross stratification : Sedimentology Review, v. 1, p. 103–122.

Donovan R. N., and R. J. Foster, 1972, Subaqueous shrinkage cracks from the Caithness Flagstone Series(Middle Devonian) of Northeast Scotland : Journal of Sedimentary Petrology, v. 42, p. 309–317.

Foster W. R., J. G. Savings, and J. M. Waite, 1955, Lattice expansion and rheological behavior relationships in water–montmorillonite systems : Proceedings of the Third National Conference on Clays and Clay Minerals : National Academy of Sciences, National Research Council Publication, v. 395, p. 296–316.

Gingras M. K., J. A. MacEachern, and S. G. Pemberton, 1998, A comparative analysis of the ichnology of wave and river–dominated allomembers of the upper Cretaceous Dunvengan Formation : Bulletin of Canadian Petroleum Geology, v. 46, p. 51–73.

Keeley M. L., and M. P. R. Light, 2008, Basin evolution and prospectivity of the Argentine continental margin : Journal of Petroleum Geology, v. 16, p. 451–464, doi : 10.1111/j.1747–5457.1993.tb00352.x.

Kineke G. C., R. W. Sternberg, J. H. Trowbridge, and W. R. Geyer, 1996, Fluid mud processes on the Amazon continental shelf : Continental Shelf Research, v. 16, p. 667–697, doi : 10.1016/0278–4343 (95) 00050–X.

Lamb M. P., P. M. Myrow, C. Lukens, K. Houck, and J. Strauss, 2008, Deposits from wave–influenced turbidity currents : Pennsylvanian Minturn Formation, Colorado : Journal of Sedimentary Research, v. 78, p. 480–498, doi : 10.2110/jsr.2008.052.

MacEachern J. A., B. A. Zaitlin, and S. G. Pemberton, 1999, A sharp–based sandstone of the Viking Formation, Joffre field, Alberta, Canada, criteria for recognition of transgressively incised shoreface complexes : Journal of Sedimentary Research, Section B, Stratigraphy and Global Studies, v. 69, p. 876–892.

MacEachern J. A., K. L. Bann, J. P. Bhattacharya, and C. D. Howell Jr., 2005, Ichnology of deltas : Organism responses to the dynamic interplay of rivers, waves, storms, and tides, in L. Giosan and J. P. Bhattacharya, eds., River deltas : Concepts, models and examples : SEPM Special Publication 83, p. 49–85.

McIlroy D., 2004, Some ichnological concepts, methodologies, applications and frontiers, in D. McIlroy, ed., The application of ichnology to paleoenvironmental and stratigraphic analysis : Geological Society (London) Special Publication 228, p. 3–27.

Miller W. III., 1995, Terebellina ; (= Schaubcylindrichnus freyi ichnosp. nov.) in Pleistocene outer–shelf mudrocks of northern California : Ichnos, v. 4, p. 141–149.

Mulder T., and J. P. M. Syvitski, 1995, Turbidity currents generated at river mouths during exceptional discharges to the world oceans : Journal of Geology, v. 103, p. 285–299, doi : 10.1086/629747.

Mulder T., J. P. M. Syvitski, S. Migeon, J.-C. Faugères, and B. Savoye, 2003, Marine hyperpycnal flows : Initiation, behavior and related deposits-A review : Marine and Petroleum Geology, v. 20, p. 861–882, doi : 10.1016/j.marpetgeo.2003.01.003.

Pattison S. A. J., 2005a, Storm-influenced prodelta turbidite complex in the lower Kenilworth Member at Hatch Mesa, Book Cliffs, Utah : Implications for shallow marine facies models : Journal of Sedimentary Research, v. 75, p. 420–439, doi : 10.2110/jsr.2005.033.

Pattison S. A. J., 2005b, Isolated highstand shelf sandstone body of turbiditic origin, lower Kenilworth member, Cretaceous Western Interior, Book Cliffs, Utah : Sedimentary Geology, v. 177, p. 131–144, doi : 10.1016/j.sedgeo.2005.02.005.

Pemberton S. G., and R.W. Frey, 1984, Ichnology of storm influenced shallow marine sequence, Cardium Formation (upper Cretaceous) at Seebe, Alberta, in D. F. Stott and D. J. Glass, eds., The Mesozoic of middle North America : Canadian Society of Petroleum Geologists Memoir 9, p. 281– 304.

Pemberton S. G., and J. A. MacEachern, 1997, The ichnological signature of storm deposits, the use of trace fossils in event stratigraphy, in C. E. Brett and G. C. Baird, eds., Paleontological events, stratigraphic, ecological and evolutionary implications : New York, New York, Columbia University Press, p. 73–109.

Plink-Björklund P., and R. Steel, 2004, Initiation of turbidity currents : Outcrop evidence for Eocene hyperpycnal flow turbidites : Sedimentary Geology, v. 165, p. 29–52, doi : 10.1016/j.sedgeo.2003.10.013.

Ponce J. J., E. B. Olivero, D. R. Martinioni, and M. I. López Cabrera, 2007, Sustained and episodic gravity flow deposits and related bioturbation patterns in Paleogene turbidites (Tierra del Fuego, Argentina), in R. G. Bromley, L. A. Buatois, M. G. Mángano, J. F. Genise, and R. N. Melchor, eds., Sediment-organism interactions : A multifaceted ichnology : SEPM Special Publication 88, p. 253–266.

Soyinka O., and R. M. Slatt, 2008, Identification and micro-stratigraphy of hyperpycnites and turbidites in Cretaceous Lewis Shale, Wyoming : Sedimentology, v. 55, p. 1117–1133, doi : 10.1111/j.1365-3091.2007.00938.x.

Taylor A., and R. Goldring, 1993, Description and analysis of bioturbation and ichnofabric : Journal of the Geological Society, v. 150, p. 141–148, doi : 10.1144/gsjgs.150.1.0141.

Wetzel A., 2008, Recent bioturbation in the deep South China Sea : A uniformitarian ichnologic approach : Palaios, v. 23, p. 601–615, doi : 10.2110/palo.2007.p07-096r.

Wright L. D., 1977, Sediment transport and deposition at river mouths : A synthesis : Bulletin of the Geological Society of America, v. 88, p. 857–868, doi : 10.1130/0016-7606 (1977) 88<857: STADAR>2.0.CO ; 2.

Wright L. D., W. J. Wiseman, B. D. Bornhold, D. B. Prior, J. N. Suhayda, G. H. Keller, Z.-S. Yang, and Y. B. Fan, 1988, Marine dispersal and deposition of Yellow River silts by gravity-driven underflows : Nature, v. 332, p. 629–632, doi : 10.1038/332629a0.

Zavala C., J. Ponce, M. Arcuri, D. Drittanti, H. Freije, and M. Asensio, 2006, Ancient lacustrine hyperpycnites : A depositional model from a case study in the Rayoso Formation (Cretaceous) of west-central Argentina : Journal of Sedimentary Research, v. 76, p. 40–58.

9 火地岛Austral前陆盆地中新统异重流体系遗迹学和沉积学特征：遗迹化石分布及古生态意义

Noelia B. Carmona   Juan José Ponce

摘要：对阿根廷火地岛南部前陆盆地中新统深海异重流体系开展了综合的遗迹学和沉积学研究，从其近端至远端识别出不同的遗迹化石组合，并进行描述。在近端—中部环境，遗迹化石主要分布于水道和堤岸体系的爬升沙纹或平行纹层砂岩中，以食悬浮沉积物生物的居住建造为主，如 *Diplocraterion*（双杯迹）。堤岸远端相遗迹化石分布于泥质异粒岩相中，主要是与机会种造迹生物相关的遗迹化石组合，包括爬迹、觅食迹，以及发育同心纹的食沉积物潜穴，如 *Protovirgularia*（二叶管迹）和 *Gordia*（一种细长的线状迹）。生物潜穴以机会种为主、生物扰动强度偏低等特征表明，该环境胁迫程度高，或受幕式高沉积速率和盐度波动控制。在中部环境，分布于斜坡坡脚的孤立状砂体，可见外来双壳形成的逃逸迹。在远端环境，遗迹化石主要分布于朵叶体底部、顶部的异粒岩相中，多样性为低—中等，生物扰动强度通常高于近端环境。其中，砂质异粒岩相可见生物扰动形成的断续状夹层，层内可见 *Scolicia*（环带迹）和 *Nereites*（类沙蚕迹），表明沉积时海水盐度正常，食物丰富；异重流朵叶体顶部的泥质异粒岩相和块状泥岩，遗迹化石通常以 *Phycosiphon*（藻管迹）和 *Nereites*（类沙蚕迹）为主，其次为 *Tasselia*（穗形迹）。这些遗迹化石组合指示远端环境为开阔海，通常呈斑块状分布的特征说明，盐度、沉积速率和有机质供给有波动。一些异粒岩相中的砂岩底部可见 *Graphoglyptids*（雕画迹），如 *Paleodictyon*（古网迹）和 *Helicolithus*（一种螺旋管状迹），或进一步说明生态环境相当稳定。

该异重流体系总体遗迹化石贫乏，遗迹种属单一，以机会种为主。沉积学和遗迹学分析表明，水动力、沉积速率（总体为中等）、高有机质供给和盐度的波动是内栖生物群最主要的环境胁迫因素。

受造山带快速隆升影响，前陆盆地以陆棚窄、同沉积构造活跃、发育陡峭的斜坡为特征，易于形成异重流（Mutti等，1996）。异重流由大洪水形成，是泥砂向盆地输运的重要机制（Mulder和Syvitski，1995；Mulder等，2003），可形成复杂的沉积复合体（Ponce等，2004，2008a，2008b）。近年来，对异重流沉积的认识和理解正不断加深，但多数研究关注的是其沉积过程、内部沉积相序列和外部几何形态（Mulder等，2003；Mutti等，

2003；Plink-Bjöörklund 和 Steel，2004；Ponce 等，2005，2007a，2008a，b，c；Zavala 等，2006），很少关注生物扰动的强度、遗迹化石的多样性及分布等，仅有少数学者开展了遗迹学研究（Carmona 等，2006，2008；Ponce 等，2007a；Uchman 和 Steel，2007）。

阿根廷火地岛南部盆地中新统异重流沉积，在大西洋沿岸出露良好，侧向连续，是开展遗迹化石组构、空间分布研究的理想对象。Ponce 等（2008b）通过详细的露头研究，识别出了深水沉积体系主要的构型要素。López-Cabrera 等（2008）开展了遗迹化石分类研究。本文重点描述异重流体系的沉积相和构型要素，并概括其遗迹化石组合的基本特征。遗迹学和沉积学综合研究，可更好地理解影响遗迹化石形成与分布的主要生态因子。遗迹学分析有助于更好地理解异重流体系。

9.1 地层与地质概况

南部盆地（图9.1）前陆地层由晚白垩世—中新世早期沉积的一系列不对称的碎屑岩沉积楔构成，在靠近造山带一侧相对完整，厚度最大，向盆内快速减薄（Olivero 和 Malumián，2002，2008；Malumián 和 Olivero，2006）。其中，从中新世早期开始沉积的地层为一套弱变形的海相地层。该海相地层属于 Cabo Domingo 组（至少厚1000m）（Malumián，1999），向北西依次过渡为边缘海沉积和陆相沉积（Malumián 和 Olivero，

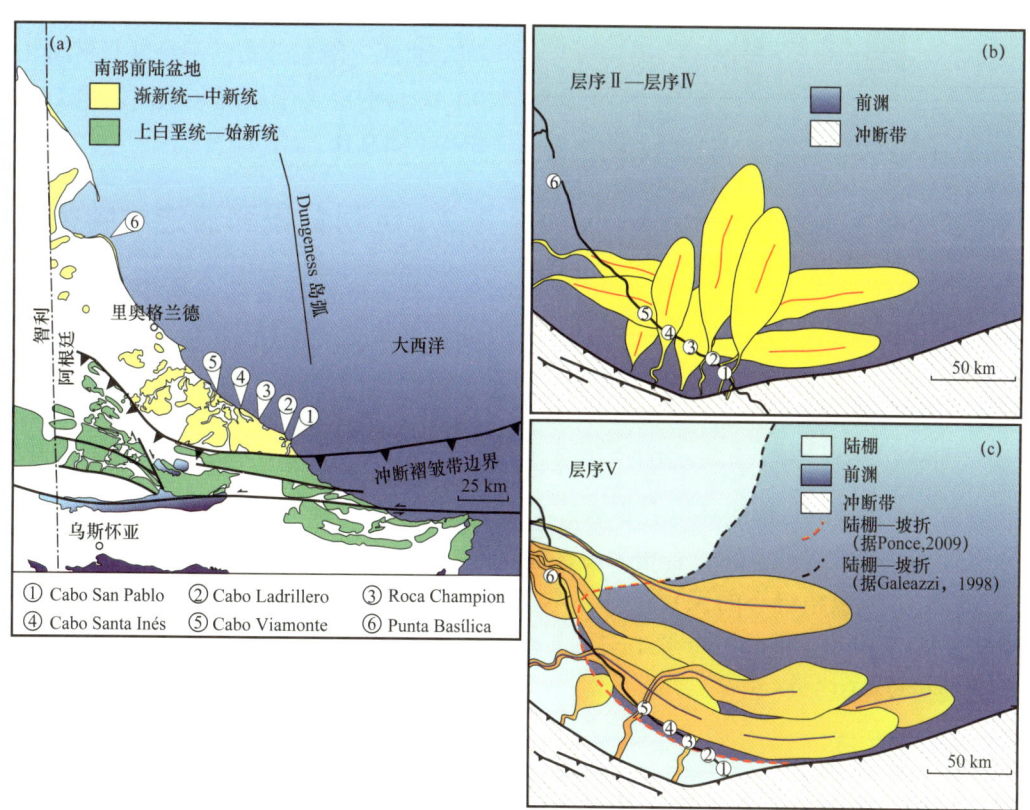

图9.1 （a）阿根廷火地岛地质简图及工区位置（据 Ponce 等，2008b，修改）；
（b），（c）南部盆地中新世古地理图及异重流体系分布

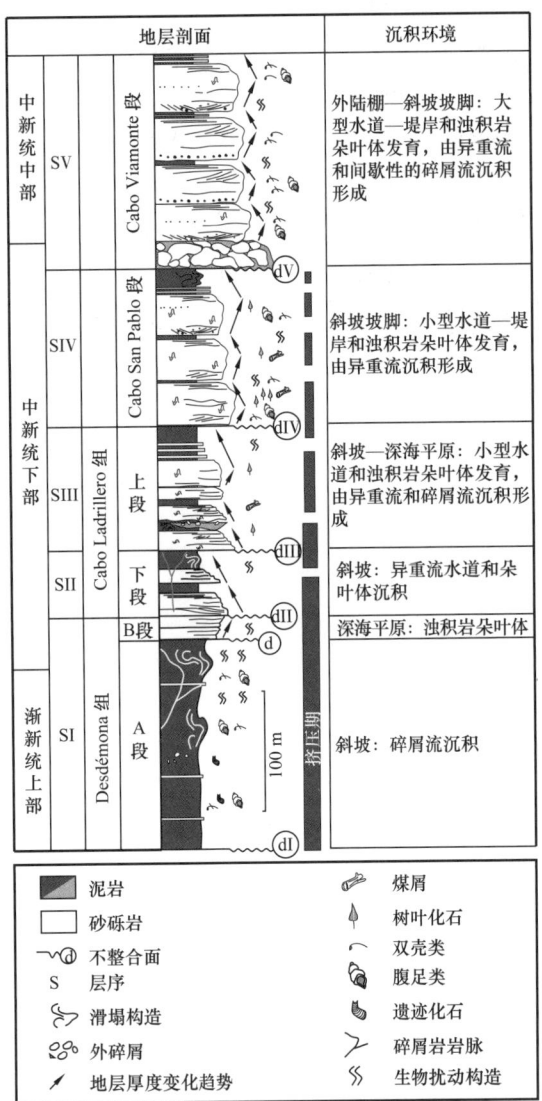

图 9.2 层序划分及沉积环境解释剖面图
（据 Ponce 等，2008b，修改）

2006）。该前陆盆地渐新统上段—中新统可分出五个（SI—SV）沉积层序（图 9.2）（Ponce 等，2005，2008b）。SI—SIV 呈楔形，SV 呈"S"形（Ponce 等，2008b）。SI 靠近造山带分布，沉积于生长背斜的前翼，或含有与生长构造有关的滑塌体，对应于 Desdémona 组，分为 A、B 两段。其中，A 段以泥岩为主，为塑性流沉积；B 段以海绿石质砂岩为主，为幕式浊积岩。SII—SV 为异重流沉积，岩性为卵石质砾岩、粗砂—细砂岩和泥岩，分别对应于 Cabo Ladrillero 下段、Cabo Ladrillero 上段、Cabo San Pablo 段和 Cabo Viamonte 段（图 9.2）。从 SII 至 SV，地层逐渐向盆内进积，分布更广、更平整。

本文研究工区位于火地岛大西洋沿岸，为 Cabo San Pablo 和 Punta Basílica 之间呈北西—南东分布的一个狭长区域（图 9.1），目的层为中新统异重流沉积（SII—SV）（图 9.1b，c；图 9.2）。

9.2 沉积背景和遗迹学特征

本文将南部前陆盆地中新统沉积环境划分成三大类（图 9.3），每一类都具有独特的沉积学特征和遗迹化石组合（表 9.1）：近端环境主要是小型蛇曲水道和堤岸；过渡环境主要是加积的水道和堤岸，主要分布于斜坡坡脚；远端环境主要是朵叶体。堤岸可进一步划分为近端和远端，近端靠近水道轴部，岩性以砂质异粒岩相为主；远端远离水道轴部，岩性以泥质异粒岩相为主。表 9.1 总结了沉积相组合的识别特征。本文涉及的遗迹化石术语参考 López-Cabrera 等（2008）；生物扰动强度分级参考 Taylor 和 Goldring（1993），生物扰动从无至彻底对应于生物扰动指数（BI）0~6。

9.2.1 近端环境

该环境含侧向加积的小型异重流水道和堤岸两类沉积相组合（图 9.3，图 9.4；表 9.1）。前者与下伏岩层呈侵蚀突变接触，通常粒度向上变细，层厚向上变薄，宽度可达 100m，厚度小于 10m（图 9.4a，b），岩性为卵石质砾岩和砂岩，内部"S"形侧积层单层

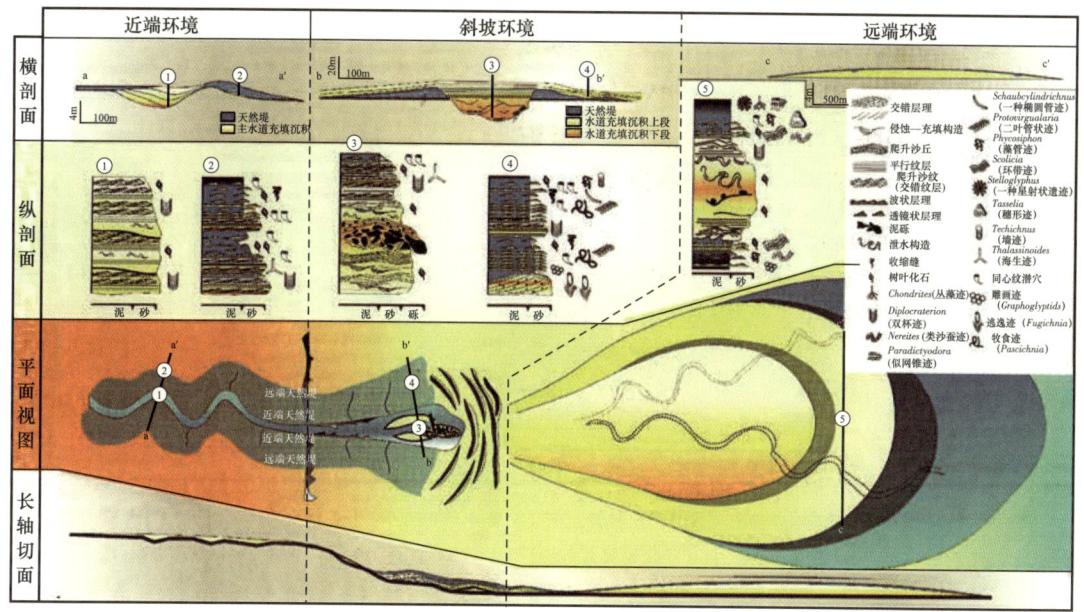

图 9.3 火地岛南部盆地中新统异重流水道—朵叶体沉积模式及亚环境划分、描述
主要亚环境包括：近端环境，含侧向加积异重流水道（剖面①）和堤岸（剖面②）；斜坡环境，含加积的水道（剖面③）和堤岸（剖面④）；远端环境，含异重流朵叶体（剖面⑤）

表 9.1 南部前陆盆地中新统主要的异重流沉积相组合及基本的沉积学和遗迹学特征

相组合	沉积学特征	形态和规模	遗迹学特征
侧向加积的异重流水道沉积相组合	该相组合底部为侵蚀突变面，由卵石质砾岩和砂岩构成，含假山毛榉（Nothofagus）树叶化石和炭化植物碎片，"S"形侧积层单层厚度通常小于50cm、倾向垂直于古流向。其中，砂岩内部可见相互过渡、重复出现的平行纹层、爬升沙纹和块状结构	为孤立的透镜体。由向上变细、变薄的沉积单元构成。厚度很少超过10m，宽度可达100m	Diplocraterion（双杯迹）
垂向加积的异重流水道沉积相组合	水道充填沉积下段与下伏岩层呈侵蚀突变接触，通常由厚度大于20m的沉积单元构成，包含向上变粗、变厚的下段及向上变细、变薄的上段，岩性包括含内碎屑（漂石级）的砂质砾岩和砾质砂岩、含假山毛榉树叶化石的块状砂岩，以及爬升沙纹、平行纹层、爬升沙丘和侵蚀充填构造相互过渡且重复出现的砂岩	为透镜体。由向上变细、变薄的沉积单元构成。厚度可达40m，宽度可达1000m	Diplocraterion（双杯迹）逃逸迹
	水道充填沉积上段由具粒序结构的板状砂岩和泥岩构成，单层厚度小于50cm，与水道边缘沉积呈上超接触。其中，砂岩呈块状或发育正粒序，可见平行纹层、沙纹和爬升沙纹，以及大量假山毛榉（Nothofagus）树叶化石和炭化植物碎片		同心纹潜穴

续表

相组合	沉积学特征	形态和规模	遗迹学特征
堤岸沉积相组合	堤岸近端相与下伏地层呈轻微的侵蚀突变接触，由砂质异粒岩相构成，含大量假山毛榉（*Nothofagus*）树叶化石和炭化植物碎片，局部可见（滑塌）变形层理和收缩缝。异粒岩相中，砂岩呈块状或发育爬升沙丘、平行纹层和爬升沙纹	呈楔形。厚度在靠近水道轴部一侧可达20m，向远端变薄。宽度（露头尺度）在垂直水道轴线方向至少400m	*Diplocraterion*（双杯迹）
	堤岸远端相与下伏地层呈突变接触，岩性为具韵律的泥质异粒岩相，发育波状和透镜状层理，含大量假山毛榉（*Nothofagus*）树叶化石和炭化植物碎片		*Scolicia*（环带迹），*Nereites*（类沙蚕迹），*Phycosiphon*（藻管迹），*Gordia*（一种长的细线迹），*Helminthoidichnites*（细蠕形迹），*Protovirgularia*（二叶管迹），同心纹潜穴，*Graphoglyptids*（雕画迹）
异重流朵叶体沉积相组合	该相组合与下伏地层呈侵蚀突变接触，厚度可达3m，下段向上变粗、变厚，上段向上变细、变薄。下段下部由泥质异粒岩相构成，发育沙纹层理、波状和透镜状层理，含大量炭化植物碎屑；中部为从下往上依次可见发育爬升沙纹、平行纹层和爬升沙丘的细砂岩；顶部过渡为含完整假山毛榉（*Nothofagus*）树叶化石的厚层块状砂岩。上段可见块状细砂岩和发育爬升沙丘、平行纹层和爬升沙纹的砂岩交替过渡	呈扁平状（露头尺度），在局部与背景沉积呈指状交互或尖灭其中。厚度平均为3m，宽度通常大于400m	*Diplocraterion*（双杯迹），*Scolicia*（环带迹），*Nereites*（类沙蚕迹），*Phycosiphon*（藻管迹），*Tassellia*（穗形迹），*Gyrophyllites*（轮叶迹），*Thalassinoides*（海生迹），*Chondrites*（丛藻迹），*Paradictyodora*（似网锥迹），*Phycodes*（寻状迹），*Graphoglyptids*（雕画迹）

厚度小于50cm、倾向垂直于古流向（Ponce等，2008a，b）。其中，砂岩呈块状或发育平行纹层和爬升沙纹（图9.4c）。堤岸相组合由薄层状细砂岩—泥岩韵律层构成，局部可见炭化植物碎屑。堤岸近端岩性为中—细砂岩，呈块状或发育平行纹层和爬升沙纹（图9.4d），常见孤立分布的变形层理（Ponce等，2008a，b），局部可见收缩缝（图9.4e）。堤岸远端岩性为细砂岩和泥岩，发育波状和透镜状层理（图9.4f）。水道和堤岸沉积相组合均含大量的假山毛榉（*Nothofagus*）树叶化石和炭化植物碎屑。

水道侧翼生物扰动强度较低，生物扰动指数为0~2，仅见多分布于平行纹层或爬升沙纹砂岩之中、属名单一的 *Diplocraterion*（双杯迹）（图9.5a）。堤岸近端的块状、平行纹层或爬升沙纹砂岩，可见属名单一的 *Diplocraterion*（双杯迹）（图9.5b）；堤岸远端的波状异粒岩相，常见分布不均、属名单一的同心纹潜穴（Goldring，1996），生物扰动指数为0~4，局部可达4（图9.5c，d）。

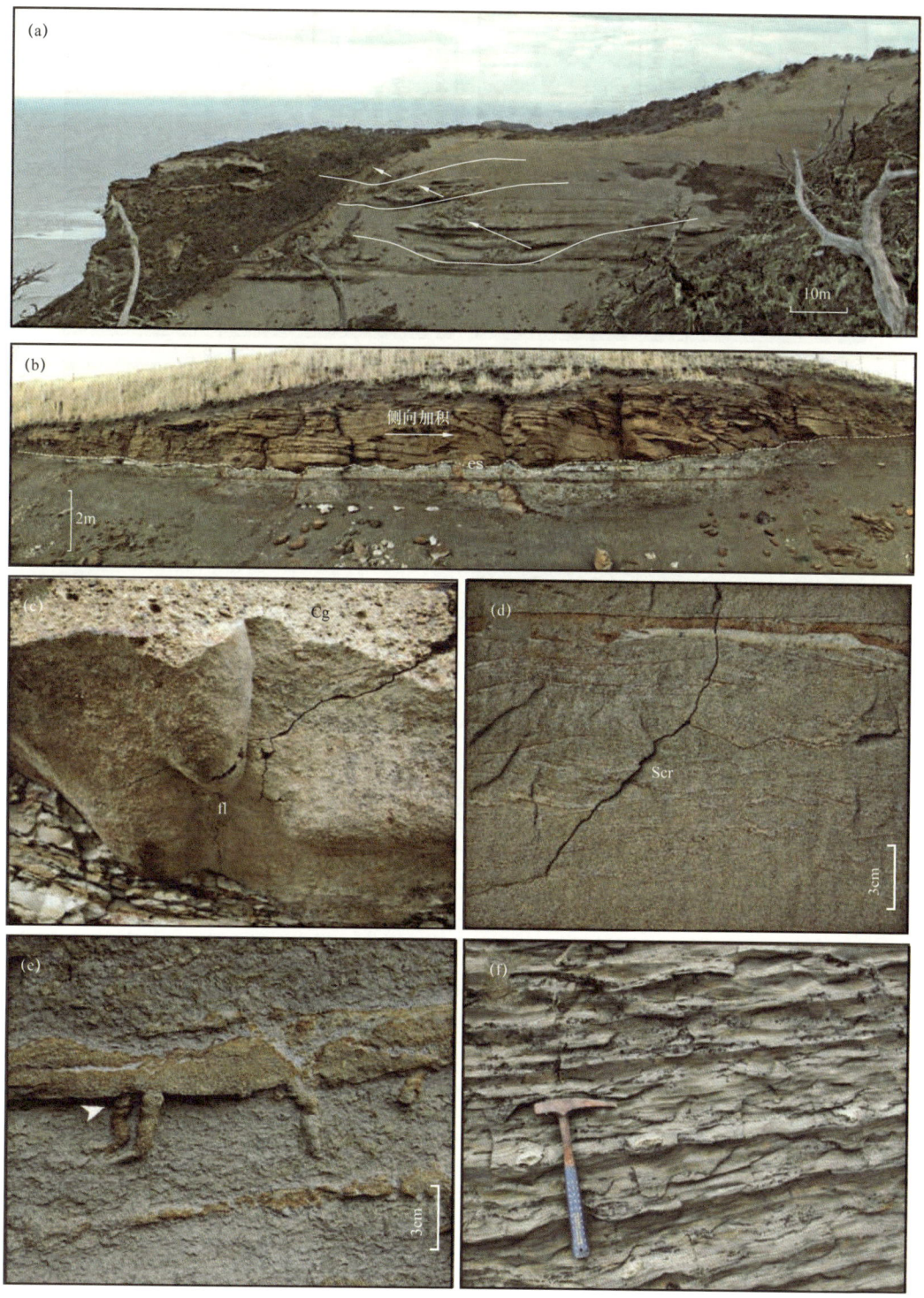

图 9.4 异重流体系不同尺度的特征及主要沉积相

(a),(b)小型异重流水道,可见侧向加积(箭头指示加积方向),其中(a)为 Cabo Ladrillero 剖面北段,(b)为 Cabo Viamonte 剖面,es—侵蚀面;(c)剖面(b)水道底部细节,可见槽模(fl)和反粒序砾岩(Cg);(d)堤岸近端砂岩,可见爬升沙纹,Scr—爬升沙纹砂岩,Cabo San Pablo 剖面;(e)砂质异粒岩相,箭头指示收缩缝,Roca Champion 剖面;(f)堤岸远端泥质异粒岩相,可见波状层理和透镜状层理

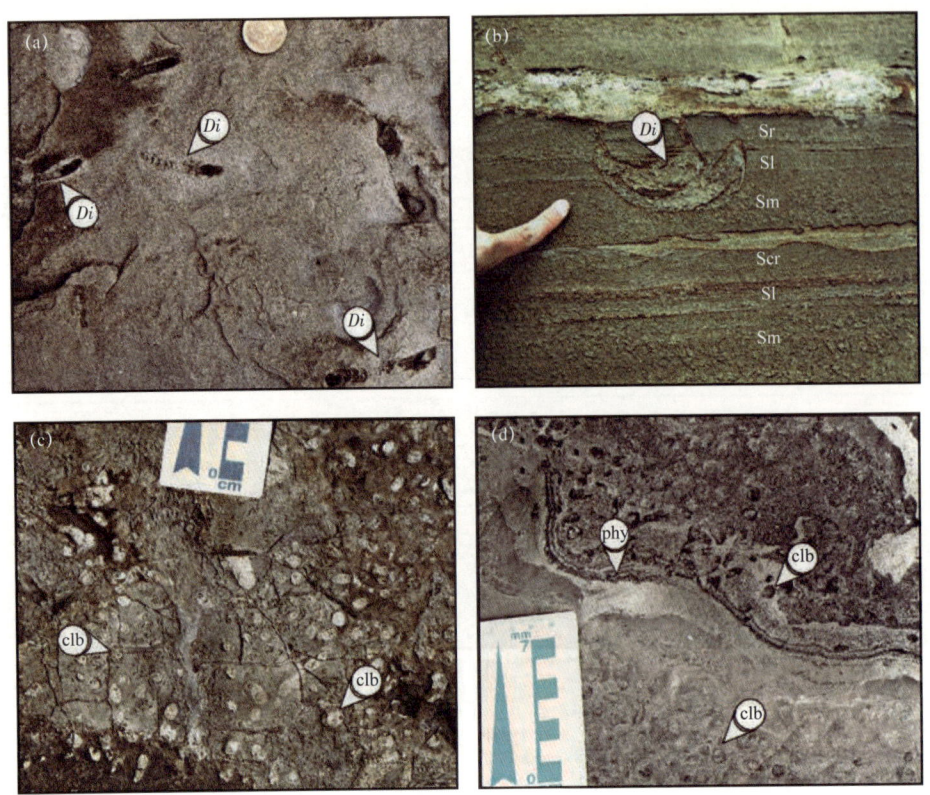

图 9.5 异重流体系近端遗迹化石

(a) 水道侧翼平行纹层砂岩层面, 可见食悬浮沉积物生物居住建造——*Diplocraterion*(双杯迹 *Di*); 硬币直径 25.4mm, Cabo Ladrillero 剖面北段。(b) 堤岸近端砂岩剖面, 可见 *Diplocraterion*(双杯迹)纵切面, 以及流速波动形成相互交替过渡的块状结构(Sm)、平行纹层(Sl)、沙纹层理(Sr)和爬升沙纹(Scr); Cabo San Pablo 剖面。(c), (d) 堤岸异粒岩相层面, 可见大量同心纹潜穴(clb), 其中(d)中可见大量炭化植物碎屑(phy); Cabo Santa Inés 剖面

9.2.2 斜坡环境

该环境主要含加积的大型异重流水道和堤岸两类沉积相组合(图 9.3, 图 9.6; 表 9.1)。前者通常粒度向上变细, 层厚向上变薄, 宽度可达 1000m, 厚度可达 40m(图 9.6a)。在偏陡的斜坡环境, 水道充填沉积下段由逐渐增强的异重流形成, 岩性通常为厚层的砂质砾岩和砾质砂岩、块状的砂岩, 以及发育爬升沙纹、平行纹层、爬升沙丘和侵蚀充填构造的砂岩(图 9.6b, c)(Ponce 等, 2008c); 水道充填沉积上段与下段呈突变接触, 由具粒序结构的板状砂岩和泥岩构成, 单层厚度小于 50cm(图 9.6a), 其中砂岩呈块状或发育正粒序、平行纹层、爬升沙纹和沙纹层理。在偏缓的斜坡环境, 水道充填沉积下段岩性通常为砂岩, 形态似逆行沙丘, 顶部被厚度极大的异粒岩相超覆(图 9.6d)。堤岸沉积相组合主要由泥质异粒岩相构成, 发育波状层理和透镜状层理(图 9.6e), 普遍含假山毛榉(*Nothofagus*)树叶化石及炭化植物碎屑(图 9.6f), 一些块状泥岩夹层还可见收缩缝和变形构造。

该环境中的水道和堤岸相含有不同的遗迹化石组合(图 9.7)。主水道沉积相组合, 生物扰动构造主要分布于侧翼, 以及水道充填沉积上段的异粒岩相。水道侧翼平行纹层砂岩生物扰动指数为 1~2, 可见丰度较低、属名单一的 *Diplocraterion*(双杯迹)遗迹化石组合。水道充填沉积上段异粒岩相, 生物扰动强度较高, 生物扰动指数可达 3~4, 常见属名单一的同心纹潜穴遗迹化石组合(图 9.7b)。

图 9.6 异重流体系斜坡环境的沉积特征及沉积相组合

（a）垂向加积水道及堤岸沉积相组合，虚线（ies）为水道内部侵蚀面，实线（es）为水道底部侵蚀面，Cabo Viamonte 剖面。（b），（c）水道充填沉积下段，可见侵蚀充填构造（cf）、爬升沙丘（Scd）和顺层分布的内碎屑，Cabo Viamonte 剖面。（d）斜坡坡脚孤立砂体，或为逆行沙丘，下伏于厚层的异粒岩相，Punta Basílica 剖面。（e）堤岸远端泥质异粒岩相，可见波状和透镜状层理，Cabo Viamonte 剖面。（f）堤岸异粒岩相层面，可见大量保存完整的假山毛榉（*Nothofagus*）树叶化石和炭化植物碎片，Punta Basílica 剖面

· 167 ·

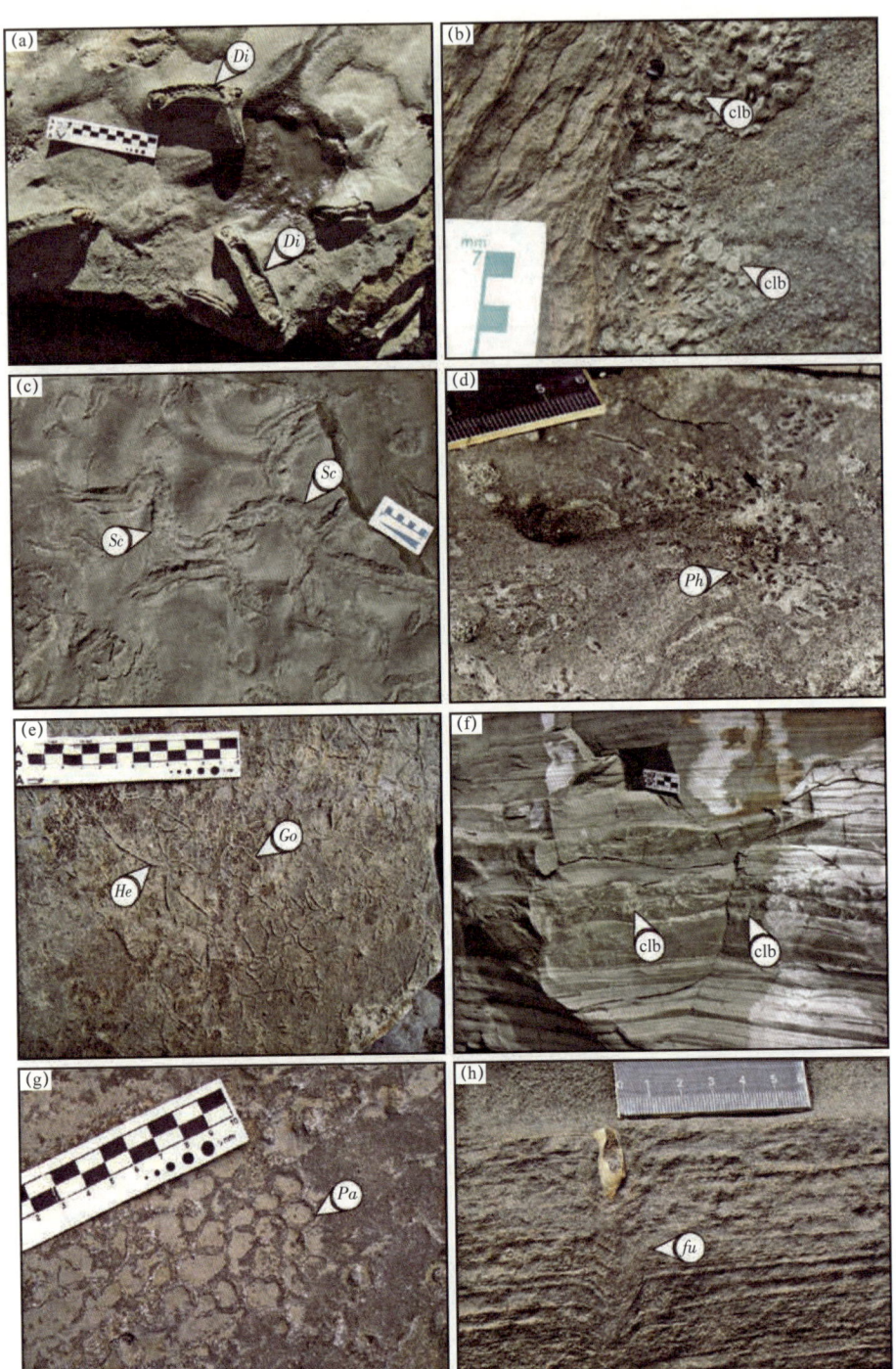

图 9.7 异重流体系斜坡环境遗迹化石组合

(a) 水道侧翼岩层面, 可见大量突出的 *Diplocraterion*(双杯迹 *Di*), Roca Champion 剖面。(b) 水道充填沉积上段, 可见同心纹潜穴(clb), Cabo Santa Inés 剖面。(c) 堤岸异粒岩相层面, 可见 *Scolicia*(环带迹 *Sc*), 以及被生物扰动改造的波状纹层, Roca Champion 剖面。(d) 被 *Phycosiphon*(藻管迹 *Ph*) 彻底改造的堤岸相, Punta Basílica 剖面。(e) 堤岸远端相, 可见密集分布的觅食迹, 如 *Gordia*(一种长的细线迹 *Go*) 和 *Helminthoidichnites*(细蠕形迹 *He*), Cabo Viamonte 剖面。(f) 堤岸远端相剖面, 可见同心纹潜穴(clb), Cabo Viamonte 剖面。(g) 堤岸远端相层面, 可见 *Graphoglyptid*(雕画迹), 即砂层底面的 *Paleodictyon*(古网迹 *Pa*) 印模, Cabo Viamonte 剖面。(h) 砂岩中的双壳类(*Tellinid* 属) 逃逸迹(*fu*), Punta Basílica 剖面

· 168 ·

堤岸沉积相组合含大量的遗迹化石（图 9.7c—g，图 9.8）：堤岸近端的平行纹层和爬升沙纹砂岩，生物扰动强度中等，生物扰动指数为 2~3，可见 *Diplocraterion*（双杯迹）（图 9.8a）。过渡带的波状异粒岩相，生物扰动强度变化大，生物扰动指数为 1~5，可见主要由 *Scolicia*（环带迹）、*Nereites*（类沙蚕迹）和 *Phycosiphon*（藻管迹）组成的遗迹化石组合（图 9.7c，d；图 9.8b），也可见孤立分布的 *Teichichnus*（墙迹）和 *Schaubcylindrichnus*（一种椭圆管柱迹）。堤岸远端的泥质异粒岩相，可见丰度通常较高、多以印模形式保存于细砂岩底部的小型觅食迹［如 *Gordia*（一种长的细线迹）和 *Helminthoidichnites*（细蠕形迹）］和爬迹［如 *Protovirgularia*（二叶管迹）］（图 9.7e，图 9.8c），以及同心纹潜穴（图 9.7f，图 9.8c），一些孤立砂层还可见丰度底、含 *Paleodictyon*（古网迹）和 *Helicolithus*（一种螺旋管状迹）的 *Graphoglyptid*（雕画迹）遗迹化石组合（图 9.7g；图 9.8c）。

沉积于斜坡坡脚、发育似逆行沙丘的孤立砂体，还含有另一类遗迹化石组合，即双壳类逃逸迹（图 9.7h）。

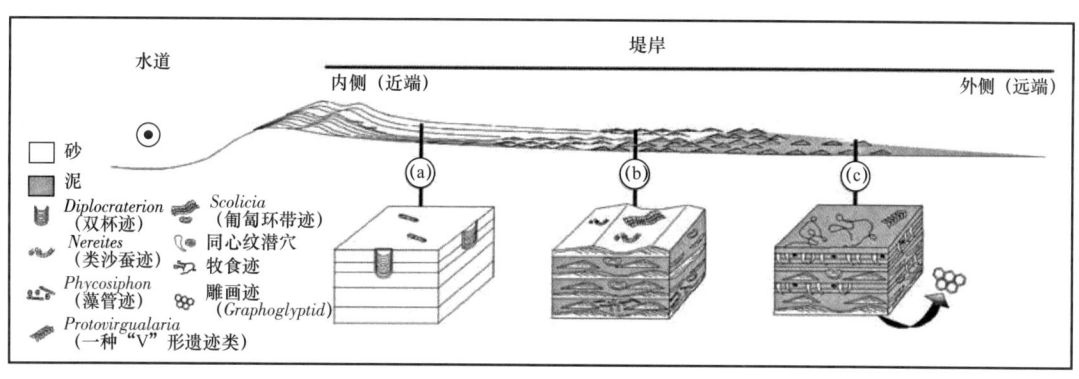

图 9.8 堤岸相遗迹化石分布

（a）堤岸近端，可见属名单一的 *Diplocraterion*（双杯迹）遗迹化石组合。（b）过渡带异粒岩相，受 *Scolicia*（环带迹）、*Nereites*（类沙蚕迹）和 *Phycosiphon*（藻管迹）改造明显。（c）堤岸远端泥质异粒岩相，可见大量的觅食迹和小型爬迹，一些亚段可见同心纹潜穴，还有一些极细砂岩底部可见生物多样性贫乏的 *Graphoglyptid*（雕画迹）组合

9.2.3 远端环境

沉积于远端环境的异重流朵叶体与下伏岩层呈突变接触，主要由板状沉积单元构成。每个沉积单元厚度可达 3m，包含向上变粗、变厚的下段，以及向上变细、变薄的上段（图 9.3；图 9.9a，b；表 9.1）。下段沉积于异重流流量上升期，由薄层细砂岩—块状泥岩异粒岩相韵律层构成（图 9.9c—e），可见爬升沙纹、平行纹层和爬升沙丘交替过渡的细砂岩，向顶部过渡为含完整假山毛榉（*Nothofagus*）树叶化石、内部可见侵蚀面（形成于流速峰值期）、可能由高密度异重流加积形成的厚层块状砂岩。上段沉积于异重流能量下降期，可见块状细砂岩和发育爬升沙丘、平行纹层、爬升沙纹的砂岩交替过渡，向顶部过渡为常见泄水构造、炭化植物碎屑的异粒岩相和块状泥岩（图 9.9d，e）。

异重流朵叶体含有独特的遗迹化石组合：富砂亚段生物扰动强度低，生物扰动指数为 0~2；沉积于异重流能量下降期的平行纹层砂岩可见 *Diplocraterion*（双杯迹），但粒度最粗的亚段未见生物扰动构造（图 9.10a）；朵叶体顶部和底部的异粒岩相，生物扰动强度变化较大，生物扰动指数为 0~6，多数原生组构已被 *Scolicia*（环带迹）、*Nereites*（类沙蚕迹）和 *Phycosiphon*（藻管迹）等觅食迹彻底改造（图 9.10b—d）；块状泥岩生物扰动程度高，

· 169 ·

图 9.9 异重流体系远端主要的沉积相类型及构型单元

（a），（b）异重流朵叶体，可见向上变粗、变厚，以及向上变细、变薄的沉积单元（b 中白色箭头），Cabo Ladrillero 剖面。（c），（d）异重流朵叶体近照，垂向可见渐变、反映流速波动的沉积构造，he—异粒岩相，Scd—爬升沙丘砂岩，Sm—块状砂岩，Sl—纹层砂岩，Cabo Santa Inés 剖面南段。（e）沉积构造近照，从下往上依次可见细粒块状砂岩（Sm）、沙纹层理砂岩（Sr）、平行纹层砂岩（Sl）、爬升沙纹砂岩（Scr）和块状砂岩（M），其中沙纹层理砂岩含大量炭屑，Roca Champion 剖面北段

图9.10 异重流体系朵叶体中的遗迹化石

(a) 平行纹层砂岩,可见 *Diplocraterion*(双杯迹 *Di*),Cabo Ladrillero 剖面。(b) 砂质异粒岩相,可见 *Scolicia*(环带迹 *Sc*)和 *Phycosiphon*(藻管迹 *Ph*),其中 *Scolicia*(环带迹 *Sc*)多分布于砂泥岩界面,Roca Champion 剖面北段。(c) 异粒岩相,可见 *Phycosiphon*(藻管迹 *Ph*)和大型的 *Scolicia*(*Sc*),Cabo Ladrillero 剖面。(d) 被生物扰动彻底改造的泥质亚段,可见大量的 *Nereites*(类沙蚕迹 *Ne*)和 *Phycosiphon*(藻管迹 *Ph*),Cabo Ladrillero 剖面。(e) 块状泥岩斜切面,可见 *Tasselia*(穗形迹 *Ta*)和 *Nereites*(类沙蚕迹 *Ne*),Cabo Ladrillero 剖面。(f) 被生物扰动彻底改造的泥质亚段,可见 *Paradictyodora*(似网锥迹 *Par*)和 *Gyrophyllites*(轮叶迹 *Gy*),Cabo Ladrillero 剖面。(g),(h) 异粒岩相,其中砂岩沉积于异重能量上升期,底面可见 *Paleodictyon*(古网迹 *Pa*),Roca Champion 剖面北段

生物扰动指数可达6，原生组构通常被生物扰动彻底改造，仅见 *Phycosiphon*（藻管迹）和 *Nereites*（类沙蚕迹）（图9.10d）；朵叶体近顶部的泥质异粒岩相和块状泥岩，可见大型的 *Tasselia*（穗形迹）（图9.10e），顶面偶尔可见密集的 *Gyrophyllites*（轮叶迹）、*Thalassinoides*（海生迹）、*Chondrites*（丛藻迹）、*Paradictyodora*（似网锥迹）、*Stelloglyphus*（星射椭圆迹）和 *Phycodes*（束帚迹）等（图9.10f）。此外，异粒岩相中的砂岩底面，偶见形成于异重流初期、生物多样性贫乏、仅含 *Paleodictyon*（古网迹）和 *Helicolithus*（一种螺旋管状迹）的 *Graphoglyptid*（雕画迹）（图9.10g，h）。

9.3 讨论

9.3.1 遗迹化石的分布与古环境

海相遗迹化石的分布取决于水深、含氧量、盐度、水动力、沉积速率、食物来源和底质类型等生态因子（Ekdale，1985）。目的层异重流体系不同的亚环境可见不同的遗迹化石组合、生物多样性和生物扰动强度（图9.3）：远端环境遗迹化石丰度高，多样性丰富；近端环境生物扰动强度低，生物多样性贫乏。这种差异主要受水动力的波动、沉积速率、高有机质输入、底质成分，以及盐度变化控制。

偏粗的水道沉积相组合（图9.3中剖面①和③），可见大量侵蚀构造，通常无遗迹化石分布；偏细者生物扰动构造零星分布，遗迹化石组合生物多样性贫乏，以居住迹和平衡迹为主，如 *Diplocraterion*（双杯迹）及樱蛤科（*Tellinidae*）贝壳（*Tellinid* 属）形成的逃逸迹。这些说明目的层异重流体系近端环境可能主要受强水流和快速的沉积作用影响。现代沉积观察表明，一些食沉积物生物喜欢生活于沉积速率相对高的环境，如 *Scolicia*（环带迹）造迹生物（Fu和Werner，2000）。因此，大量的 *Scolicia*（环带迹）或说明该沉积体系近端环境底栖食物丰富、沉积速率相对高。

近端—斜坡环境的异粒岩相可见收缩缝，表明目的层异重流体系存在盐度变化，且异重流引起的海水稀释在近端明显强于远端。这是该异粒岩相遗迹化石组合生物多样性贫乏（仅有同心纹潜穴），以机会种为主的原因。

在目的层异重流体系的远端环境，一些被生物扰动彻底改造的亚段，可见指示开阔海环境的 *Scolicia*（环带迹）、*Nereites*（类沙蚕迹）和 *Phycosiphon*（藻管迹），这表明远端环境仍可能有幕式淡水注入，但注入停止后海水盐度很快恢复正常。

异重流体系普遍存在絮凝现象，目的层异重流体系堤岸异粒岩相和远端朵叶体的底部、顶部可见絮凝沉积。在有盐度波动的环境（如三角洲环境），普遍的黏土絮凝（Pryor，1975）可使水体浑浊并形成稀底质（饱含水的沉积物）（MacEachern 等，2005）。稀底质或饱含水的软底质，通常没有大型食悬浮沉积物或食沉积物的内栖生物，只有非固着类食沉积物生物，由其建造的小型贯穿潜穴压实后可形成斑状生物扰动构造（Bromley，1996；MacEachern 等，2005）。定殖于稀底质中的生物通常通过分泌黏液造迹（MacEachern 等，2005）。Lobza 和 Schieber（1999）描述了形成于稀底质的椭圆盘旋迹（"mantle & swirl"）。Wetzel 和 Bromley（1996）在现代稀底质观察到大量的 *Tasselia*（穗形迹）造迹生物，由其建造的潜穴因普遍具沉积物衬里，可在稀底质中保持垂直。据此认为，目的层异重流体系堤岸异粒岩相常见的似椭圆盘旋迹很可能形成于稀底质；远端朵叶体顶层、占

据浅层分带的 *Tasselia*（穗形迹）形成时间最早，由生物在稀底质条件下定殖形成，后被建造于软底质的深层分带遗迹化石切割（Ponce 等，2007a）。

Wetzel 和 Uchman（1997）观察到 *Scolicia*（环带迹）和 *Nereites*（类沙蚕迹）的丰度随营养物质供给增加而增加，表现出机会种的特征。露头可见异重流沉积（尤其是泥质异粒岩相）含大量有机质，它们或促进了 *Scolicia*（环带迹）、*Nereites*（类沙蚕迹）和 *Phycosiphon*（藻管迹）等食沉积物造迹生物繁盛，这表明食物供给不是目的层异重流体系的环境胁迫因素。零星分布的 *Graphoglyptid*（雕画迹）间接表明，目的层异重流体系底栖环境食物充足（见后述）。这样的解释与对现代异重流沉积的认识（Wetzel，2007，2008）一致：对中国南海现代异重流沉积的研究表明，异重流体系富含底栖食物，紧随异重流沉积之后发生的生物定殖作用，或因异重流在流经陆棚和斜坡的过程中积累了越来越多的有机质；*Scolicia*（环带迹）的分布与陆源有机质输入相关；*Nereites*（类沙蚕迹）*missouriensis* 种与季节性的高有机质输入相关。有趣的是，目的层中 *Nereites*（类沙蚕迹）的种名多数也是 *missouriensis*。*Tasselia*（穗形迹）和 *Phycosiphon*（藻管迹）的分布也表明富氧的底质有丰富的底栖食物（Wetzel 和 Bromley，1996；Wetzel 和 Uchman，2001）。

仅远端一些孤立层段可见与低氧环境相关的遗迹化石，如 *Chondrites*（丛藻迹），说明目的层异重流体系氧浓度似乎正常。可见形成于内栖环境（未直接暴露于海床）的遗迹化石，如 *Nereites*（类沙蚕迹）和 *Phycosiphon*（藻管迹）等，以及潜穴建造的大小并无沿特定方向减小的趋势等特征进一步说明，该沉积体系的底质也富含氧气，这或与持续稳定的异重流注入有关。现代深海环境研究表明，絮凝沉积的富有机质泥（MacEachern 等，2005），以及季节性入海有机质的氧化分解（Wetzel，2008），都可使沉积环境和底质短暂缺氧或贫氧。目的层异重流体系很有可能也发生过此类缺氧事件，但因持续时间太短，加之生物 [如 *Scolicia*（环带迹）造迹生物] 扰动破坏，通常很难在地层中识别。

9.3.2　遗迹化石组合的古生态特征

深海等长期稳定的环境，生物群落多样性通常很丰富，生物表现出稳定的行为习性，生物种群以 K 对策者为主。物理条件高度变化的环境，生物种群的生物多样性通常很贫乏，生物普遍能适应较大的物理条件变化，生物种群以 r 对策者为主（Sanders，1968；Wetzel，1991）。基于这些观察，Sanders 和 Hessler（1969）提出了稳定时间假说，认为环境稳定的深海易于形成生物多样性丰富的生物群落。近期一些观察表明，稳定时间假说的一些表述或不完全准确，例如，生态环境的波动远超预想（Gage 和 Tyler，1991）。但是，稳定时间假说仍可帮助笼统地理解深海生态环境生物种群的演化（Seilacher，1974；Wetzel，1991）。

古生态分析表明，目的层异重流体系造迹生物种群以 r 对策者为主，遗迹化石多样性贫乏—中等、呈斑块状分布、分带结构不发育。这种生物种群建造的遗迹化石包括近端的 *Diplocraterion*（双杯迹）组合、同心纹潜穴组合，以及远端砂质异粒岩相中的 *Scolicia*（环带迹）-*Nereites*（类沙蚕迹）组合与泥质异粒岩相、块状泥岩中的 *Phycosiphon*（藻管迹）-*Nereites*（类沙蚕迹）组合。

本文需要进一步论证的是异重流体系中外来的生物种群。Wetzel（2008）对中国南海现代异重流进行研究后认为，异重流为底栖生物种群带来食物的同时，也会带来幼年期和成年期的外来生物。他认为该异重流沉积中的遗迹化石在分类学上属于浅水环境[如 *Diplocraterion*（双杯迹）和似 *Lapispira*（双螺旋管迹）]，或因造迹生物来自浅水。Bromley（1996）的研究表明，遗迹化石的体型顺异重流下游方向并没有变宽，说明造迹生物没有继续生长，存活时间可能很短暂。因此，目的层一些层段大量分布、体形短的 *Diplocraterion*（双杯迹）或由外来生物建造，其大小接近可能是造迹生物随异重流流动被筛选分离的结果。Ponce 等（2007b）认为目的层斜坡坡脚砂岩中的双壳类逃逸迹（图 9.7h）即由外来的贝壳（*Tellinids* 属）建造。

在目的层异重流体系中，由平衡群落（K 对策生物种群）生物建造的遗迹化石组合以 *Graphoglyptid*（雕画迹）为主，主要分布于斜坡环境的堤岸远端和远端朵叶体。这些分布于遗迹化石浅层分带、带图饰的遗迹化石，通常表明生态环境较稳定，一般是食物稀缺的深海（Seilacher，1977；Ekdale 等，1984；Ekdale，1985；Miller，1991；Fürsich 等，2007；Olivero 等，2008）。与其他中新统深海相遗迹化石（Uchman，1995）相比，此类遗迹化石组合分布有限、生物多样性偏低，或因露头中出露的砂岩数量有限、遗迹化石多呈斑块状分布等导致统计的样本数不足。随着采样范围的扩大，其生物多样性应该会更加丰富（Gage 和 Tyler，1991）。虽然存在上述这种可能，但此类遗迹化石组合低的丰度和低的生物多样性，或说明该异重流体系仅远端朵叶体、堤岸远端偶尔能达到建造 *Graphoglyptid*（雕画迹）的状态，即形成营养稀缺、无沉积或沉积速率底、水流侵蚀微弱的环境。

9.4 结论

（1）依据沉积学特征可将南部盆地中新统下段划分成近端、斜坡和远端三类沉积环境。其中，近端环境由侧向加积的异重流水道和堤岸沉积相组合构成，斜坡过渡环境由垂向加积的异重流水道和堤岸沉积相组合构成，远端环境由异重流朵叶体构成。

（2）遗迹学分析表明，异重流体系不同的亚环境具有不同的遗迹化石组合：

① 近端和中部环境的水道侧翼与堤岸近端，块状、平行纹层砂岩可见属名单一的 *Diplocraterion*（双杯迹）遗迹化石组合。

② 近端和斜坡环境的堤岸远端，波状、透镜状层理泥质异粒岩相可见食沉积物生物建造的同心纹潜穴，一些亚段还可见爬迹和觅食迹，如 *Protovirgularia*（二叶管迹）和 *Gordia*（一种长的细线迹）。

③ 远端朵叶体的砂质异粒岩相一些亚段被 *Scolicia*（环带迹）和 *Nereites*（类沙蚕迹）造迹生物彻底改造，斜坡堤岸的泥质异粒岩相也可见该遗迹化石组合。

④ 堤岸远端和远端朵叶体，泥质异粒岩相和块状泥岩常被 *Phycosiphon*（藻管迹）和 *Nereites*（类沙蚕迹）造迹生物改造；朵叶体沉积近顶部的一些泥质异粒岩相、块状泥岩可见体型大的 *Tasselia*（穗形迹）。

⑤ 堤岸远端和远端朵叶体，异粒岩相中的砂岩底部可见生物多样性贫乏的 *Graphoglyptid*（雕画迹）组合。

（3）遗迹学和沉积学研究揭示了目的层异重流体系不同沉积环境的生态因子：

① 一些沉积相生物扰动程度高、遗迹化石大、以食沉积物生物遗迹为主、*Graphoglyptid*（雕画迹）稀少，说明目的层异重流体系有机质供给丰富。

② 较强水动力沉积的富砂亚段可见逃逸迹，表明异重流体系存在幕式高沉积速率事件；细粒沉积中的 *Scolicia*（环带迹）和 *Tasselia*（穗形迹）等也表明沉积速率相对高。

③ 近端和过渡环境可见收缩缝，以及生物多样性贫乏的遗迹化石组合表明，水体盐度存在波动。远端环境呈斑状零星分布的遗迹化石，或反映水体盐度偏低，但 *Scolicia*（环带迹）等遗迹化石多属于开阔海，表明异重流淡水注入停止后海水盐度很快恢复正常。

（4）遗迹化石组合生物多样性贫乏—中等，造迹生物以机会种为主，加之零星分布的 *Graphoglyptid*（雕画迹）表明，目的层异重流体系生态环境物理条件高度变化。遗迹化石分类学上属于浅水类，说明 *Diplocraterion*（双杯迹）和双壳类逃逸迹等遗迹化石最有可能记录了外来生物的拓殖过程。含 *Graphoglyptid*（雕画迹）造迹生物的平衡群落，仅分布于远离河口系统的远端环境中。

参 考 文 献

Bromley R. G., 1996, Trace fossils: Biology, taphonomy and applications: London, UK, Chapman and Hall, 361 p.

Carmona N. B., J. J. Ponce, M. I. López-Cabrera, and E. B. Olivero, 2006, Distribución y diversidad de trazas fósiles en hiperpicnitas: Implicancias etológicas y comparación con patrones de trazas fósiles en turbiditas clásicas, 9° Congreso Argentino de Paleontología y Bioestratigrafía, Córdoba, Argentina, Abstract Book, v. 1, p. 279.

Carmona N. B., J. J. Ponce, E. B. Olivero, M. I. López-Cabrera, and D. R. Martinioni, 2008, Ichnology of Miocene hyperpycnites in the foreland Austral Basin, Tierra del Fuego, Argentina, Ichnia 2008, Second International Congress on Ichnology, Krakow, Poland, Abstract Book, v. 1, p. 26.

Ekdale A. A., 1985, Paleoecology of the marine endobenthos: Palaeogeography, Palaeoclimatology, Palaeoecology, v. 50, p. 63–81, doi: 10.1016/S0031-0182（85）80006-7.

Ekdale A. A., R. G. Bromley, and S. G. Pemberton, 1984, Ichnology: Trace fossils in sedimentology and stratigraphy: SEPM Short Course 15, 317 p.

Fu S., and F. Werner, 2000, Distribution, ecology and taphonomy of the organism trace, Scolicia, in northeast Atlantic deep sea sediments: Palaeogeography, Palaeoclimatology, Palaeoecology, v. 156, p. 289–300, doi: 10.1016/S0031-0182（99）00146-7.

Fürsich F. T., J. Taheri, and M. Wilmsen, 2007, New occurrences of the trace fossil Paleodictyon in shallow marine environments: Examples from the Triassic-Jurassic of Iran: Palaios, v. 22, p. 408–416, doi: 10.2110/palo.2006. p06-041r.

Gage J. D., and P. A. Tyler, 1991, Deep sea biology: A natural history of organisms at the deep sea floor: Cambridge, UK, Cambridge University Press, 504 p.

Galeazzi J. S., 1998, Structural and stratigraphic evolution of the western Malvinas Basin, Argentina: AAPG Bulletin, v. 82, p. 596–636.

Goldring R., 1996, The sedimentological significance of concentrically laminated burrows from lower Cretaceous Ca-bentonites, Oxfordshire: Geological Society（London）, v. 153, p. 255–263.

Lobza V., and J. Schieber, 1999, Biogenic structures produced by worms in soupy, soft muds: Observations from the Chattanooga shale（Upper Devonian）and experiments: Journal of Sedimentary Research, v. 69, p.

1041–1049.

López-Cabrera M. I., E. B. Olivero, N. B. Carmona, and J. J. Ponce, 2008, Cenozoic trace fossils of the Cruziana, Zoophycos and Nereites ichnofacies from the Fuegian Andes, Argentina : Ameghiniana, v. 45, p. 377–392.

MacEachern J. A., K. L. Bann, S. G. Pemberton, and M. K. Gingras, 2005, The ichnofacies paradigm : High resolution paleoenvironmental interpretation of the rock record, in J. A. MacEachern K. L. Bann, M. K. Gingras, and S. G. Pemberton, eds., Applied ichnology : SEPM Short Course Notes, v. 52, p. 27–64.

Malumián N., 1999, La sedimentación en la Patagonia extrandina, in R. Caminos, ed., Geología Argentina, Servicio Geológico Minero Argentino, Anales, v. 29, p. 557–612.

Malumián N., and E. B. Olivero, 2006, El Grupo Cabo Domingo, Tierra del Fuego : Bioestratigrafía, paleoambientes y acontecimientos del Eoceno-Mioceno marino : Revista de la Asociación Geológica Argentina, v. 61, p. 139–160.

Miller III W., 1991, Paleoecology of graphoglyptids : Ichnos, v. 1, p. 305–312.

Mulder T., and J. P. M. Syvitski, 1995, Turbidity currents generated at river mouths during exceptional discharges to the world oceans : Journal of Geology, v. 103, p. 285–299, doi : 10.1086/629747.

Mulder T., J. P. M. Syvitski, S. Migeon, J.-C. Faugères, and B. Savoye, 2003, Marine hyperpycnal flows : Initiation, behavior and related deposits : A review : Marine and Petroleum Geology, v. 20, p. 861–882, doi : 10.1016/j.marpetgeo.2003.01.003.

Mutti E., G. Davoli, R. Tinterri, and C. Zavala, 1996, The importance of ancient fluviodeltaic systems dominated by catastrophic flooding in tectonically active basins : Memorie di Scienze Geologiche, Universita du Padova, v. 48, p. 233–291.

Mutti E., R. Tinterri, G. Benevelli, D. di Biase, and G. Cavanna, 2003, Deltaic, mixed and turbidite sedimentation of ancient foreland basins : Marine and Petroleum Geology, v. 20, p. 733–755, doi : 10.1016/j.marpetgeo.2003.09.001.

Olivero E. B., and N. Malumián, 2002, Upper Cretaceous–Cenozoic clastic wedges from the Austral–Malvinas foreland basins, Tierra del Fuego, Argentina : Eustatic and tectonic controls (Addendum), European Meeting on the Palaeontology and Stratigraphy of Latin America (EMPSLA), N83, Septiembre 19–20, 2002, Universidad Paul Sabatier, Toulouse, France, p. 6–9.

Olivero E. B., and N. Malumián, 2008, Mesozoic–Cenozoic stratigraphy of the Fuegian Andes, Argentina : Geologica Acta, v. 6, p. 5–18.

Olivero E. B., M. I. López-Cabrera, and N. Malumián, 2008, Eocene graphoglyptids from high-energy, organic-rich, and bioturbated turbidites, Fuegian Andes, Argentina, Ichnia 2008, Poland, Abstract Book, v. 1, p. 95.

Plink-Björklund P., and R. Steel, 2004, Initiation of turbidity currents : Outcrop evidence for Eocene hyperpycnal flow turbidites : Sedimentary Geology, v. 165, p. 29–52, doi : 10.1016/j.sedgeo.2003.10.013.

Ponce J. J., 2009, Análisis estratigráfico secuencial del Cenozoico de la Cordillera Fueguina, Tierra del Fuego, Argentina, Ph.D. dissertation, Universidad Nacional del Sur, Bahía Blanca, Argentina, 245 p.

Ponce J. J., E. B. Olivero, and D. R. Martinioni, 2004, Phymatoderma-bearing turbidites (Oligocene, Tierra del Fuego) : Ichnologic implications for discrimination of sustained andepisodic gravity flow deposits, Ichnia (abs.) : First International Congress on Ichnology, Trelew, Argentina, p. 67–68.

Ponce J. J., E. B. Olivero, and D. R. Martinioni, 2005, Estratigrafía y facies sedimentarias del Oligoceno–Mioceno medio ? De la Cuenca Austral de Tierra del Fuego, XVI Congreso Geológico Argentino, La Plata, CD-ROM, Ponencia 468, 2 p.

Ponce J. J., E. B. Olivero, D. R. Martinioni, and M. I. López-Cabrera, 2007a, Sustained and episodic gravity flow deposits and related bioturbation patterns in Paleogene turbidites (Tierra del Fuego, Argentina), in R. G. Bromley, L. A. Buatois, M. G. Mángano, J. F. Genise, and R. N. Melchor, eds., Organism-sediment interactions : A multifaceted ichnology : SEPM Special Publication 88, p. 253–266.

Ponce J. J., N. B. Carmona, and D. R. Martinioni, 2007b, Trazas de escape generadas por bivalvos retransportados en hiperpicnitas del Mioceno de Tierra del Fuego, V Reunión Argentina de Icnología y III Reunión de Icnología del MERCOSUR, Ushuaia, Argentina, Abstract book, v. 1, p. 30.

Ponce J. J., E. B. Olivero, and D. R. Martinioni, 2008a, Hyperpycnal-flow deposits in Oligocene–Miocene clinoforms of the Austral Basin, Tierra del Fuego, Argentina, in J. J. Ponce and E. B. Olivero, conveners, Sediment transfer from shelf to deepwater : Revisiting the delivery mechanisms : Conference Proceedings, AAPG Hedberg Research Conference, Ushuaia, Patagonia, Argentina, Fieldguide Book, p. 25–48.

Ponce J. J., E. B. Olivero, and D. R. Martinioni, 2008b, Upper Oligocene–Miocene clinoforms of the foreland Austral Basin of Tierra del Fuego, Argentina : Stratigraphy, depositional sequences and architecture of the foredeep deposits : Journal of South American Earth Sciences, v. 26, p. 36–54, doi : 10.1016/j.jsames.2007.12.001.

Ponce J. J., E. B. Olivero, and D. R. Martinioni, 2008c, Deep marine hyperpycnal channel-levee complexes in the Miocene of Tierra del Fuego, Argentina : Architectural elements and facies associations, in J. J. Ponce and E. B. Olivero, conveners, Sediment transfer from shelf to deep water : Revisiting the delivery mechanisms : Conference.

Proceedings, AAPG Hedberg Conference, Ushuaia, Patagonia, Argentina : http : //searchanddiscovery.com/abstracts/html/2008/hedberg_argentina/extended/ponce/ponce.htm (accessed July 18, 2011) .

Pryor W. A., 1975, Biogenic sedimentation and alteration of argillaceous sediments in shallow marine environments : Geological Society of America Bulletin, v. 86, p. 1244–1254, doi : 10.1130/0016-7606 (1975) 86<1244: BSAAOA>2.0.CO ; 2.

Sanders H. L., 1968, Marine benthic diversity : A comparative study : American Naturalist, v. 102, p. 243–282, doi : 10.1086/282541.

Sanders H. L., and R. R. Hessler, 1969, Ecology of the deep sea benthos : Science, v. 163, p. 1419–1424, doi : 10.1126/science.163.3874.1419.

Seilacher A., 1974, Flysch trace fossils : Evolution of behavioural diversity in the deep-sea : Neues Jahrbuch fur Geologie und Paleontologie, Monatshefte, v. 1974 p. 233–245.

Seilacher A., 1977, Pattern analysis of Paleodictyon and related trace fossils, in T. P. Crimes and J. C. Harper, eds., Trace fossils 2: Geological Journal Special Issue 9, p. 289–334.

Taylor A. M., and R. Goldring, 1993, Description and analysis of bioturbation and ichnofabric : Geological Society (London), V. 150, p.141–148, doi : 10.1144/gsjgs.150.1.0141.

Uchman A., 1995, Taxonomy and palaeoecology of flysch trace fossils : The Marnoso-Arenacea Formation and associated facies (Miocene, Northern Apennines, Italy) : Beringeria, v. 15, p. 1-115.

Uchman A., and R. Steel, 2007, Trace fossils in shelf-margin clinoforms : An example from the central Basin of Spitsbergen, V Reunión Argentina de Icnología y III Reunión de Icnología del MERCOSUR, Ushuaia, Argentina, Abstract Book, v. 1, p. 34.

Wetzel A., 1991, Ecologic interpretation of deep-sea trace fossil communities : Palaeogeography, Palaeoclimatology, Palaeoecology, v. 85, p. 47-69, doi : 10.1016/0031-0182 (91) 90025-M.

Wetzel A., 2007, Ichnology of slope deposits along an active continental margin : An example from the South China Sea (abs.) : International Ichnofabric Workshop, Calgary, Canada, p.71.

Wetzel A., 2008, Recent bioturbation in the deep South China Sea : A uniformitarian ichnologic approach : Palaios, v. 23, p. 601-615, dOi : 10.2110/palo.2007.p07-096r.

Wetzel A., and R. G. Bromley, 1996, The ichnotaxon Tasselia ordamensis and its junior synonym Caudichnus annulatus : Journal of Paleontology, v. 70, p. 523-526.

Wetzel A., and A. Uchman, 1997, Ichnology of deep-sea fan overbank deposits of the Ganei Slates (Eocene, Switzerland) : A classical flysch trace fossil locality studied first by Oswald Heer : Ichnos, v. 5, p. 139-162, doi : 10.1080/10420949709386413.

Wetzel A., and A. Uchman, 2001, Sequential colonization of muddy turbidites in the Eocene Belovea Formation, Carpathians, Poland : Palaeogeography, Palaeoclimatology, Palaeoecology, v. 168, p. 171-186, doi : 10.1016/S0031-0182 (00) 00254-6.

Zavala C., J. J. Ponce, M. Arcuri, D. Drittanti, H. Freije, and M. Asensio, 2006, Ancient lacustrine hyperpycnites : A depositional model from a case study in the Rayoso Formation (Cretaceous) of west-central Argentina : Journal of Sedimentary Research, v. 76, p. 41-59, doi : 10.2110/jsr.2006.12.

10 特立尼达岛东南岸 Oilbird 油田上新统陆缘异重流沉积的辨识特征及对储层展布的影响

Helena Gamero Diaz Carmen Contreras Neil Lewis
Robert Welsh Carlos Zavala

摘要：Oilbird 油田位于特立尼达岛东南部的 Columbus（后称"哥伦布"）盆地，上新统 B4 砂岩是其重要的产气层。该砂岩为陆棚沉积，岩性以块状和平行纹层细砂岩为主，含有粉砂岩和极细砂岩纹层。综合 18.3m 岩心、1149m 成像测井、裸眼测井、泥浆录井，以及生物地层数据，使用成因相分析法，在 B4 砂岩中识别出 12 种沉积相，并进行了详细的描述与解释。根据 GR 曲线形态和沉积相垂向叠置关系，将这些沉积相分成 6 种沉积相组合。岩心显示块状砂岩通常很少或无生物扰动构造，在垂向上与模糊纹层亚段交替分布，这说明沉积 B4 砂岩的沉积物流为湍流、流速持续波动。大量分布的炭化植物碎屑等沉积学证据表明，B4 砂岩沉积物来自流向哥伦布盆地的古奥里诺科河洪水（异重流）。根据 7 口井的井间沉积相组合对比，识别出 6 个沉积单元，从底至顶依次为 A、B、C、D、E 和 F。在成像测井解释的古流向约束下，编制了 B4 砂岩沉积相图。B4 砂岩从沉积单元 A—F 逐渐进积，反映了断控沉积中心的充填过程。古流向资料显示沉积物搬运方向大致平行于断裂体系，说明断裂在 B4 沉积时持续活动并控制了可容纳空间的变化。新建立的异重流沉积模式表明砂岩沉积于古地貌低点，细粒沉积分布于盆地边缘偏高的部位。该新沉积模式将改变石油地质家对砂体几何形态及空间展布的认识，进而改变寻找新勘探领域的思路。

  哥伦布盆地位于特立尼达岛东南部，是加勒比地区最富油气的盆地之一。中新统上段和上新统的高孔隙度极厚层状砂岩是其主力油气储层。这些砂岩与盆地西部的古奥里诺科河浪控三角洲有成因联系。但是，将这些砂岩解释为浪控三角洲前缘相，会产生如下问题：

  （1）如果这套砂岩是三角洲沉积，那么高频三角洲进积—退积（受相对海平面变化控制）形成的前缘—平原相带宽度应大于 200km，但岩心、露头从未识别出三角洲平原亚相。

  （2）浪控三角洲的典型特征是可见发育大量浪成波痕的临滨相，但此类砂岩通常无波浪改造的痕迹。

  基于岩心和成像测井的分析，重新认识了 Oilbird 油田上新统储集砂岩的成因和重要性：上新统砂体通常具有持续性沉积物重力流的特征，或为堆积于陆棚的异重流沉积。

10.1 地质背景

哥伦布盆地位于特立尼达岛东南部，整体呈三角形，北至 Darien 隆起，东至大西洋陆架，西至特立尼达南岸，南至委内瑞拉 Amacuro 陆架（图 10.1）。该盆地在区域构造上属于南美板块（Gibson 等，2012），正好位于加勒比板块（目前仍相对南美板块和大西洋盆地向东移动）和南美板块斜向碰撞形成的走滑变形带南侧（Leonard，1983；Robertson 和 Burke，1989；Babb 和 Mann，1999；Wood，2000；Gibson 等，2012）。该走滑变形带为转换挤压冲断带（从委内瑞拉东部的 Serrania del Interior Oriental 至特立尼达岛中北部的山区），呈东西走向，形成于渐新世晚期—中新世中期。冲断作用贯穿整个中新世中期，直至加勒比板块和南美板块之间的相对运动转变为转换拉伸。该冲断带构成了哥伦布盆地的北部边界，并向东延伸至特立尼达岛东部陆架，在 Point Radix 北部与 Darien 隆起交会，最终并入位于现代陆架边缘之外的 Barbadox 增生楔。位于哥伦布盆地西侧的东委内瑞拉前陆盆地（委内瑞拉东部至特立尼达地区）也受到该冲断作用影响，并于渐新世晚期开始沉降，直至中新世早期 Serrania del Interior Oriental–Central Range 冲断带形成。

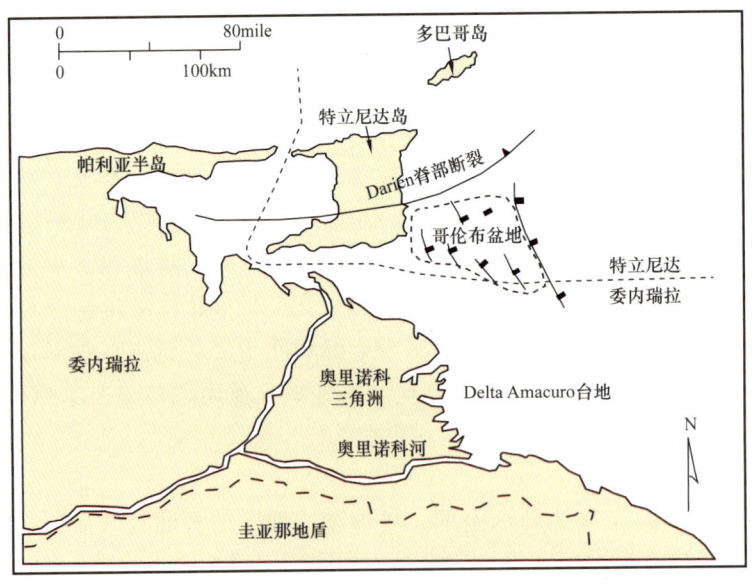

图 10.1　哥伦布盆地位置图（据 Wood，2000，修改）

上新世—更新世，哥伦布盆地转变为拉张的薄皮盆地，开始接受浅水的古奥里诺科河三角洲沉积（Gibson 等，2012）。该期形成的构造包括大型的伸展断裂（走向北西—南东、倾向北东）、北东—南西向的挤压褶皱，以及走滑断裂带。这些构造分布于向北倾的被动陆缘沉积体表层，由局部的拆离作用形成。早在中新世晚期，因受 Serrania-Central Range 冲断带影响，由南向北流动的古奥里诺科河改道沿前陆盆地轴线向东流（Diaz de Gamero，1996）。中新世晚期以来，哥伦布盆地一直是奥里诺科河的沉积中心，沉积地层厚度超过 9150m，沉积速率约 5~10m/Ma。

该地区油气来源于分布广泛的上白垩统优质烃源岩，该烃源岩生成了委内瑞拉和特立尼达几乎所有的油气。

10.1.1 Oilbird 油田

Oilbird 油田位于特立尼达岛东南海岸的 Consortium Block 地区，距离陆地约 40km（图 10.2），构造上隶属于哥伦布盆地。哥伦布盆地以白垩系优质烃源岩及其上覆的古近—新近系富砂陆棚沉积为最重要的源储组合，加之盆地在演化过程形成了大量的圈闭及有效的油气运移系统，成藏条件优越。自 20 世纪 70 年代在近海地区发现油气以来，哥伦布盆地已经产出了大量油气，截至 2008 年底，探明和预测的天然气储量已达 $6739 \times 10^8 m^3$。

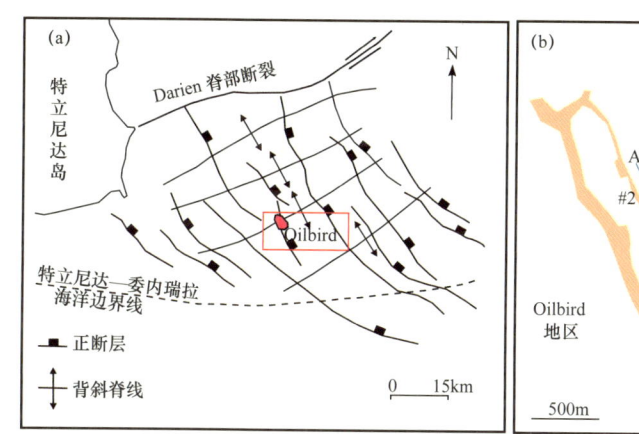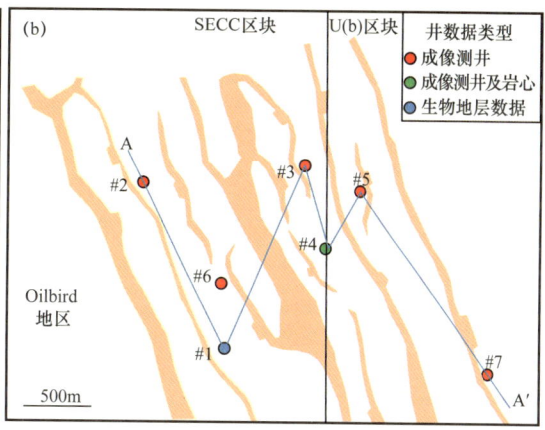

图 10.2 （a）哥伦布盆地构造要素图（据 Wood，2000，修改），可见北西—南东走向、倾向北东的伸展断裂，以及北东—南西向的挤压褶皱（据 Leonard，1983；Wood，2000）；
（b）Oilbird 油田数据井分布图。SECC—南部东海岸财团持有区块，
U（b）—EOG 能源特立尼达有限公司持有区块；AA′ 剖面如图 10.9 所示

1977 年，Texaco 公司通过钻探 Oilbird-1 井（井 1，图 10.2b）发现了 Oilbird 油田。由于当时天然气没有经济价值，评价井直到 2001—2002 年才被部署，钻井平台直到 2006 年底才完成安装，随后 5 口开发井完钻。

上新统 B4 砂岩是 Oilbird 油田重要的凝析气储层（图 10.3），岩性以块状和平行纹层细砂岩为主，含有粉砂岩和极细砂岩纹层，通常被认为是陆架边缘的三角洲沉积（Bowman，2003；Bowman 和 Kohnson，2006）。

岩心分析表明，B4 砂岩主要为分选非常好的细砂岩，呈块状或发育平直纹层，含大量炭化植物碎屑。该砂岩由极厚层的沉积单元构成，每个沉积单元内部可见递变的沉积序列，表明其形成与持续时间长、波动的湍流有关（Zavala 等，2006c；Lamb 等，2008；Jackson 等，2009；Lamb 和 Mohrig，2009）。现在普遍认为块状—纹层状砂岩组合由湍流支撑的富砂悬移质以不同的沉降速率坍塌沉积形成（Arnott 和 Hand，1989；Kneller 和 Branney，1995；Sumner 等，2008）。

基于岩心、测井和成像测井沉积学研究，结合高分辨率成像测井古流向分析，重新解释了 B4 砂岩的成因，认为是堆积于陆棚的异重流沉积。

10.1.2 研究现状

哥伦布盆地上新统—更新统砂岩曾被解释为浪控滨岸三角洲沉积，含有分布广阔的进积型临滨—陆棚沉积（Wood，2000；Wood 和 Roberts，2001），以及沉积于陆架边缘的

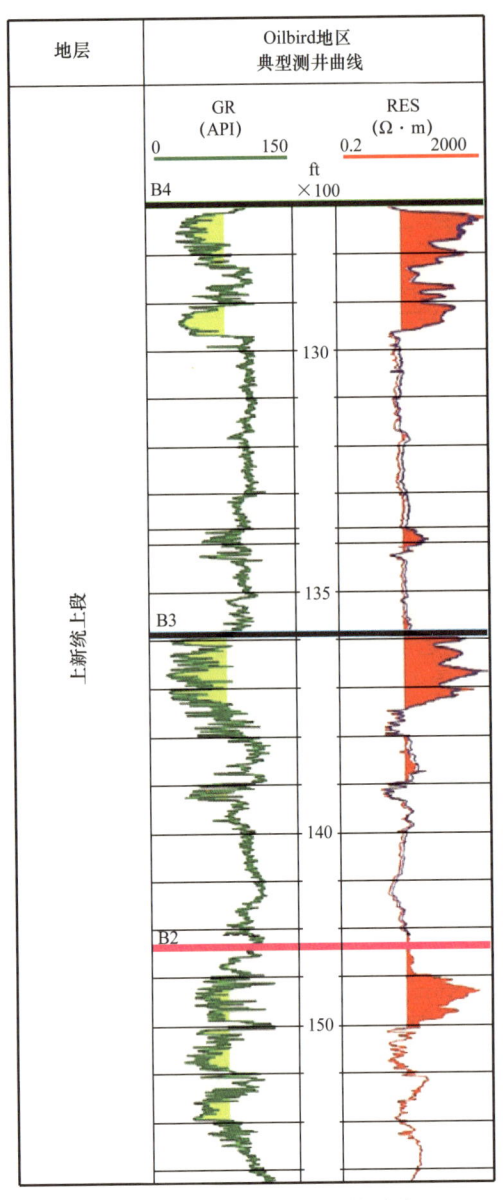

图 10.3 Oilbird 油田上新统砂岩
储层典型测井曲线特征
B4—含气致密砂岩储层，GR—伽马曲线，
RES—电阻率曲线

三角洲（Bowman，2003；Bowman 和 Johnson，2006）。Wood（2000）认为哥伦布盆地在整个上新世和更新世，持续接受来自古奥里诺科三角洲体系的陆源碎屑充填，沉积物厚度大于 12km。他建立的沉积模式认为，该沉积体系包括提供物源的河控三角洲和浪控的滨岸平原。其中，滨岸平原或临滨沉积最终被改造成平行于岸线的长条状砂体。

临滨是低潮线和浪基面之间的近岸区域，典型的临滨沉积由具韵律的异粒岩相构成，发育大量浪成沉积构造。根据砂/泥比可将临滨划分成上临滨、中临滨和下临滨。下临滨和远滨过渡带以晴天浪底为界，近端为高能海岸；远端靠近海盆，岩性以泥岩为主，夹风暴沉积。碎屑岩滨岸相由发育脉状层理、浪成波痕的砂质层组成。其中，浪成波痕顶部常被消截（图 10.4），反映波浪作用强烈。小型丘状交错层理在临滨相很常见，通常被认为是风暴沉积的识别标志（Walker，1996）。

将 B4 砂岩解释成风暴或浪控临滨沉积的证据包括：生物组合显示水深向上变浅；块状或平行纹层净砂岩含有发育丘状交错层理、*Ophiomorpha*（蛇行迹）的夹层。但是，并未在 B4 砂岩发现浪成沉积构造，如顶部消截的浪成波痕。

Bowman 和 Johnson（2006）认为哥伦布盆地上新统—更新统砂岩为陆架边缘三角洲沉积，充足的沉积物供给和可容纳空间使其厚度可大于 340m。Gibson 等（2012）认为构造作用形成的同沉积断层（即倾向北东或南西的同沉积正断层），为该陆架边缘三角洲沉积提供了可容纳空间。Wood（2000）、Bowman 和 Johnson（2006）认为，现代巴西近海的 Sao Francisco 三角洲、委内瑞拉的奥里诺科三角洲与该三角洲可以对比。这种解释的问题是，一般认为滨岸三角洲沉积能在地质历史记录中保存下来，但因可容空间有限、波浪改造强烈，三角洲前缘砂岩通常较薄（<5m）。最新的研究支持 Bates（1953）的观点，即存在可沉积极厚层碎屑岩的海相三角洲。Zavala 等（2006c，2011）认为，一类新的、含异重流体系的三角洲能把巨量的沉积物搬运至盆地，形成极厚的碎屑岩。此类三角洲极易与临滨混淆。

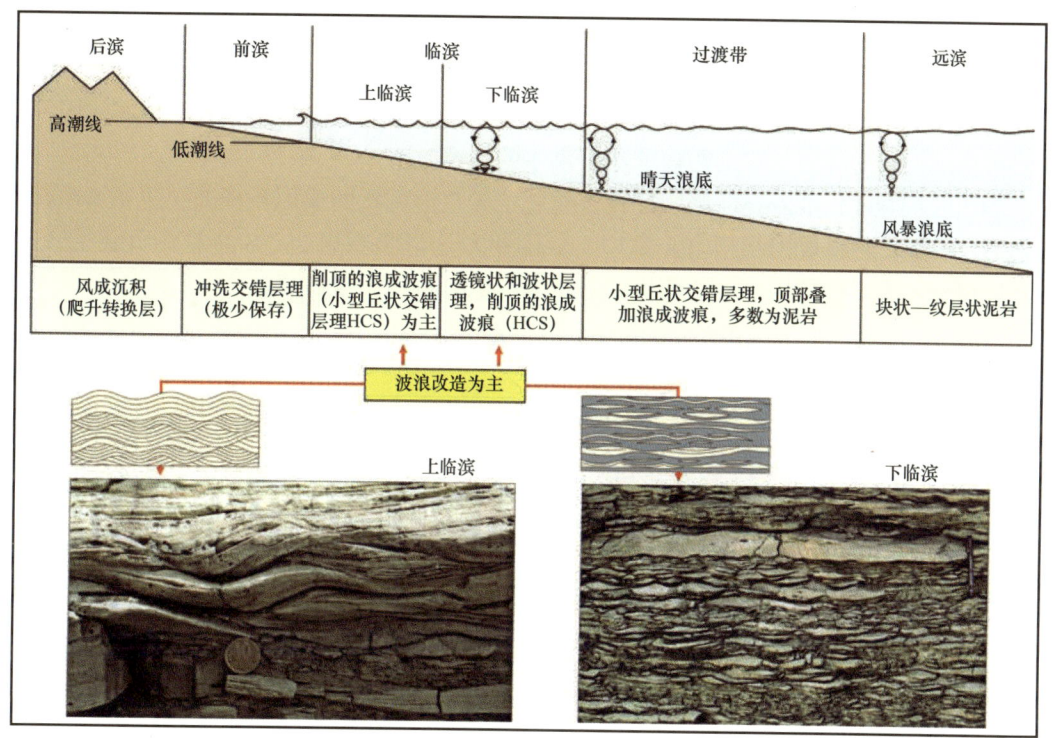

图10.4 临滨沉积环境及沉积构造特征（据Zavala，2007）
以波浪作用为主，常见顶部消截的浪成波痕

10.1.3 异重流体系：新的沉积模式

异重流体系是河流体系在水下的延伸（Zavala等，2006c），由洪水期河口流出的高密度携砂流沉入湖水或海水底部，并沿底部持续流动形成（Bates，1953；Mulder和Alexander，2001）。洪水异重流可将大量的陆源碎屑沿水下搬运至盆地内部（Schumm，1981），并沉积为异重流沉积——异重流岩（Mulder等，2003）。异重流沉积由河流湍流形成，通常与持续时间长、相对稳定或亚稳定的河流卸载相关。尽管陆续有异重流沉积的研究刊出，但极少研究古代的，研究沉积相和相组合的更少（Mulder和Alexander，2001；Mulder等，2003；Nakajima，2006；Zavala等，2006c；Zavala等，2011）。近年来，异重流作为一种可将大量泥砂输运至盆内的高效机制，受到越来越多的关注（Mutti等，1996；Mulder和Alexander，2001；Mutti等，2003；Gamero等，2005；Pattison，2005；Zavala等，2006c；Gamero等，2007，2008；Zavala，2008）。研究表明，浊流与河流洪水密切相关（Nakajima，2006；Mutti等，1996，2003；Zavala等，2006b，c）。Mutti等（2003）认为以洪水作用为主的河流—三角洲与浅水、深水海相异重流沉积有重要的成因联系。

海相盆地存在异重流的观点曾广受质疑（Nakajima，2006），但从2003年Mulder等（2003）和Mutti等（2003）发文开始，该观点逐渐被接受（Plink-Bjorklund和Steel，2004；Gamero等，2005；Nakajima，2006；Zavala等，2006c，2007；Gamero等2007）。现在普遍认为，始于三角洲、绵长的蛇曲水道由持续的浊流形成，这在25年前极具争议（Pickering和Hiscott，1985）。

大量的露头和岩心工作（Mulder和Alexander，2001；Gamero等，2005；Zavala等，

2006a，b，c，2007；Zavala，2008）表明，亚稳定异重流的沉积相十分特殊，易与经典浊积岩区分。异重流源于陆上，主要由淡水组成，是缓慢流向盆地内部的浊流（Hesse 等，2004；Mansurbeg 等，2006）。Zavala 等（2006c）认为，异重流的移动无需陡坡，因河流洪水可提供持续的动力，移动距离取决于洪水的持续时间。

Zavala（2008）和 Zavala 等（2011）建立了异重流沉积的成因相模式（见图2.6），划分出 B、S 和 L 三种成因相组合。其中，成因相 B 为底负载组合，S 为悬移负载组合，L 为跃层组合。本文将使用该成因相模式分析 Oilbird 油田的 B4 砂岩。

10.2 数据和方法

图 10.3 标注了 Oilbird 油田主要的储层。表 10.1 汇总了所有可用的基础数据，包括每口井可用的图像资料。成像测井与岩心结合是强大、行之有效的技术，可用于开展详细的储层表征和进一步的油田开发研究。综合裸眼测井、岩心描述（18m）、成像测井（149m）、录井和生物地层资料，对 Oilbird 油田上新统 B4 砂岩进行了解释，建立了新的沉积模式。研究中使用的方法包含：

（1）基于成因和沉积过程，对 18m 岩心进行了详细的沉积相描述和解释。根据成因相分析法（Zavala，2008；Zavala 等，2011）对沉积相组合进行了划分。

（2）通过岩心、岩心照片和测井曲线的相互标定，建立了基于岩心的沉积相分类方案。据此对 1149m 成像测井资料进行了沉积相解释。

（3）基于成像测井与裸眼测井（包括伽马、中子孔隙度、体积密度和电阻率曲线）对比，参考泥浆录井和生物地层数据，开展了静态和动态成像测井沉积学解释。倾角数据由人工解释自成像测井。

（4）根据成像测井解释的古流向和砂岩层下倾方向确定泥砂输运方向。这些数据非常重要，可为传统、非定向岩心的沉积学解释提供重要的参考。

（5）在单井的测井、成像测井相组合分析基础上，通过连井对比分析沉积相组合在侧向上的变化关系。

（6）根据伽马曲线的形态和相组合垂向叠置关系，开展沉积单元划分。

（7）以沉积单元为编图单元编制沉积相图，并分析沉积演化过程。

表 10.1 本文资料井及数据统计

井名	裸眼测井	泥浆录井	岩心描述	生物地层研究报告	成像测井	成像测井图像长度（ft）
井 1	√			√		
井 2	√	√			√	970
井 3	√	√				
井 4	√	√	√		√	853
井 5	√	√			√	1740
井 6	√	√				
井 7	√	√			√	207

10.3 结果

10.3.1 岩心分析

根据岩石组构、沉积构造和成因，可将以细砂—极细砂岩为主的 B4 砂岩划分成 12 类沉积相：（1）黏土碎屑砾岩（B1s）；（2）模糊纹层中砂—细砂岩（B3s）；（3）收敛交错层理中砂—粗砂岩（B2s）；（4）块状细砂岩（S1）；（5）平行纹层细砂岩（S2）；（6）爬升沙纹细砂岩（S3）；（7）丘状交错层理细砂—极细砂岩（S2h）；（8）振荡流沙纹细砂—极细砂岩（S3w）；（9）含大量炭化植物碎屑的平行纹层极细砂岩或粉砂岩（S2L）；（10）含孤立沙纹的极细砂岩或粉砂岩（S3L）；（11）含炭化植物碎屑的细纹层粉砂岩（L）；（12）发育泄水构造、包卷层理的极细砂岩或粉砂岩（Pd）。基于沉积过程分析，系统总结了 12 类沉积相的基本特征和成因（图 10.5）。这些沉积相的划分主要依据 #4 井

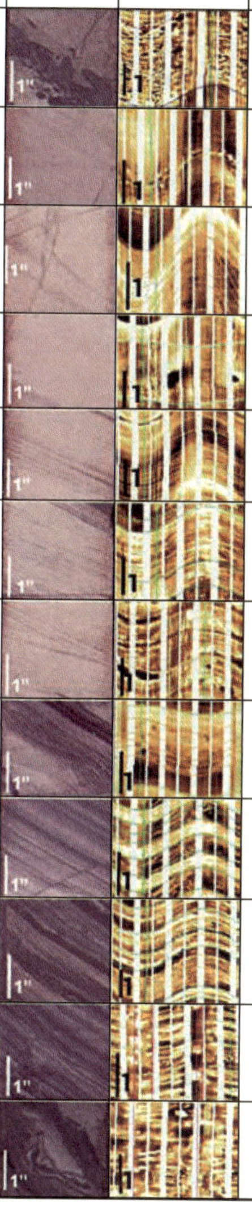

沉积相	岩心照片	成像测井	岩性	沉积构造	成因
B1s			泥岩内碎屑砾岩，基质为中砂	泥岩碎屑定向排列	为亚稳定浊流的底负载沉积，沉积于固结基底之上
B3s			中砂—细砂岩	模糊的平行层理	为亚稳定浊流的底负载沉积，沉积于固结基底之上
B2s			中砂—细砂岩	收敛的交错层理	为亚稳定浊流的底负载沉积，沉积于固结基底之上
S1			细砂岩，含漂浮状泥岩碎屑	块状	牵引流叠加沉降沉积
S2			细砂岩	平行层理	牵引流叠加沉降沉积
S3			细砂—极细砂岩	爬升沙纹	牵引流叠加沉降沉积
S2h			细砂—极细砂岩	丘状交错层理	单向流叠加振荡流沉积
S3w			细砂—极细砂岩	浪成波痕	牵引流叠加沉降沉积，也有浪成沉积
S2L			细砂—极细砂岩与砂岩互层	平行纹层与粉砂岩层交替，含炭化植物碎屑	牵引流叠加沉降沉积，也有跃层沉积
S3L			细砂—极细砂岩与砂岩互层	沙纹与粉纹层交替，含炭化植物碎屑	牵引流叠加沉降沉积，也有跃层沉积
L			浅灰色粉砂岩，含植物碎屑	细纹层	跃层沉积
Pd			极细砂岩和纹层粉砂岩	泄水构造和包卷层理	泄水构造的形成与高沉积速率有关，通常形成于沉积物沉积之后不久

图 10.5 基于岩心、成像测井和沉积过程分析建立的 Oilbird 油田 B4 砂岩沉积相分类、描述方案

（图10.2）B4砂岩下段18m岩心的描述及连续的岩心照片。该段岩心由块状和平行纹层细砂—极细砂岩交替构成，具韵律结构，含炭化植物碎屑，可见砂岩或粉砂岩细纹层。这些沉积相的成因，或与源自河流、持续时间长的异重流相关（图10.5）(Zavala等，2011）。

10.3.2 成像测井分析

高分辨率成像测井是传统岩心沉积学解释的必要补充，通过与岩心标定，可解释沉积相和古流向（Gamero等，2000），因为具有不同岩石组构、沉积构造和成因的沉积相有着不同的成像测井图像，如交错层理在动态成像测井图上是具有电信号差异的正弦曲线。成像测井沉积学解释对解释人员的要求非常高，只有具备在露头、岩心中识别出各种沉积构造的能力，才能准确地解释沉积相（Contreras和Gamero，2000）。开展动态成像或图像增强处理可获得更多的细节信息，有助于在图像分析工作站上开展交互式沉积学解释（Contreras和Gamero，2000），如分析图像中曲线的层理类型（区分平直纹层、交错纹层、交错层理和丘状交错层理）及产状。

通过岩心和成像测井相互标定，对1149m无取心的成像测井资料进行了沉积相解释。无取心井岩石组构依据录井资料确定。古流向数据通过对交错层理、交错纹层的图像进行正弦曲线拟合获得，这通常需要开展古流向矫正，以剔除构造影响。据此，结合沉积构造成因分析，对#4井进行了沉积相解释（图10.6），将岩心段划分出12类成像测井沉积相（图10.5），从而建立了基于成像测井的B4砂岩沉积相分类新方案。图10.5展示了岩心沉积相和成像测井沉积相的对应关系。

10.3.3 生物地层数据

根据#1井（图10.2b）钻井资料，对B4砂岩开展了生物地层分析。分析表明，B4砂岩沉积期#1井区为浅海环境。

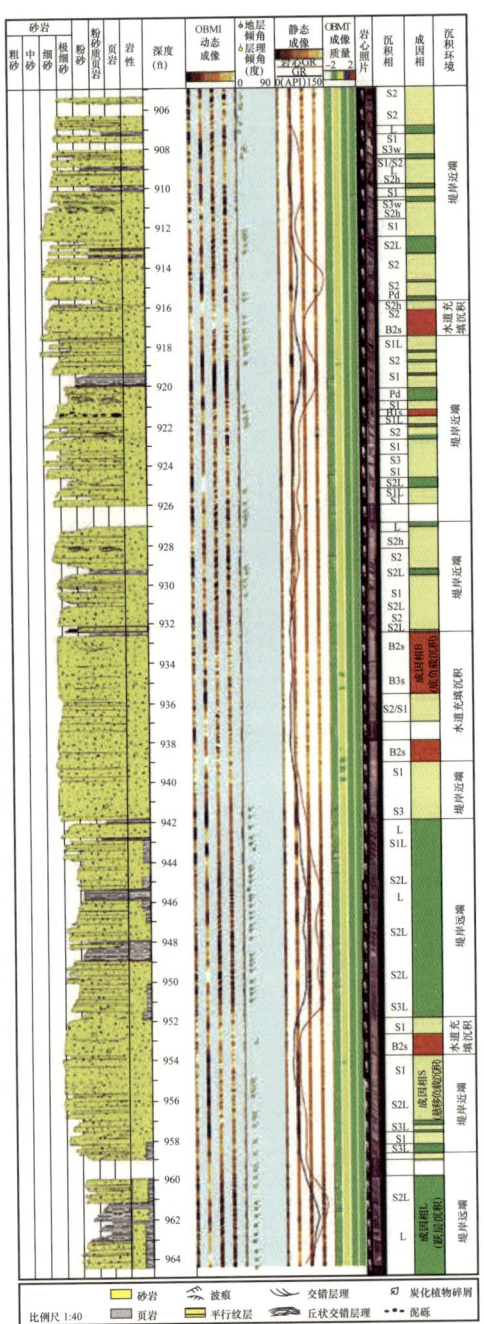

图10.6 基于岩心和成像测井标定的#4井沉积综合图

左边第1列为依据岩心照片、岩心描述解释的岩性；第2列为深度；第3列为成像测井动态图；第4列为人工解释倾角；第5列为成像测井静态图；第6列为成像测井质量图，绿色—质量高，黄色—质量中等；第7列为岩心照片；第8、9、10列分别为沉积相、成因相和沉积环境解释。成因相描述如图2.6、图10.5所示；GR—伽马曲线；OBMI—斯仑贝谢油基钻井液微电阻率成像测井；OBMT—斯仑贝谢油基钻井液微电阻率成像测井工具

10.3.4 成因相分析

基于岩心描述、岩屑录井和成像测井分析，对 Oilbird 油田 B4 砂岩开展了成因分析。沉积学证据表明，在上新世晚期，形成于古奥里诺科河的异重流可流至哥伦布盆地，B4 砂岩应为持续性洪水异重流在陆棚上的沉积。正如前述，B4 砂岩不同的沉积相都与持续性异重流相关。

采用 Zavala 等（2011）的异重流沉积成因相模式，从 B4 砂岩的岩心和成像测井（图 10.5）解释出底负载沉积、悬浮沉积和跃层沉积三类成因相。其中，底负载类成因相为亚稳定湍流的底负载沉积，岩性包括基质为中砂的泥岩内碎屑砾岩（B1s）和细砂—粗砂岩（B2s、B3s）（图 10.5，图 10.7），沉积构造包括碎屑定向排列（B1s，图 10.7a）、模糊的平行层理（B3s）和收敛交错层理（B2s）。B2s 沉积相的形成与高含悬移质亚稳定湍流的底形（包括顺直或弯曲的）迁移有关。

悬移负载类成因相岩性包括极细砂岩、细砂岩和含漂浮状黏土碎片的细砂岩（S1、S2、S3，图 10.5），由牵引流叠加悬浮沉降形成，可见块状构造（S1，

图 10.7 岩心中主要的沉积相类型

（a）黏土砾屑，分布于含粉砂条带（富含有机质）的块状—纹层状细砂岩之中；（b）平行纹层细砂岩，顶部可见丘状交错层理；（c）块状细砂岩，含平行纹层细砂岩夹层；（d）振荡流沙纹（照片顶部）与薄层状粉砂岩（富含炭屑）及细砂岩构成的互层，几乎无生物扰动构造；（e）异粒岩相，由粉砂岩和极细砂岩组成，前者富含炭屑，发育纹层，后者发育平行纹层和沙纹层理；（f）上段为块状细砂岩，下段为纹层粉砂岩（富含炭屑）和极细砂岩互层，无生物扰动构造

图10.7c)、平行纹层（S2，图10.7b）和爬升沙纹（S3，图10.7d）。岩心可见该成因相块状砂岩垂向上反复出现模糊纹层。前人实验（Arnott和Hand，1989；Sumner等，2008）表明，流速相同的湍流，沉积速率相对高（>0.44 mm/s）时沉积块状砂岩，沉积速率偏低（<0.44mm/s）时沉积平行纹层砂岩。渐变接触的块状砂岩和平行纹层砂岩交替分布表明，该成因相由持续性浊流发生沉积速率波动形成。砂岩内部偶见平行纹层向上过渡为爬升沙纹，说明该持续性浊流还发生了水流条件变化（Zavala等，2006c）。Zavala等（2007）将此类内部组构复杂的岩层称为复合层，其典型特征是垂向叠置的沉积相由周期重复的块状和纹层状砂岩组成，两种岩相之间接触关系（渐变或突变）也呈周期变化。沉积相S2h和S3w（图10.5）由细砂—极细砂组成，分别发育丘状交错层理（S2h，图10.7b）和振荡流沙纹（S3w，图10.7d），说明沉积环境为浅水洼地。多数砂层顶部波浪改造的痕迹并不总是与连续的波浪作用有关，也可能与异重流引起的振荡流有关。在多数情况下，若盆内浅水区有巨量的外来流体注入，也会产生振荡流（Mutti等，1994年）。

跃层类成因相（L，S2L，S3L；图10.5）与羽状流中细粒悬浮物的沉降有关，由细砂—极细砂岩构成，含浅灰色碳质粉砂条带，发育平行纹层、沙纹和含炭屑的细纹层，通常不发育生物扰动构造。羽状流由密度小于周围水体的异重流内部淡水上浮形成（Sparks等，1993；Hesse等，2004；Zavala等，2006；Zavala等，2011）。沉积相S2L和S3L（图10.7e，f）由亚稳定湍流中的牵引流叠加悬浮沉降，以及沉降的跃层形成。大量分布的炭化植物碎片表明，该类成因相来自河流洪水（异重流）。Zavala等（2006b）认为，跃层沉积相是海相异重流沉积的识别标志，它们在垂向、侧向常与悬浮沉积构成特殊的沉积相组合，即S2/L（含大量炭化植物碎屑和云母的纹层砂岩）和S3/L（粉砂岩，含发育小型爬升沙纹的砂岩夹层）。

Pd相由极细砂岩和纹层粉砂岩组成，受高沉积速率影响普遍发育泄水构造和包卷层理（图10.5）。

B4砂岩沉积相类型以悬浮负载成因相为主，包括成因相S和L。其中，与沉降相关的沉积相主要分布于异重流体系的中部和远端。

10.4 沉积相分析

本文沉积相和相模式的建立使用成因分析法。该分析法由Zavala等（2011）提出，是基于沉积过程主要搬运机制建立的成因相分类概念模型。

以基于露头的水道—堤岸体系概念模型为指导，综合成像测井、岩心、岩屑描述和生物地层数据，对B4砂岩进行了沉积相划分。在此基础上，根据伽马曲线的形态和垂向的沉积相叠置关系，将这些沉积相进行了相组合分析，识别出6类沉积相组合（图10.9）。其中，水道流体系内沉积相、相组合的侧向过渡关系如图2.11所示（Zavala等，2006c）。

10.4.1 陆棚沉积相组合

特征描述：陆棚沉积相（或背景沉积相）由深灰色页岩和粉砂岩（S4）组成，不含钙，可见模糊纹层。在岩心中，该类相组合多呈块状或发育少量纹层；在成像测井图像中，可见变形的砂岩夹于成层性差的粉砂岩和页岩之间；在伽马曲线中值较高（图10.8a）。该类相组合的生物扰动强度通常为中等—较高，但遗憾的是并未在岩心中观察到密集的生物扰动构造。

解释：该相组合形成于低的陆源碎屑供给期，由泥和粉砂悬移质从三角洲羽状流中沉降形成。生物地层分析表明，低陆源碎屑供给期与最大的海泛期同步。

10.4.2 跃层沉积相组合

特征描述：跃层沉积相组合由浅灰色粉砂岩组成，发育纹层，含炭化植物碎屑和褐煤，以 L 为主，但普遍含 S3L 和 S2L。在岩心和露头中，该相组合可见纹层粉砂岩与炭化植物碎屑、云母构成的薄层交替分布，通常无生物扰动现象，纹层保存非常完整；在成像测井图像中，可见密集的细纹层；在伽马曲线中值较高（图 10.8b）。

解释：Hesse 等（2004）最早在拉布拉多海更新统识别出与冰筏碎屑（冰碛岩）相关的跃层沉积。海相跃层沉积的识别极其重要，它是判断与跃层伴生的沉积物是否为河流异重流成因的识别标志（Zavala 等，2006b；Zavala，2008），也可用于预测井下异重流水道的侧向展布。

10.4.3 堤岸远端沉积相组合

特征描述：堤岸远端沉积相组合由向上变粗的沉积单元（厚 1～3m）构成，包括下段跃层沉积（L、S3L）和上段平行纹层极细砂岩，后者厚 0.3～0.5m，含泥质粉砂细纹层，底部为突变面（S2L，图 10.8c）。在成像测井图像中，该类沉积相组合可见细纹层（沉积单元下段）向上过渡为平行纹层（沉积单元上段）；在伽马曲线中，具向上变粗的形态（漏斗形）。

解释：该相组合以牵引流沉积叠加跃层羽状流沉降沉积为特征，通常沉积于水道—堤岸体系的远端，内部可见流速、沉积物质量浓度波动形成的复杂结构。

10.4.4 堤岸近端沉积相组合

特征描述：堤岸近端沉积相组合由粒度向上变粗、厚度向上变厚的沉积单元组成，常见跃层沉积（L、S2L、S3L），厚 3～8m。该相组合通常包括两段：下段是底部为突变面的砂岩，厚度可达 0.5m，呈块状或发育平行纹层，含细纹层页岩和粉砂岩夹层（厚度可达 0.3m）；上段是底部为突变面的沙纹、平行纹层砂岩（S2、S3，图 10.8d），厚 0.6～1m。在成像测井图像中，该相组合包含三段：下段为水平的薄层状砂岩；中段为厚层（0.3～0.6m）的平行纹层、沙纹层理砂岩；上段为厚层（0.6～1m）砂岩，发育平行纹层或呈块状。在伽马曲线中，该相组合具向上变粗的形态（漏斗形）。

解释：该相组合主要由牵引流和悬浮沉降形成，夹少量跃层沉积，通常分布于主水道堤岸的近端（向上变粗）。

10.4.5 水道侧翼沉积相组合

特征描述：该沉积相组合厚 1～4m，由平行纹层砂岩与块状砂岩（S1、S2）交替构成，含厚度小于 0.3m 的页岩、粉砂岩或碳质夹层，可见向上变粗或变细的粒序。该沉积相组合可叠置构成内部无明显沉积界面、组构复杂的厚层（厚度>15m）砂岩，Zavala 等（2007）称之为复合层（图 10.8e）。在成像测井图像中，该相组合可见纹层与块状层交替分布，还可见薄层的水平夹层；在伽马曲线中，具向上变粗或变细的形态。

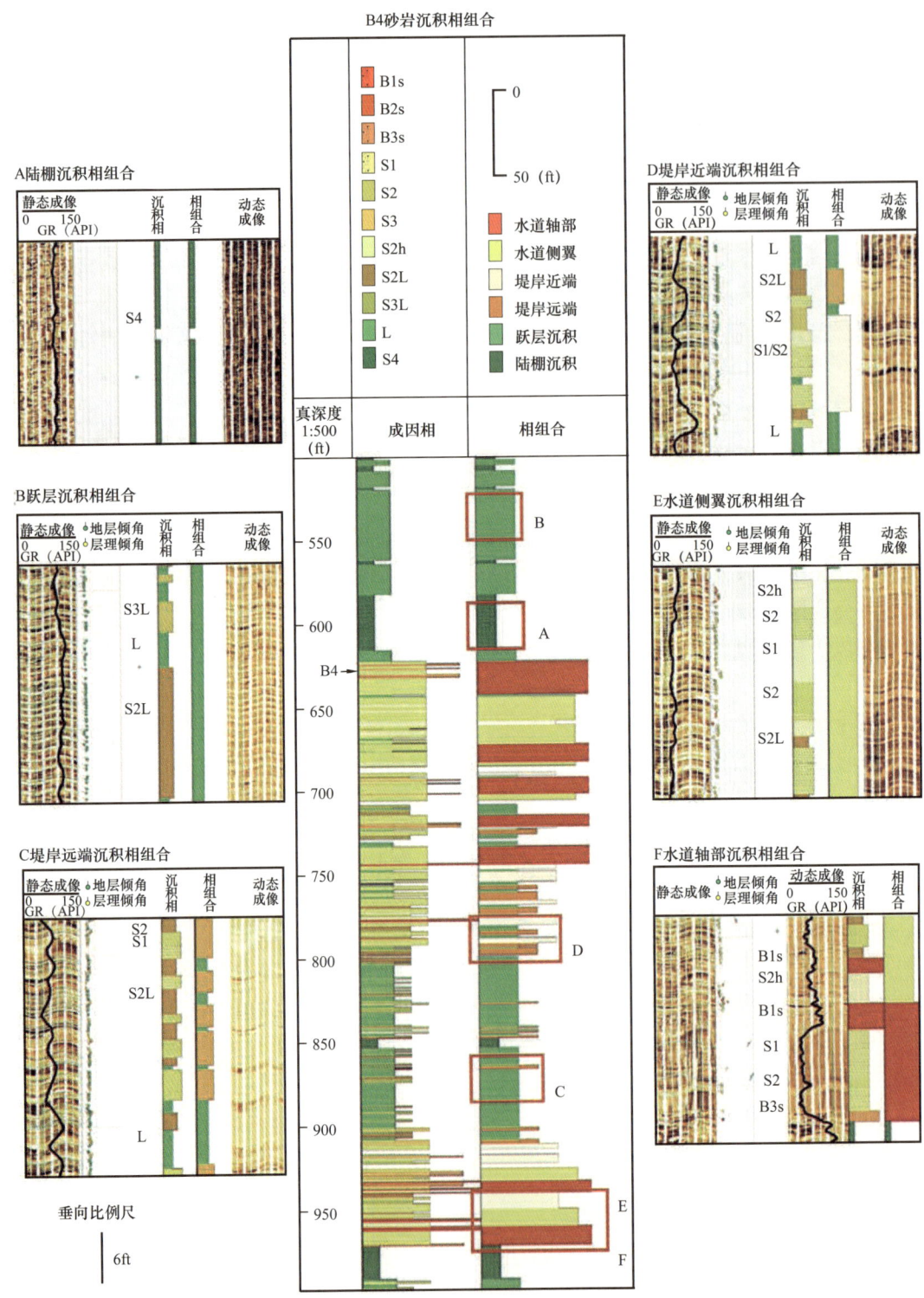

图 10.8 Oilbird 地区 B4 砂岩沉积相组合特征（GR 曲线及静态/动态成像测井响应特征）及沉积相垂向叠置关系实例

解释：该相组合中的复合层几乎完全由悬移负载类沉积相（S1、S2、S3）组成，典型特征是垂向可见多种沉积相相互过渡（渐变至突变）、周期重复，主要受亚稳定湍流流速、沉积物质量浓度波动控制。该相组合位于叠置水道充填沉积的侧翼。

10.4.6 水道轴部沉积相组合

特征描述：水道轴部沉积相组合由向上变薄的沉积单元（单层厚6～15m）叠置而成，可划分为上下两段。下段由块状、交错层理中砂岩构成，含卵石质砾岩及发育收敛交错层理的砂岩夹层；上段为平行纹层砂岩，含块状砂岩夹层。该相组合可见以底负载沉积为主的复合层（图10.8f）。在成像测井图像中，该相组合底部为侵蚀面，往上依次为含碎屑定向排列的平行层理砂岩、交错层理砂岩，以及含薄水平夹层的平行纹层与块状砂岩；在伽马曲线中，具箱形或向上变细的形态。

解释：该相组合为水道轴部沉积，以底负载类沉积相（B2s、B3s、B1s）为主，侧向上相变为韵律层。水道中部的粗粒沉积也可发育复合层（Zavala等，2007），其厚度取决于异重流的持续时间和可容纳空间，可达15m。

10.4.7 沉积相图

基于图像和伽马曲线解释，可将B4砂岩沉积相组合划分成6个沉积单元，从底至顶依次为A、B、C、D、E和F。图10.9连井剖面展示了B4砂岩主要的沉积相、沉积相组合和沉积单元的侧向变化趋势。

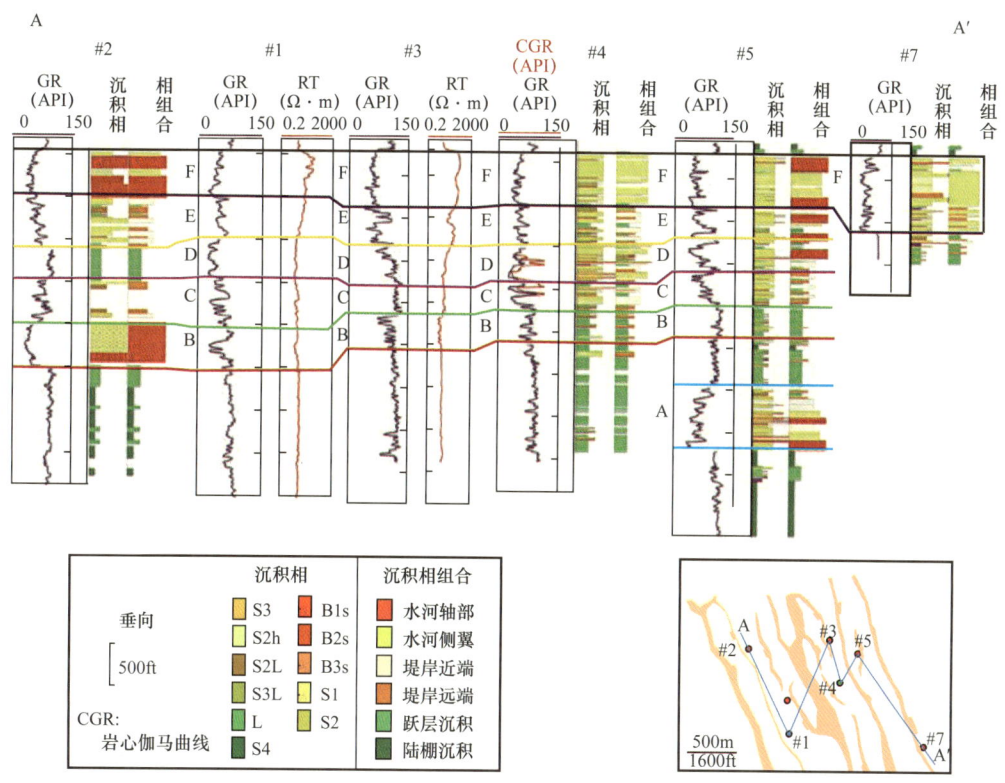

图10.9　Oilbird油田连井地层剖面
展示了B4砂岩内部沉积相、相组合和沉积单元在侧向上的变化趋势
（沉积单元依据伽马曲线的形态、沉积相垂向叠置关系划分）

在成像测井解释的古流向约束下,以沉积单元为编图单元,编制了 B4 砂岩水道—堤岸体系沉积相图(图 10.10)。沉积单元 A 的水道体系仅分布于 #5 井区,为北北东—南南东洼地水道沉积(图 10.10a);沉积单元 B 的水道轴部过 #2 井,堤岸远端过 #1 井和 #3 井,跃层过 #4 井和 #5 井(图 10.10b),无古流向数据;沉积单元 C 的堤岸远端过 #1 井、#2 井和 #4 井,跃层沉积过 #3 井,堤岸近端过 #5 井(图 10.10c),也无古流向数据;沉积单元 D 的水道侧翼过 #1 井、#4 井和 #5 井,堤岸近端过 #3 井,堤岸远端过 #2 井,古流向为北东、北北东和东南东(图 10.10d);沉积单元 E 的水道侧翼过 #2 井、#3 井、#4 井和 #5 井,堤岸近端过 #1 井和 #7 井,古流向为北东和东北东(图 10.10e);沉积单元 F

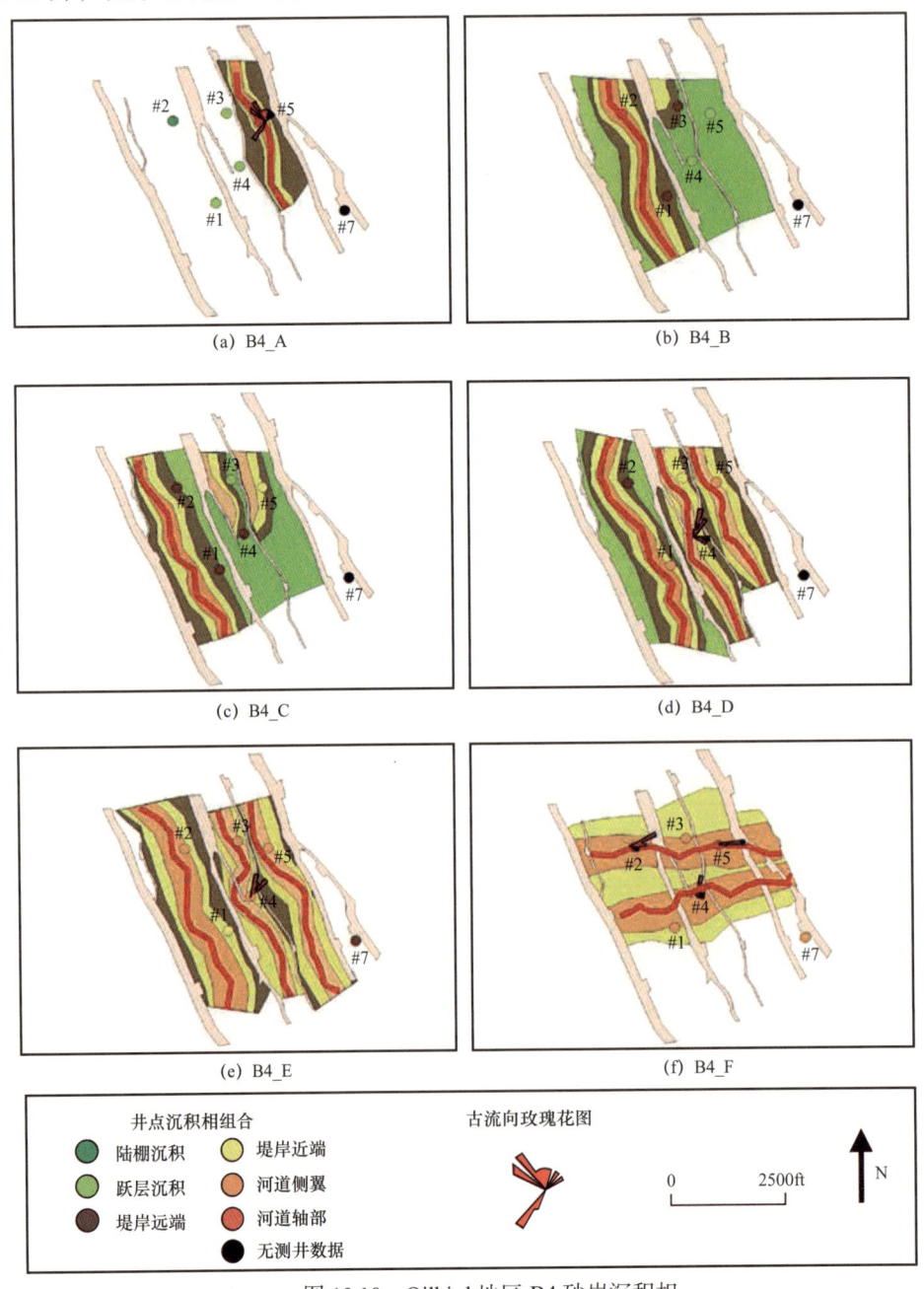

图 10.10 Oilbird 地区 B4 砂岩沉积相

的水道轴部过 #2、#4 和 #5 井，水道侧翼过 #1、#3 和 #7 井，古流向为东、北东和南东（图 10.10f）。

B4 砂岩总体具进积特征，反映了断控沉积中心（或迷你盆地）的充填过程。古流向分析表明异重流水道轴线平行于断裂体系，这说明断层在沉积期持续活动，为沉积物充填提供了可容纳空间（沉积单元 D，图 10.10）。上部沉积单元 F 的古流向指向东，表明砂岩加积已进入末期（图 10.10）。尽管所有的沉积学解释都与岩心和成像测井高度吻合，但沉积相图的编制仍有必要参考三维地震资料。Oilfield 油田的地震资料质量较差，但粗略的地震属性分析也指明 B4 砂岩呈南北向展布，或反映砂体充填于南北向断控的沉积中心。

综上可建立 B4 砂岩的沉积模式（图 10.11），用于展示沿轴线流动的水道流及其对洼地的充填，其中跃层既可沉积于地貌高地，也可沉积于水道侧翼。一些文献也曾提及沉积物重力流沿水道轴线搬运的现象（Popescu 等，2004；DeRuig 和 Hubbard，2006）。

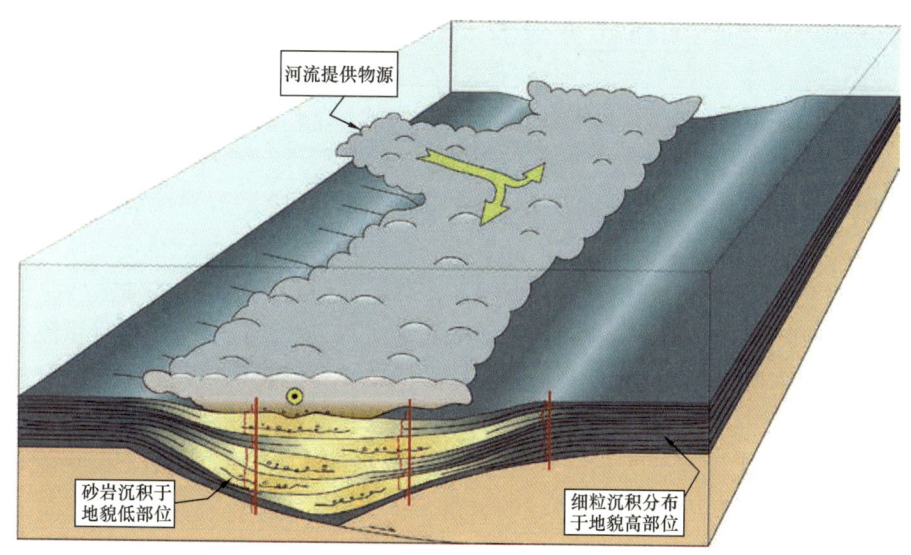

图 10.11　沿断控沉积中心长轴方向迁移的异重流充填模式

10.4.8　储层展布预测

沿断控沉积中心（或迷你盆地）轴部充填的异重流沉积，有着特殊的砂体几何形态和空间分布，这将从根本上改变人们的观念，进而影响勘探部署。精细的古地理编图可深化这些认识。图 10.12 展示了陆架边缘三角洲模式和沿轴部迁移的异重流模式之间的差异：物源呈线状分布的三角洲，沉积物仅堆积于盆地的一侧，砂体围绕河口沉积，细粒沉积物主要沉积于地貌低部位（图 10.12a）；异重流的砂体沉积于地貌低部位，细粒沉积物分布于盆地边缘等地貌高部位（图 10.12b）。因此，分析 Ovibird 油田的构造演化及其对可容纳空间的影响，可为下一步油气勘探指出有利的砂体分布区。

10.5　结论

岩心和成像测井的相互标定是分析 Oilbird 油田 B4 砂岩沉积环境的关键。综合岩心、

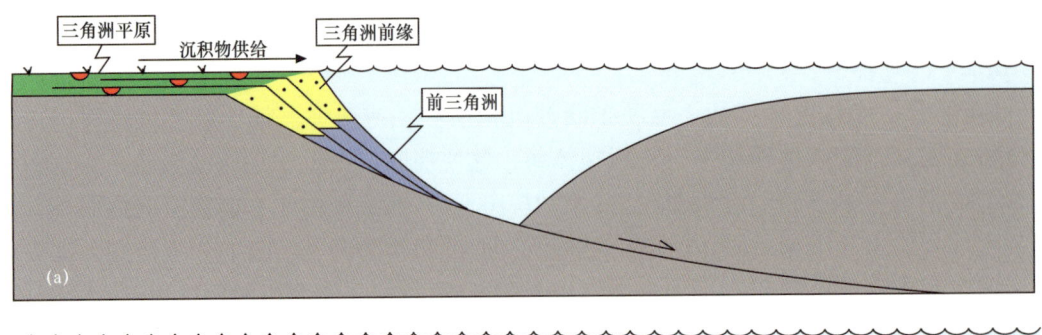

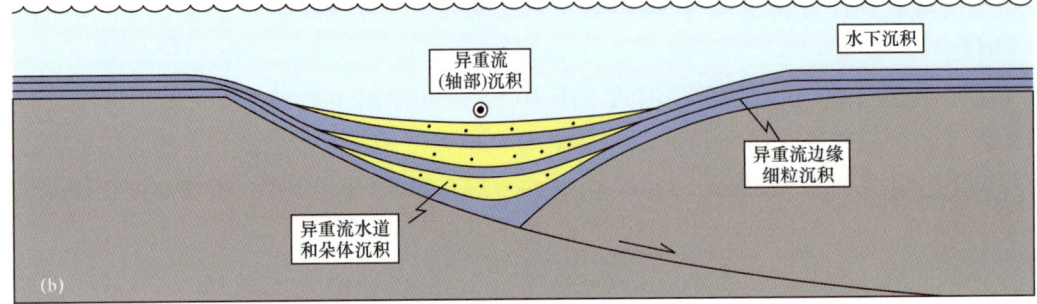

图 10.12 哥伦布盆地传统三角洲沉积模式与异重流沉积模式对比
（a）物源呈线状分布的滨岸三角洲沉积模式；（b）异重流沉积模式

录井、裸眼测井和成像测井等资料，在 B4 砂岩中识别出 12 类异重流沉积相。这些沉积相由源于古奥里诺科河的异重流形成。异重流为持续或接近持续的亚稳定湍流，其沉积物以交替分布的平行层理和块状构造为典型特征，可轻易地区别于经典的涌浪型浊积岩。B4 砂岩总体具进积特征，反映了断控沉积中心的充填过程。古流向分析表明异重流水道体系轴线平行于断裂体系，这说明断层在沉积期持续活动。顶部沉积单元 F 古流向已从北东—南东转向东，表明 B4 砂岩加积已进入末期。

异重流沉积模式将改变人们对砂体几何形态和分布位置的认识，进而改变人们在 Oilbird 油田及其他地区寻找新勘探领域的思路。

参 考 文 献

Arnott R. W. C., and B. M. Hand, 1989, Bedforms, primary structures and grain fabric in the presence of suspended sediment rain: Journal of Sedimentary Petrology, v. 69, p.1062-1069.

Babb S., and P. Mann, 1999, Structural and sedimentary development of a Neogene transpressional plate boundary between the Caribbean and South American plates in Trinidad and the Gulf of Paria, in P.Mann, ed., Caribbean basins, sedimentary basins of the world: Elsevier Science B.V., v. 4, p. 495–557.

Bates C., 1953, Rational theory of delta formation: AAPG Bulletin, v. 37, p. 2119–2162.

Bowman A., 2003, Sequence stratigraphy and reservoir characterization in the Columbus Basin, Trinidad, Ph.D. dissertation, University of London, London, England, 530 p.

Bowman A., and H. Johnson, 2006, Storm-dominated shelfedge deltas in a high-accommodation setting: An outcrop example fromthe Columbus Basin, Trinidad, West Indies: AAPG/GSTT Hedberg Research Conference, Port of Spain, Trinidad West Indies, AAPG Search and Discovery Article 90057, 1 p., http://www.searchanddiscovery.net/abstracts/html/2006/hedberg_intl/abstracts/bowman.htm（accessed July 2010）.

Contreras C. C., and H. Gamero, 2000, High-resolution borehole images as powerful reservoir characterization tools : Transactions of the GSTT 2000 SPE Conference, Port of Spain, Trinidad 10–13 July, 2000, http : //www.gstt.org/publications/transactions_of_gstt_2000_spe.htm (accessed July 2010).

DeRuig M., and S. Hubbard, 2006, Seismic facies and reservoir characteristics of a deep-marine channel belt in the Molasse Foreland Basin, Puchkirchen Formation, Austria : AAPG Bulletin, v. 90, no. 5, p. 735–752, doi : 10.1306/10210505018.

Diaz de Gamero M. L., 1996, The changing course of the Orinoco River during the Neogene : A review : Palaeogeography, Palaeoclimatology, Palaeoecology, v. 123, p. 385–402, doi : 10.1016/0031-0182(96)00115-0.

Gamero H., C. C. Contreras, P. Pestman, and A. Mizobe, 2000, Borehole electrical images as a reservoir characterization tool in the Merecure Formation, Guarico 13 field, eastern Venezuela : VII Simposio Bolivariano, Exploracion Petrolera en las Cuencas Subandinas, Memoria, p. 620–641.

Gamero H., C. Zavala, and C. Contreras, 2005, A reinterpretation of the Misoa facies types : Implications of a new depositional model, Maracaibo Basin, Venezuela (abs.) : 2005 AAPG International Conference and Exhibition, Evolving Stratigraphic Techniques and Interpretation III, Paris, http : //www.searchanddiscovery.net/documents/abstracts/2005intl_paris/gamero.htm (accessed July 2010).

Gamero H., J. Reader, C. Izatt, C. Zavala, and C. Contreras, 2007, Herrera sandstones in the Southern Basin Area, Trinidad : Evidence of hyperpycnites deposited away from ancient Oficina delta systems in eastern Venezuela (abs.) : AAPG Annual Meeting, Abstracts volume, p. 51, http : //www.searchanddiscovery.net/abstracts/html/2007/annual/abstracts/lbGamero.htm (accessed July 2010).

Gamero H., N. Lewis, R. Welsh, C. Zavala, and C. Contreras, 2008, Evidences of a shelfal hyperpycnal deposition in the Pliocene sandstones in the Oilbird field, SE Coast, Trinidad : Impact on reservoir distribution and field redevelopment, in J. J. Ponce and E. B. Olivero, conveners, Conference Proceedings, Research : Sediment transfer from shelf to deep water : Revisiting the delivery mechanisms, March 3–7, 2008, Ushuaia-Patagonia, Argentina, Conference Proceedings, 4 p., AAPG Search and Discovery Article 90079, http : //www.searchanddiscovery.net/abstracts/html/2008/hedberg_argentina/extended/gamero/gamero.htm (accessed July 2010).

Gibson R., K. E. Meisling, and J. C. Sydow, in press, Columbus Basin, offshore Trinidad : A detached pull-apart basin in a transpressional foreland setting, in A. Bally and D. Roberts, eds., Phanerozoic regional geology of the world : Columbus Basin, v. 3, Elsevier.

Hesse R., H. Rashid, and S. Khodabakhsh, 2004, Finegrained sediment lofting from meltwater-generated turbidity currents during Heinrich events : Geology, v. 32, p. 449–452, doi : 10.1130/G20136.1.

Jackson C., A. A. Zakaria, H. D. Johnson, F. Tongkul, and P. D. Crevello, 2009, Sedimentology, stratigraphic occurrence and origin of linked debrites in the west Crocker Formation (Oligo–Miocene), Sabah, NWBorneo : Marine and Petroleum Geology, v. 26, p. 1957–1973, doi : 10.1016/j.marpetgeo.2009.02.019.

Kneller B., and M. Branney, 1995, Sustained high-density turbidity currents and the deposition of thick massive sands : Sedimentology, v. 42, p. 607–616, doi : 10.1111/j.1365-3091.1995.tb00395.x.

Lamb M. P., and D. Mohrig, 2009, Do hyperpycnal-flow deposits record river-flood dynamics? : Geology, v. 37, p. 1067–1070, doi : 10.1130/G30286A.1.

Lamb M. P., P. M. Myrow, C. Lukens, K. Houck, and J. Strauss, 2008, Deposits from wave-influenced turbidity currents : Pennsylvanian Minturn Formation, Colorado : Journal of Sedimentary Research, v. 78, p. 480–498, doi : 10.2110/jsr.2008.052.

Leonard R., 1983, Geology and hydrocarbon accumulations, Columbus Basin, offshore Trinidad : AAPG Bulletin, v. 67, no. 7, p. 1081–1093.

Mansurbeg H., M. A. K. El-ghali, S. Morad, and P. Plink-Björklund, 2006, The impact of meteoric water on the diagenetic alterations in deep-water, marine siliciclastic turbidites : Journal of Geochemical Exploration, v. 89, p. 254–258, doi : 10.1016/j.gexplo.2006.02.001.

Mulder T., and J. Alexander, 2001, The physical character of subaqueous sedimentary density flows and their deposits : Sedimentology, v. 48, p. 269–299, doi : 10.1046/j.1365-3091.2001.00360.x.

Mulder T., J. P. M. Syvitski, S. Migeon, J. C. Faugéres, and B. Savoye, 2003, Marine hyperpycnal flows : Initiation, behavior and related deposits : A review : Marine and Petroleum Geology, v. 20, p. 861–882, doi : 10.1016/j.marpetgeo.2003.01.003.

Mutti E., G. Davoli, and R. Tinterri, 1994, Flood-related gravity-flow deposits in fluvial and fluvio-deltaic depositional systems and their sequence-stratigraphic implications, in H. W. Posamentier and E. Mutti, eds., Second High-Resolution Sequence Stratigraphy Conference, Tremp, Abstract Book : Italy, Instituto di Geologia, Universita di Parma, p. 137–143.

Mutti E., G. Davoli, R. Tinterri, and C. Zavala, 1996, The importance of ancient fluvio-deltaic systems dominated by catastrophic flooding in tectonically active basins : Memorie di Scienze Geologiche, Universita di Padova, v. 48, p. 233–291.

Mutti E., R. Tinterri, G. Benevelli, D. Di Biase, and G. Cavanna, 2003, Deltaic, mixed and turbidite sedimentation of ancient foreland basins : Marine and Petroleum Geology, v. 20, p. 733–755, doi : 10.1016/j.marpetgeo.2003.09.001.

Nakajima T., 2006, Hyperpycnites deposited 700 km away from river mouths in the Central Japan Sea : Journal of Sedimentary Research, v. 76, p. 59–72.

Pattison S., 2005, Storm-influenced prodelta turbidite complex in the Lower Kenilworth member at Hatch Mesa, Book Cliffs, Utah : Implications for shallow marine facies models : Journal of Sedimentary Research, v. 75, no. 4, p. 420–439, doi : 10.2110/jsr.2005.033.

Pickering K. T., and R. N. Hiscott, 1985, Contained (reflected) turbidity currents from the Middle Ordovician Cloridorme Formation, Quebec, Canada : An alternative to the antidune hypothesis : Sedimentology, v. 32, p. 373–394, doi : 10.1111/j.1365-3091.1985.tb00518.x.

Pindell J. L., R. Higgs, and J. Dewet, 1998, Cenozoic palinspastic reconstruction, paleogeographic evolution and hydrocarbon setting of the northern margin of South America, in Paleogeographic evolution and nonglacial eustasy, Northern South America : SEPM Special Publication 58, p. 45–85.

Plink-Björklund P., and R. J. Steel, 2004, Initiation of turbidite currents : Outcrop evidence for Eocene hyperpycnal flow turbidites : Sedimentary Geology, v. 165, p. 29–52, doi : 10.1016/j.sedgeo.2003.10.013.

Popescu I., G. Lericolais, N. Panin, and A. Normand, 2004, The Danube submarine canyon (Black Sea) : Morphology and sedimentary processes : Marine Geology, v. 206, no. 1–4, p. 249–265, doi : 10.1016/j.margeo.2004.03.003.

Robertson P., and K. Burke, 1989, Evolution of the southern Caribbean plate boundary, vicinity of Trinidad and Tobago : AAPG Bulletin, v. 73, no. 4, p. 490–509.

Schumm S. A., 1981, The evolution and response of the fluvial system, sedimentologic implications, in F. G. Ethridge and R.M. Flores, eds., Recent and ancient nonmarine depositional environments : Models for exploration : SEPM Special Publication 31, p. 19–29.

Sparks R. S. J., R. T. Bonnecaze, H. E. Huppert, J. R. Lister, M. A. Hallworth, J. Phillips, and H. Mader, 1993, Sediment–laden gravity currents with reversing buoyancy : Earth and Planetary Science Letters, v. 114, p. 243–257, doi : 10.1016/0012–821X（93）90028–8.

Sumner E. J., L. A. Amy, and P. J. Talling, 2008, Deposit structure and processes of sand deposition from decelerating sediment suspensions : Journal of Sedimentary Research, v. 78, p. 529–547, doi : 10.2110/jsr.2008.062.

Walker R., 1996, Facies modeling and sequence stratigraphy : Journal of Sedimentary Petroleum, v. 60, p. 777–786.

Wood L., 2000, Chronostratigraphy and tectonostratigraphy of the Columbus Basin, Eastern offshore Trinidad : AAPG Bulletin, v. 84, no. 12, p. 1905–1928.

Wood L., and C. Roberts, 2001, Opportunities in a world class hydrocarbon basin : Trinidad and Tobago's eastern offshore marine province : Houston Geological Society Bulletin, v. 43, no. 10, p. 37–45.

Zavala C., 2008, Toward a genetic facies tract for the analysis of hyperpycnal deposits, in J. J. Ponce and E. B. Olivero, conveners, Conference Proceedings, Research Sediment transfer from shelf to deep water : Revisiting the delivery mechanisms : Ushuaia–Patagonia, Argentina, Conference Proceedings, AAPG Search and Discovery Article 50075, 2 p., http : //www.searchanddiscovery.net/abstracts/html/2008/hedberg_argentina/extended/zavala/zavala.htm（accessed July 2010）.

Zavala C., M. Arcuri, and H. Gamero, 2006a, Toward a genetic model for the analysis of hyperpycnal systems（abs.）: Geological Society of America Abstracts with Programs, v. 38, no. 7, p. 541, http : //gsa.confex.com/gsa/2006AM/finalprogram/abstracts_110453.htm（accessed July 2010）.

Zavala C., H. Gamero, and M. Arcuri, 2006b, Lofting rhythmites : A diagnostic feature for the recognition of hyperpycnal deposits（abs.）: Geological Society of America Abstracts with Programs, v. 38, no. 7, p. 541, http : //gsa.confex.com/gsa/2006AM/finalprogram/abstracts_110667.htm（accessed July 2010）.

Zavala C., J. Ponce, D. Drittanti, M. Arcuri, H. Freije, and M. Asensio, 2006c, Ancient lacustrine hyperpycnites : A depositional model from a case study in the Rayoso Formation（Cretaceous）of west-central Argentina : Journal of Sedimentary Research, v. 76, p. 41–59, doi : 10.2110/jsr.2006.12.

Zavala C., M. Arcuri, H. Gamero Díaz, and C. Contreras, 2007, The composite bed : A new distinctive feature of hyperpycnal deposition（abs.）: AAPG Annual Convention & Exhibition, v. 16, p. 157, http : //www.searchanddiscovery.net/abstracts/html/2007/annual/abstracts/lbZavala.htm（accessed July 2010）.

Zavala C., M. Arcuri, M. Di Meglio, H. GameroDiaz, andC. Contreras, 2011, A genetic facies tract for the analysis of sustained hyperpycnal flowdeposits, in R. M. Slatt and C. Zabala, eds., Sediment transfer from shelf to deep water–Revisiting the delivery system : AAPG Studies in Geology 61, p. 31–51.